计 算 机 科 学 丛 书

现代计算机组成
与体系结构

[美] 吉姆·莱丁（Jim Ledin） 著

王党辉 王继禾 张萌 安建峰 译

Modern Computer Architecture and Organization

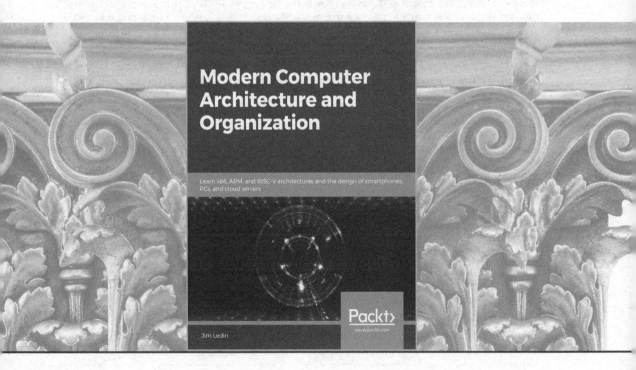

机械工业出版社
China Machine Press

图书在版编目（CIP）数据

现代计算机组成与体系结构 /（美）吉姆·莱丁（Jim Ledin）著；王党辉等译 . -- 北京：
机械工业出版社，2022.2
（计算机科学丛书）
书名原文：Modern Computer Architecture and Organization
ISBN 978-7-111-70108-8

I. ①现…　II. ①吉… ②王…　III. ①计算机体系结构　IV. ①TP303

中国版本图书馆 CIP 数据核字（2022）第 018784 号

本书对现代计算设备进行了介绍，包括其中可能出现的重要技术和子系统，并阐释了设备与其他系统组件之间的关系。全书分为三部分。第一部分介绍计算机体系结构基础知识，包括计算机体系结构的基本概念、数字逻辑、处理器要素、计算机系统组件、硬件 - 软件接口、专用计算领域。第二部分介绍处理器体系结构及指令集，涉及处理器和存储器体系结构、性能提升技术、专用处理器扩展、现代处理器体系结构及指令集、RISC-V 体系结构及指令集。第三部分介绍计算机体系结构的应用，包括处理器虚拟化、领域专用计算机体系结构、计算机体系结构的未来发展方向。

本书适用于软件开发人员、计算机专业学生、系统设计师、计算机科学家、逆向工程师，以及所有希望理解现代计算机系统（从微型嵌入式设备到智能手机，再到仓储规模的云服务器群等）的体系结构和设计原则的人。

出版发行：机械工业出版社（北京市西城区百万庄大街 22 号　邮政编码：100037）
责任编辑：王春华　李忠明　　　　　　　责任校对：殷　虹
印　　刷：河北宝昌佳彩印刷有限公司　　版　　次：2022 年 2 月第 1 版第 1 次印刷
开　　本：185mm×260mm　1/16　　　　印　　张：19.5
书　　号：ISBN 978-7-111-70108-8　　　定　　价：119.00 元

客服电话：（010）88361066　88379833　68326294　　　投稿热线：（010）88379604
华章网站：www.hzbook.com　　　　　　　　　　　　　读者信箱：hzjsj@hzbook.com

本书介绍了在现代处理器和计算机体系结构中使用的关键技术和组件，并针对具体需求讨论了不同体系结构的决策如何影响计算机的配置优化。

简单来说，现代计算机是一种复杂的设备。然而，当以层次化的方式来看时，每一层的复杂功能就变得明晰了。本书涵盖了众多主题，但只对各个主题进行有限深度的探讨。本书的目标是对现代计算设备进行简单明了的介绍，包括其中可能出现的每一项重要技术和每一个子系统，并阐释设备与其他系统组件之间的关系。

本书不会提供一份冗长的参考书单，如果读者想深入阅读，可以自行在互联网上查找相关内容。

学完本书，读者将掌握目前在广泛多样的数字系统中所使用的计算机体系结构，还将了解体系结构的发展趋势，以及未来几年可能出现的一些颠覆性技术，这些突破或许会极大地影响计算系统体系结构的发展。

目标读者

本书适用于软件开发人员、计算机专业学生、系统设计师、计算机科学家、逆向工程师，以及所有希望理解现代计算机系统（从微型嵌入式设备到智能手机，再到仓储规模的云服务器群等）的体系结构和设计原则的人。

本书内容

本书共 14 章，各章主要内容如下：

第 1 章从自动化计算设备的简史开始，介绍了推动设备性能飞跃的重大技术进步。之后讨论了摩尔定律，评估了其在过去几十年的适用性和对未来的影响。最后以 6502 微处理器为例，介绍了计算机体系结构的基本概念。

第 2 章介绍了作为开关元件的晶体管，并解释了其在构造逻辑门中的应用。然后介绍了如何结合简单的门来构建触发器和寄存器。该章还介绍了时序逻辑（即包含状态信息的逻辑），最后讨论了时钟数字电路。

第 3 章从通用处理器的概念性描述开始介绍组成处理器的要素。该章讨论了指令集、寄存器集、指令加载、解码、执行和排序的概念，还讨论了内存的加载和存储操作。该章还涵盖了分支指令及其在循环处理和条件处理中的应用。最后介绍了导致中断处理和 I/O 操作的一些实际因素。

第 4 章讨论了包括多级缓存在内的计算机存储及其与处理器的接口，讲述了包括中断处理、缓冲和专用 I/O 处理器在内的 I/O 需求。该章还讨论了键盘、鼠标、显示器和网络接口等 I/O 设备的一些特定需求。最后给出了这些组件在现代计算机应用中的实例，包括智能移动设备、个人计算机、游戏系统、云服务器和专用机器学习系统。

第 5 章讨论了如何实现计算机操作系统必须提供的高级服务，包括磁盘 I/O、网络通信以及与用户交互。该章描述了从处理器指令集和寄存器级别开始实现这些特性的软件层。最后介绍了引导、多处理和多线程等操作系统功能。

　　第 6 章探索了对大多数用户不直接可见的计算领域，包括实时系统、数字信号处理和 GPU 处理。该章还讨论了与每个计算领域相关的特定需求，并介绍了实现这些特性的现代设备。

　　第 7 章深入研究了冯·诺依曼体系结构、哈佛体系结构和改进型哈佛体系结构等现代处理器体系结构。该章讨论了分页虚拟内存的实现，介绍了内存管理功能在计算机体系结构中的实际实现，并描述了内存管理单元的功能。

　　第 8 章讨论了计算机系统中的性能提升技术，这些技术旨在使系统达到峰值执行速度。该章主要介绍提高系统性能的重要技术，包括缓存、指令流水线、指令并行和 SIMD 处理。

　　第 9 章重点关注通常在处理器指令集级别实现的扩展，以提供超出一般数据处理需求的附加系统功能。提供的扩展包括特权模式、浮点数、功耗管理和系统安全管理。

　　第 10 章研究了现代处理器（x86、x64 和 ARM 等）设计中的体系结构和指令集特性。处理器长达几十年的多轮更新换代往往面临兼容性挑战，对历史特性的支持需求往往会增加下一代处理器的复杂性。该章研究了由支持计算机历史特性需求引起的处理器体系结构的一些问题。

　　第 11 章介绍了 RISC-V 处理器体系结构及其指令集。RISC-V 是一个完全开源、免费的精简指令集计算机体系结构规范。其完整的用户模式（非特权）指令集规范已经发布，并且当前有许多该体系结构的硬件实现可用。对指令集进行多种扩展的规范开发工作正在进行中。该章涵盖 RISC-V 体系结构的特性和可用变体，介绍了其指令集，还讨论了 RISC-V 体系结构在移动设备、个人计算机和服务器中的应用。

　　第 12 章介绍了与处理器虚拟化相关的概念，阐述了虚拟化带来的好处。该章介绍了基于开源工具和操作系统的虚拟化实例，这些开源工具可以在通用计算机上执行各种计算机体系结构和操作系统的指令集精确表示。该章还讨论了虚拟化在开发和部署实际的应用程序中的好处。

　　第 13 章结合前几章讨论的主题，开发了一种方法来设计计算机系统以满足用户的独特需求。该章讨论了一些具体的应用程序类别，包括移动设备、个人计算机、游戏系统、互联网搜索引擎和神经网络。

　　第 14 章展望计算机体系结构的未来。该章回顾了计算机体系结构发展过程中的重大进步和当前的发展趋势，并推断了这些趋势可能的发展方向，还讨论了可能改变计算机体系结构未来发展的潜在颠覆性技术。最后，该章为计算机架构师的发展提供了建议，以帮助他们适应未来的发展。

如何利用本书

　　本书每一章的末尾都有一个习题集，建议读者尝试解答所有习题。书中提供了所有习题的完整答案，读者也可以从 https://github.com/PacktPublishing/Modern-Computer-Architecture-and-Organization 上查阅答案。

　　如果代码示例和习题答案有更新，将会放在现有的 GitHub 存储库中。

　　我们还在 https://github.com/PacktPublishing/ 上提供了丰富的图书和视频列表以及对应的代码包。

代码运行

可以访问 https://bit.ly/2UWc6Ov 查看本书代码的运行视频。

本书约定

文本中的代码体：用于指示代码、数据库表名、文件夹名、文件名、文件扩展名、路径名、虚拟 URL、用户输入和 Twitter 句柄。例如："使用 SBC 指令执行减法会使新手 6502 汇编语言程序员更加困惑。"

代码块示例：

```
; Add four bytes together using immediate addressing mode
LDA #$04
CLC
ADC #$03
ADC #$02
ADC #$01
```

命令行输入或输出如下所示：

```
C:\>bcdedit

Windows Boot Manager
--------------------
identifier              {bootmgr}
```

粗体：表示一个新的术语、一个重要的词，或读者在屏幕上看到的词。例如："因为有 4 个集合，所以物理地址的**集合**字段减少到 2 位、**标志**字段增加到 24 位。"

提示或重要的说明

像这样展现。

计算机体系结构基础知识

本部分介绍现代计算机体系结构的关键组件及基础知识。

本部分包括第 1～6 章。

计算机体系结构简介

自动化计算设备的体系结构已经从近两个世纪前发明的机械系统演变为我们每天都在使用的现代电子计算技术。在技术演进过程中，渐进式进步与颠覆性突破交相辉映，极大地改变了行业的发展轨迹。可以预期，这种趋势将会一直持续。

在过去的几十年里（例如 20 世纪 80 年代），计算机从业者能够使用的设备种类非常有限。个人计算机可能是 IBM PC 或者 Apple Ⅱ。组织中可能会使用 IBM 大型机或 DEC（Digital Equipment Corporation）公司的 VAX 小型机。这些设备以及数量有限的类似系统构成了当时大多数人能够接触到的计算机系统。

今天，存在许多专门的计算体系结构来满足广泛的用户需求。例如，可以用来打电话、录制视频、上网的微型计算机早已问世。个人计算机仍然很受欢迎，虽然在外观上变化不大，但就计算能力、内存容量、磁盘空间、图形性能和通信能力而言，目前的个人计算机比第一代个人计算机强几个数量级。

为数以亿计的用户提供网络服务的公司建造了巨大的仓储式计算机，其计算仓库中包含数千个紧密协调的计算机系统，它们能够以超乎寻常的速度和精度处理源源不断的请求。机器学习系统通过分析大量数据进行训练，以执行自动驾驶等复杂的活动。

本章从介绍几个具有里程碑意义的计算设备以及与之相关的技术飞跃开始，探讨现代技术进步的趋势，并介绍计算机体系结构的基本概念，包括详细讲述 6502 微处理器。本章包含以下主题：

- 自动化计算设备的演进
- 摩尔定律
- 计算机体系结构

1.1 自动化计算设备的演进

本节将回顾自动化计算设备历史上的一些经典机器，并重点介绍每种机器所体现的主要技术进步。由于巴贝奇分析机（Babbage's Analytical Engine）中包含了许多天才式的突破，因此也在此进行介绍。之所以讨论其他系统，是因为它们体现了重大的技术进步，并在其生命周期中完成了重要的实际工作。

1.1.1 巴贝奇分析机

从 1834 年直到 1871 年去世，查尔斯·巴贝奇（Charles Babbage）一直致力于分析机的设计与实现。虽然分析机最后没有真正实现，但它似乎是一种既可行又完整的计算机体系结构。分析机旨在提供一种通用的可编程计算设备，它完全是机械式的，大部分部件由黄铜制造，使用蒸汽机来驱动传动轴工作。

分析机借鉴了提花织机的穿孔卡片、音乐盒中的旋转圆筒，以及他早期设计的差分机（在他有生之年并没有完全实现，与计算机相比，差分机更像是一种专门的计算器），否则，分析机就完全是巴贝奇的原创。

与现代计算机采用二进制数不同，分析机采用带符号的十进制数，这是机械技术与数字电子技术最大的不同之处。建造有 10 个位置的机械轮很简单，因此巴贝奇选择了人类易于理解的以 10 为基数的计数格式，这在技术上并不困难。另外，简单的数字电路无法像机械轮那样轻易地保持十种不同的状态。

在分析机中，所有数字都是 40 位十进制数。使用如此多的数位可能是为了减少数值溢出的问题。分析机不支持浮点计算。

在分析机中，每个数字存储在共有 40 个轮子的垂直轴上，每个轮子能够停在与数字 0～9 相对应的 10 个位置。第 41 个数字轮子上有一个符号：该轮子上的任意偶数代表一个正号，任意奇数代表一个负号。分析机的轴在某种程度上类似于现代处理器中使用的寄存器，不同之处在于轴的读出是破坏性的。如果需要在读取一个轴之后仍保留该轴的值，则必须使用另一个轴来存储该值的副本。通过与每个数字轮啮合一个齿轮，然后旋转轮子读出数值，可以实现将数字从一个轴传送到另一个轴，或者在计算中使用。用作系统内存的轴统称为存储（store）。

两个数字相加的过程有点类似于教给小学生的加法。假设一个存储在轴上的加数要与另一个轴上的被加数（也称为累加器）相加。机器通过一串齿轮将每个加数的数字轮连接到相应的被加数的数字轮。然后将每个加数向下旋转到零，同时驱动累加器数字沿递增的方向进行等效旋转。如果累加器的数字从 9 回转到 0，则累加器的下一个数位将递增 1。该进位操作可能需要在多个数位间传播（考虑将 1 加到 999999）。该过程结束时，加数轴将保持在数值 0，被加数轴将保持两个数字的和。从一个数字到下一个数字的进位传播是加法过程中机械上最复杂的部分。

分析机中的操作由音乐盒状的旋转桶在构件磨机（mill）中进行顺序处理，该构件类似于现代 CPU 中的处理组件。每条分析机指令都在圆桶的垂直位置上进行编码，特定位置的螺柱如果存在，则与机械的某一部分接合，不存在则该部分的状态保持不变。根据巴贝奇的设想，包含进位传播在内，两个 40 位数字相加大约需要 3 秒。

巴贝奇为分析机提出了几个至今仍有意义的重要概念。他的设计支持一定程度的并行处理，从而加速了一系列输出为数字表的数值计算。加法等数学运算支持流水线形式，在该流水线中，对不同数据的顺序运算在时间上重叠。

巴贝奇很清楚机械设备的复杂性，为了防止摩擦、齿轮齿隙和随着时间的推移出现的磨损等效应引起的错误，分析机在跨轴的数据传输过程中采用了"锁定"机制。该机制强制使数字轮进入有效位置，并防止累积误差使轮子漂移到不正确的值。锁定的使用类似于现代处理器中的数字逻辑门对潜在的弱输入信号进行放大以产生更强的输出。

分析机使用穿孔卡片进行编程，并支持分支操作和嵌套循环。分析机最复杂的程序由 Ada Lovelace 开发，用于计算伯努利数。

巴贝奇制造了分析机样机的一部分试验模型，该模型现在收藏于伦敦的科学博物馆。

1.1.2 ENIAC

第一台可编程的通用电子计算机埃尼阿克（Electronic Numerical Integrator and Computer，ENIAC）于 1945 年完成设计。该系统的功耗为 150 千瓦，占地 1800 平方英尺[⊖]，重达 27 吨。

⊖ 约 167 平方米。——编辑注

　　ENIAC 基于真空管、二极管和继电器等元件设计，其中包含 17 000 多个用作开关的真空管。与分析机类似，它使用十位环形计数器（见第 2 章）实现了十进制数表示。它从 IBM 穿孔卡片读卡机接收输入数据，并将计算后的输出发送到卡片穿孔机。

　　ENIAC 体系结构能够执行复杂的处理步骤序列，包括循环、分支和子程序。该系统有 20 个 10 位累加器，它们类似于现代计算机中的寄存器。但是，除了累加器之外，它最初没有任何存储空间。如果在之后的计算中需要使用计算的中间结果，则必须将它们写入穿孔卡片，并在需要时回读。ENIAC 每秒可以执行大约 385 次乘法。

　　ENIAC 程序由插板布线和基于开关的功能表组成。对系统进行编程是一个艰巨的过程，通常需要优秀的女性程序员团队花费数周时间才能完成。由于真空管经常发生故障，因此可靠性也是一个问题，需要在日常维护的基础上进行故障排除，以便对发生故障的真空管进行隔离和更换。

　　ENIAC 于 1948 年得到改进，增加了通过穿孔卡片取代插板来对系统进行编程的能力。这一改进极大地提高了程序开发的速度。作为此次升级的顾问，约翰·冯·诺依曼（John von Neumann）提出了一种通用的计算机体系结构，其中包含存放程序指令和数据的单一存储区域、由算术逻辑单元和寄存器构成的处理组件、具有指令寄存器和程序计数器的控制单元。这种结构称为冯·诺依曼体系结构，许多现代处理器都采用了这种结构。

　　ENIAC 的早期应用包括研制氢弹以及计算远程火炮射程等。

1.1.3　IBM PC

　　在 ENIAC 问世之后的几年里，有几项突破性技术使得计算机体系结构进步显著：

- 约翰·巴丁（John Bardeen）、沃尔特·布拉顿（Walter Brattain）和威廉·肖克利（William Shockley）于 1947 年发明了晶体管。与当时流行的真空管技术相比，晶体管速度更快、体积更小、功耗更低，另外，生产工艺充分改进后，晶体管的可靠性比易发生故障的真空管高得多。
- 1958 年，在德州仪器（Texas Instruments）的杰克·基尔比（Jack Kilby）的带领下，集成电路产业开始将大量原先分立的元件集成到一块硅片上。
- 1971 年，英特尔开始生产第一款商用微处理器——Intel 4004。Intel 4004 旨在用于电子计算器，专门对 4 位二进制编码的十进制数进行操作。

　　虽然 Intel 4004 起初并不起眼，但微处理器技术在接下来的十年里迅速发展，单芯片上集成的电路元件越来越多，因此，单芯片微处理器的能力也得到了很大的提升。

1. 8088 微处理器

　　IBM 于 1981 年发布了 IBM PC。最初的 PC 中包含一个时钟频率为 4.77MHz 的 Intel 8088 微处理器（该处理器具有 16KB 的 RAM，并可扩展到 256KB）、一个或两个（可选）软盘驱动器，以及彩色显示器。版本较新的 PC 支持更大容量的内存，但由于部分地址空间已预留给视频内存和只读内存，因此该体系结构最多可支持 640KB 的 RAM。

　　8088 包含 14 个 16 位寄存器。其中 4 个是通用寄存器（AX、BX、CX 和 DX），还有 4 个是将地址空间扩展到 20 位的段寄存器（CS、DS、SS 和 ES）。段寻址的功能是将 16 位段寄存器值左移 4 位后，与指令中的 16 位偏移量相加，从而产生 1MB 以内的物理内存地址。

　　剩余的 6 个 8088 寄存器是**栈指针（SP）、基指针（BP）、源索引（SI）、目标索引（DI）、指令指针（IP）**和**状态标志（FLAGS）**。现代 x86 处理器采用与此寄存器集非常类似的体系结构（第 10 章将详细介绍 x86 体系结构）。8088 和 x86 之间最明显的区别是 x86 将寄存器宽度扩展到了 32 位，并增加了一对段寄存器（FS 和 GS），这两个寄存器目前主要用作多线程操作系统中的数据指针。

8088 的外部数据总线宽度为 8 位，这意味着读取或写入 16 位数据需要两个总线周期。与采用 16 位外部总线的早期 8086 处理器相比，这是 8088 性能较低的一个重要原因。然而，使用 8 位总线使 PC 的生产成本更低，并提供了与较低成本的 8 位外围设备的兼容性。这是一种优先考虑成本的设计方法，有助于降低 PC 的价格，获得更多潜在客户。

由于程序内存和数据内存共享相同的地址空间，8088 通过单一总线访问内存。换句话说，8088 实现了冯·诺依曼体系结构。8088 指令集包括数据移动、算术运算、逻辑运算、字符串操作、控制转移（有条件跳转和无条件跳转、子程序的调用和返回）、输入 / 输出和附加的多种功能的指令。该处理器中每条指令的平均执行时间大约是 15 个时钟周期，故其执行速度约为 0.3MIPS（Millions Instruction Per Second，每秒百万条指令数）。

8088 支持 9 种不同的内存寻址模式，如此多的寻址模式可以有效地实现一次访问单个数据或遍历数据序列。

在 8088 体系结构中，段寄存器提供了一种巧妙的方法，能够在不增加大多数引用内存位置的指令长度的情况下扩展可寻址内存的范围。每个段寄存器允许访问从物理内存地址为 16 字节整数倍处开始的 64KB 内存块。也就是说，16 位段寄存器表示低 4 位为 0 的 20 位基地址，指令可以使用由段寄存器定义的地址的 16 位偏移量来引用 64KB 段内的任何位置。

CS 寄存器用来指明代码段在内存中的位置，并用于获取指令、执行跳转、执行子程序调用与返回。DS 寄存器定义了数据段位置，一般用于涉及内存数据访问的指令。SS 寄存器设置了堆栈段位置，用于子程序内的本地内存分配和存储子程序的返回地址。

在每个代码段、数据段和堆栈段中，小于 64KB 的程序可以完全忽略段寄存器，因为这些段寄存器只需要在程序启动时设置一次（编译器会自动设置），并且在执行过程中保持不变。实现起来非常简单！

当程序的数据大小超过 64KB 时，情况就变得比较复杂了。基于 8088 体系结构的编译器区分对内存的近程访问和远程访问。近程指针表示相对于当前段寄存器中基址的 16 位偏移量。远程指针包含 32 位寻址信息：16 位段寄存器值和 16 位偏移量。远程指针显然需要16 位额外的数据内存，以及额外的处理时间。使用远程指针进行一次存储器访问涉及以下步骤：

1. 将当前段寄存器内容保存到临时位置。
2. 将新的段值加载到寄存器中。
3. 使用相对于段基址的偏移量访问数据（根据需要进行读取或写入）。
4. 恢复原始的段寄存器值。

使用远程指针时，可以声明最大 64KB 的数据对象（例如，字符数组）。如果需要更大的结构，就必须设法将其拆分成不超过 64KB 的块，并对这些块进行管理。由于需要管理段寄存器，因此那些需要访问超过 64KB 的数据的程序容易发生代码膨胀和执行速度减慢的问题。

IBM PC 主板上还有一个插座，可用于安装 Intel 8087 浮点协处理器。8087 的设计者发明了 32 位和 64 位浮点数的数据格式和处理规则，该数据格式和处理规则于 1985 年作为 IEEE 754 浮点标准，至今仍在广泛使用。8087 每秒可以执行大约 50 000 次浮点运算。我们将在第9章中详细介绍浮点处理器。

2. 80286 和 80386 微处理器

IBM PC 的第二代 PC（名为 PC AT）于 1984 年发布。AT 代表先进技术（Advanced Technology），主要指的是在原先 PC 的基础上，使用了 Intel 80286 处理器而带来了几项重大的改进。

与 8088 一样，80286 也是一个 16 位处理器，它保持了与 8088 的向后兼容性：8088 代码可以原封不动地在 80286 上运行。80286 具有 16 位数据总线和支持 16 兆字节地址空间的 24 位地址线。相比 8088 的 8 位总线，16 位的外部数据总线提高了数据访问性能。在许多应用中，指令执行率（每个时钟周期执行的指令数）大约是 8088 的两倍，这意味着在相同的时钟频率下，80286 的速度将是 8088 的两倍。起初，PC AT 处理器的时钟频率为 6MHz，后来版本的时钟频率为 8MHz。80286 在 6MHz 频率下实现了约 0.9MIPS 的指令执行率。

80286 实现了受保护的虚拟地址模式，旨在支持多用户操作系统和多任务处理。在保护模式下，处理器强化内存保护，以确保一个用户的程序不会干扰操作系统或其他用户的程序。由于多用户、多任务处理环境中需要足够的内存空间来保存上下文，在当时的条件下其成本的增加令人望而却步，因此这一突破性的技术在提出后的多年内几乎没有得到使用。

x86 处理器系列的下一代是 1985 年推出的 80386。80386 是 32 位处理器，在保护模式下支持 32 位线性内存模型。线性内存模型允许程序员在不需要管理段寄存器的情况下直接寻址高达 4GB 的存储空间。康柏公司（Compaq）在 1986 年推出了一款基于 80386 的与 IBM PC 兼容的个人计算机，称为 DeskPro。DeskPro 附带了针对 80386 体系结构的 Microsoft Windows 操作系统。

80386 在很大程度上保持了与 80286 和 8088 处理器的向后兼容性。在 80386 中实现的设计仍然是当前标准的 x86 体系结构。有关该体系结构的更多信息参见第 10 章。

第 1 版本 80386 的时钟频率是 33MHz，其性能达到了 11.4MIPS。基于 x86 体系结构的现代处理器由于具有更高的时钟频率、使用了高速缓存等提升性能的技术，以及在硬件级采用更高效的指令执行方式，因此运行速度比最初的版本快几百倍。

1.1.4 iPhone

2007 年，史蒂夫·乔布斯（Steve Jobs）将 iPhone 引入了全新的世界。iPhone 建立在之前苹果计算机的革命性进步之上，包括 1984 年的 Macintosh 计算机和 2001 年的 iPod 音乐播放器。iPhone 集 iPod、手机和联网计算机的功能于一身。

iPhone 废除了当时智能手机上常见的硬件键盘，取而代之的是能够显示屏幕键盘或其他类型的用户接口的触摸屏。触摸屏由用户的手指驱动，并支持照片缩放等操作的多指手势。

iPhone 运行的是 OS X 操作系统，与当时旗舰 Macintosh 计算机使用的操作系统相同。这一决策立即使 iPhone 支持为 Mac 开发的大量应用程序，并使软件开发人员能够在苹果开始允许第三方应用程序开发后，迅速推出为 iPhone 量身定做的新应用程序。

iPhone 1 的屏幕为 3.5 英寸⊖，分辨率为 320×480 像素，厚度为 0.46 英寸（比其他智能

⊖ 1 英寸 =2.54 厘米。——编辑注

手机薄），内置 200 万像素摄像头，重量为 4.8 盎司⊖。其中的距离传感器用于检测手机与用户耳朵间的距离，并在通话过程中关闭屏幕和触摸屏的感知功能。iPhone 有一个环境光传感器用来自动设置屏幕亮度，以及一个加速计用来检测屏幕是纵向还是横向。

iPhone 1 包含 128MB 的 RAM，4 GB、8 GB 或 16 GB 的闪存，并支持**全球移动通信系统**（Global System for Mobile communication，GSM）蜂窝通信、Wi-Fi（802.11b/g）和蓝牙。

与 IBM PC 丰富的公开信息相比，苹果在公布 iPhone 技术细节方面出了名地保守。苹果没有公布第一代 iPhone 的处理器或其他内部组件的信息，只是简单地称其为封闭系统。

尽管缺乏来自苹果的官方信息，但其他各方已经满怀热情地拆解了各种型号的 iPhone，并试图确定手机的组件及其互连方式。软件侦探们设计了各种测试，试图确定 iPhone 中使用的处理器型号和其他数字设备的实现方式。但是逆向工程的成果并不确保其正确性，因此本节对 iPhone 体系结构的描述持保留态度。

iPhone 1 处理器是三星制造的 32 位 ARM11，运行频率为 412MHz。ARM11 是上一代 ARM 处理器的改进版本，包括 8 级指令流水线，并支持提高音频和视频性能的**单指令多数据**（Single Instruction-Multiple Data，SIMD）技术。ARM 处理器体系结构将在第 10 章中进一步讨论。

iPhone 1 由 3.7V 锂离子聚合物电池供电。电池不可更换，苹果公司估计，电池在经历 400 次充放电后，容量将损失约 20%。苹果公司标称一次充电后的待机时间长达 250 小时，通话时间长达 8 小时。

iPhone 问世 6 个月后，《时代》杂志将 iPhone 评为 2007 年的"年度发明"。2017 年，《时代》杂志评选出了有史以来最具影响力的 50 件小工具，iPhone 位居榜首。

1.2　摩尔定律

对于那些在快速发展的计算机技术领域工作的人来说，无论你的目标是规划自己的职业道路，还是为了让一家大型半导体公司确定最优的研发投资，这些都是巨大的挑战。没有人能完全确定下一次技术飞跃是什么，它会对整个行业及其用户产生什么影响，它会在什么时候发生。事实证明，在这种复杂的环境中，一种有效的方法是根据经验制定一条经验法则。

1957 年，戈登·摩尔（Gordon Moore）与他人共同创立了仙童半导体公司，后来他成为英特尔的董事长兼首席执行官。1965 年，摩尔在 *Electronics* 杂志上发表了一篇文章，对未来十年半导体工业可能发生的变化进行了预测。他在文章中提出，以前可以集成到单芯片上的晶体管、二极管和电容器等分立元件的数量大约每年翻一番，而且这一趋势可能会在接下来的十年里继续下去。这个倍增公式后来被称为摩尔定律。摩尔定律不是类似万有引力的科学定律，相反，该定律是基于对历史趋势的观察得出的，他相信这个提法对未来有一定的预测能力。

摩尔定律在接下来十年中被证明惊人地准确。1975 年，他将未来十年的增长预测修正为单芯片上的元器件数量每两年翻一番，而不是每年翻一番。这一增长速度持续了几十年，一直到 2010 年前后。最近几年，增长率似乎略有下降。2015 年，英特尔首席执行官布莱恩·克尔扎尼奇（Brian Krzanich）表示，该公司的元器件集成度增长速度已经放缓至大约每

⊖　1 盎司 =28.35 克。——编辑注

两年半翻一番。

尽管集成电路密度翻番的时间正在加长，但目前的增长速度依然惊人，可以预期这种增长速度将继续持续，只是不会像以前那样快。

近几十年来，摩尔定律已被证明是评估半导体公司业绩的可靠工具。许多公司已经使用该定律来为它们的产品性能设定目标，并依据该定律来规划投资。通过将一家公司产品的集成电路密度增加与以前的性能以及其他公司的情况进行比较，半导体高管和行业分析师可以对公司业绩进行评估和打分。这些分析结果已经直接用于支持各种决策，比如建造巨大的新加工厂或确定越来越小的集成电路特征尺寸。

自 IBM PC 问世的几十年里，单片微处理器的处理能力有了巨大的增长。当前几代处理器的速度提高了数百倍，对 32 位和 64 位数据进行操作，拥有更多的集成内存资源，并释放了更多功能，所有这些都封装在单个集成电路中。

正如摩尔定律所预测的，半导体集成度的增加驱动了所有这些改进。由于电路元件之间的连线较短，较小的晶体管能以较高的时钟频率运行。显然，较小的晶体管也允许在给定的管芯面积中实现更多功能。体积更小、与周围元件距离更近等特征使得晶体管消耗更少的电能并产生更少的热量。

摩尔定律并没有什么神奇之处，它是通过观察当时的趋势并进行总结的结果。由于生产工艺的改进降低了缺陷密度，从而可以在良率可接受的条件下增大集成电路芯片的面积，因此一个趋势是半导体芯片的尺寸稳步增加。另一个趋势是电路中可靠生产的最小元件尺寸不断减小。最后一个趋势是摩尔所说的电路设计者能够越来越有效地利用芯片上越来越多的电路元件。

在摩尔定律的推动下，传统的半导体制造工艺已经开始接近物理极限，快速增长的趋势已逐渐减缓。当前商用集成电路的最小特征尺寸约为 10nm$^{\ominus}$。相比之下，人类头发的直径约为 50 000nm，而水分子（最小的分子之一）的直径是 0.28nm。集成电路加工工艺有一个极限，当电路元器件的尺寸达到原子尺寸时，将很难再进一步缩小。

除了尝试用少量分子制造可靠的电路元件的挑战之外，阿贝衍射极限（Abbe diffraction limit）等物理效应也成为生产个位数纳米级电路的重大障碍。我们不会深入讨论这些现象的细节，只要知道，在摩尔定律下已经持续了几十年的集成电路元件密度的稳步增长在未来几年将变得更加困难。

这并不意味着我们对处理器性能的追求将受困于现有商用处理器性能提升的减缓。即使晶体管密度的增长速度放缓，半导体制造商也在寻求多种替代方法来继续提高计算设备的能力。一种方法是采用专用设计（specialization），在这种情况下，电路被设计成能够非常好地执行特定类别的任务，而不是只执行各种各样的通用任务。

图形处理器（GPU）是一个很好的专用设计的例子。GPU 最初专门致力于提高用于视频游戏的三维图形场景的渲染速度。生成三维场景所涉及的计算是非常明确的，必须应用于数千个像素才能创建单个帧。为了满足用户体验，每个后续帧必须重复该过程，并且可能需要以 60Hz 或更高的速率对帧进行重建。此任务的计算要求和重复性非常适合通过硬件并行进行加速。GPU 内的多个计算单元同时对不同的输入数据执行基本相同的计算，以产生相互独立的输出，并将这些输出组合在一起以生成最终场景。现代 GPU 设计已经为

　　$\ominus$　10nm 为原书写作时的特征尺寸，在翻译本书时，7nm 已经商用，5nm 和 3nm 正在研发。——译者注

支持其他领域进行了改进，例如，在海量数据上训练神经网络。GPU 将在第 6 章中详细介绍。

摩尔定律已经开始表现出消退的迹象，那么什么技术可以取代它来启动下一轮计算机体系结构的创新呢？今天我们还不能确定，但一些诱人的待选技术目前正在紧张研究中。量子计算就是其中之一。我们将在第 14 章中对该技术进行介绍。

量子计算利用亚原子粒子的特性，以传统计算机无法实现的方式进行计算。量子计算的一个基本元素是 qubit（quantum bit，量子比特）。量子比特类似于常规的二进制比特，但是除了表示状态 0 和 1 之外，量子比特还可以获得 0 状态和 1 状态的叠加状态。当被测量时，量子比特的输出将总是 0 或 1，但产生这两种输出的概率都是量子比特在被读取之前的量子状态的函数。利用量子计算的独特功能需要专门的算法。

计算设备的下一个重大技术突破可能将出乎我们意料之外。例如，iPhone 就是出乎所有人意料之外的跨时代产品。下一个重大进步可能是一种新类型的产品、一种令人惊讶的新技术，或者是产品和技术的某种组合。进步不可阻挡，拭目以待吧。

1.3　计算机体系结构

本节将介绍用于构建现代处理器和相关计算机子系统的基本模块。

现代计算机的一个普遍特征是使用电压电平来表示数据值。通常，只使用高、低两个电压电平值，低电平表示 0，高电平表示 1。电路中任何点（数字或其他）的电压本质上是模拟的，可以是其工作范围内的任何电压。当从低电平变为高电平或从高电平变为低电平时，电压必须经历介于两者之间的所有电压。在数字电路中，低电平和高电平之间的转换发生得很快，并且电路被设计成不对高电平和低电平之间的电压做出反应。

1.3.1　二进制数和十六进制数

无论如何，处理器中的电路都不能直接处理数字。处理器电路元件遵循电学和电子学定律，并只对提供给它们的输入做出响应。驱动这些响应的输入来自程序员开发的代码和作为输入提供给程序的数据。例如，将程序的输出解释为电子表格中的数字或字处理程序中的字符，是对处理器内电信号交互的结果赋予意义的纯人工解释。决定将 0 分配给低电压、将 1 分配给高电压是解释过程中的第一步。

数字计算机中的最小信息单位称为**位**（bit），表示离散值 0 或 1。将多个位组合在一起可以表示更大范围的值。一个**字节**（byte）由 8 个位组成。字节是大多数现代处理器可以从内存读取或写入内存的最小信息单位。

一个位可以取 2 个值：0 和 1。两个位组合在一起可以取 4 个值：00、01、10 和 11。三个位组合在一起可以取 8 个值：000、001、010、011、100、101、110 和 111。事实上，任何 n 位数都可以取 2^n 个值，其中 2^n 表示将 n 个 2 相乘。因此，一个字节可以表示 2^8（256）个不同的值。

当执行计算任务时，二进制数格式并不是大多数人的首选，使用 11101010 等数字可能会令人困惑且容易出错，尤其是在处理 32 位和 64 位值时。为了更容易地使用这些数字，通常采用**十六进制数**，术语十六进制（hexadecimal）通常缩写为 hex。在十六进制数字系统中，二进制数被分成 4 位一组。由于每组中有 4 个位，因此可能的数值个数是 2^4（16）。这 16 个数字中的前 10 个数字为 0～9，最后 6 个为字母 A～F。表 1.1 显示了从 0 开始的前 16 个二进制值，以及相应的十六进制数字和十进制数字。

表 1.1　二进制数、十六进制数和十进制数

二进制	十六进制	十进制
0000	0	0
0001	1	1
0010	2	2
0011	3	3
0100	4	4
0101	5	5
0110	6	6
0111	7	7
1000	8	8
1001	9	9
1010	A	10
1011	B	11
1100	C	12
1101	D	13
1110	E	14
1111	F	15

　　二进制数 11101010 可以通过先将其分成两个 4 位组（1110 和 1010），然后写成十六进制数字 EA 来更紧凑地表示。因为二进制数只能取两个值，所以二进制数是以 2 为基数的数制。每位十六进制数字可以取 16 个值，因此十六进制以 16 为基数。每位十进制数字可以有 10 种值，因此十进制数以 10 为基数。

　　当使用这些不同的数制时，情况可能会变得复杂。形式为 100 的数字是二进制数、十六进制数还是十进制数？如果没有额外的信息，你就无法进行判断。各种编程语言和教材都采取了不同的方法来消除这种歧义。在大多数情况下，十进制数字是默认的，因此数字 100 通常是十进制数。在编程语言（如 C 和 C++）中，十六进制数使用前缀 0x，因此数字 0x100 是十六进制数。在汇编语言中，可以使用前缀字符 $ 或后缀字符 h 来表示十六进制数。编程中使用二进制值的情况较少，主要是因为十六进制的紧凑性更好。某些编译器支持将 0b 用作二进制数的前缀。

十六进制数表示法

　　本书使用前缀 $ 或后缀 h 来表示十六进制数，具体取决于上下文。后缀 b 表示二进制数，没有前缀或后缀的数字表示十进制数。

　　位在二进制数内单独编号，位 0 是最右边的最低有效位。位的编号从右向左递增。例如，在表 1.1 中，二进制值 0001b（十进制数 1）的位 0 被置位（set），其余三位被清除（clear）。在 0010b（十进制数 2）中，位 1 被置位，其余位被清除。在 0100b（十进制数 4）中，位 2 被置位，其余位被清除。

置位与清除

置位（set）的位其值为 1，清除（clear）的位其值为 0。

一个 8 位字节可能是 $00～$FF 的值，相当于十进制范围 0～255。当执行字节加法时，结果可能超过 8 位。例如，将 $01 与 $FF 相加得到 $100。使用 8 位寄存器时，该表示产生了进位，必须进行适当的处理。

在无符号运算中，从 $00 减去 $01 得到 $FF，这构成了回绕。根据正在执行的计算，得到的可能是期望的结果，也可能不是期望的结果。

如果需要，负值可以用二进制数表示。现代处理器中最常见的有符号数据格式是**二进制补码**。在二进制补码中，8 位有符号数字的范围为 –128～127。二进制补码数的最高有效位是符号位：0 表示正值，1 表示负值。通过对所有位取反加 1 并忽略任何向最高位的进位，可以求得任意数字的二进制补码（参见表 1.2）。对位取反意味着将 0 变为 1，将 1 变为 0。

表 1.2　取反运算示例

十进制值	二进制值	翻转每个位	加 1	结　果
0	00000000b	11111111b	00000000b	0
1	00000001b	11111110b	11111111b	–1
–1	11111111b	00000000b	00000001b	1
127	01111111b	10000000b	10000001b	–127
–127	10000001b	01111110b	01111111b	127

需要注意的是，与数学中的定义一致，负零也是零。

二进制补码运算

二进制补码的位运算与无符号的位运算相同，无论输入值是有符号的还是无符号的，加法和减法所涉及的操作都是相同的。将结果解释为有符号或无符号完全取决于用户的意图，参见表 1.3。

表 1.3　有符号和无符号的 8 位数字

二进制数	有符号十进制数	无符号十进制数
00000000b	0	0
00000001b	1	1
00000010b	2	2
⋮	⋮	⋮
01111110b	126	126
01111111b	127	127
10000000b	–128	128
10000001b	–127	129
10000010b	–126	130
⋮	⋮	⋮

（续）

二进制数	有符号十进制数	无符号十进制数
11111101b	−3	253
11111110b	−2	254
11111111b	−1	255

二进制数的有符号和无符号表示形式可以扩展到更大的整数数据类型。16 位值可以表示 0～65 535 的无符号整数和 −32 768～32 767 的有符号整数。在现代编程语言中通常使用 32 位、64 位甚至更大的整数数据类型。

1.3.2 6502 微处理器

本节将介绍一个处理器体系结构，与功能强大的现代处理器相比，该处理器的设计相对简单。本节的目的是普及各种复杂度的处理器共有的一些基本概念。

MOS Technology 公司于 1975 年推出了 6502 处理器，该处理器早年广泛用于雅达利（Atari）和任天堂（Nintendo）的视频游戏机，以及 Commodore 和苹果销售的计算机。直到今天，该处理器还在嵌入式系统中广泛使用，据估计，截至 2018 年，该处理器的产量在 50 亿至 100 亿之间。在流行文化领域，根据屏幕中所展现的画面，*Futurama* 中的机器人 Bender 和《终结者》中的 T-800 机器人似乎都使用了 6502。

许多早期微处理器（如 6502 等）都由 5V 的恒定电压供电。在这些电路中，低信号电平是 0～0.8V 的任何电压。高信号电平是 2～5V 的任何电压。低信号电平定义为逻辑 0，高信号电平定义为逻辑 1。第 2 章中将进一步深入探究数字电子技术。

处理器的**字长**定义了操作的基本数据元素的大小。6502 的字长为 8 位，意味着 6502 一次可读写内存中的 8 位数据，也可以将数据存储在内部 8 位宽的寄存器中。

6502 的程序内存和数据内存共享同一个地址空间，并通过单总线访问其内存。与 Intel 8088 相同，6502 实现了冯·诺依曼体系结构。6502 具有 16 位地址总线，可访问 64KB 的内存。

1 **千字节**（缩写为 KB）定义为 2^{10}（1024）字节。16 条地址线的二进制组合数是 2^{16}，可以访问 64 乘以 1024，即 65 536 个空间。需要注意的是，设备可以寻址 64KB 并不意味着所有这些空间都必须是内存。基于 6502 处理器的 Commodore VIC-20 计算机中只包含 5KB 的**随机存取存储器（RAM）**和 20KB 的**只读存储器（ROM）**。

6502 具有称为**寄存器**的内部存储区域。寄存器是逻辑设备中的一个存储子设备，可以在其中存储信息字并在计算期间对其进行操作。典型的处理器包含少量寄存器，用于临时存储数据值和执行加法或地址计算等操作。

图 1.1 显示了 6502 寄存器结构，它包含 5 个 8 位寄存器（A、X、Y、P 和 S）和 1 个 16 位寄存器（PC）。每个寄存器上方的数字表示寄存器两端的位号。

A、X 和 Y 寄存器中的任何一个都可以用作通用存储

图 1.1 6502 寄存器组

空间。只要指令没有修改寄存器内容，程序指令就可以将数值加载到其中一个寄存器中，并且稍后的一些指令会出于某种目的使用其中保存的值。A 寄存器是唯一能够执行算术运算的寄存器。在计算内存地址时，可以使用 X 和 Y 寄存器作为索引寄存器，但不能使用 A 寄存器。

P 寄存器保存处理器标志。除标记为 1 的位外，该寄存器中的其他位都有专门的用途。标记为 1 的位未定义，可以忽略。该寄存器中剩余的每一位称为一个**标志**，表示已发生了特定条件或表示设置了某种配置。6502 的标志定义如下：

- N：负号标志。当算术运算的结果的位 7 为 1 时，此标志位设为 1。此标志在有符号算术中使用。
- V：溢出标志。当有符号加法或减法导致上溢或下溢，即超出 –128～127 范围时，该标志位设为 1。
- B：中断标志。此标志表示已执行了中断（BRK）指令。通常情况下，该位没有定义。只有在通过 BRK 指令（或中断）将 P 寄存器的内容存储到堆栈时，才需要检查 B 标志。在中断处理期间，B 标志置位（即为 1）表明是由 BRK 指令引起的软件中断，而不是硬件引起的中断。
- D：十进制模式标志。该标志指示处理器算术运算将在**二进制编码的十进制（BCD）**模式下运行。由于 BCD 模式很少使用，因此这里不再讨论，只需注意这种以 10 为基数的计算模式与分析机和 ENIAC 的体系结构具有一定的相似性。
- I：中断禁用标志。该标志表示不会处理中断请求（但非可屏蔽中断除外）。
- Z：零标志。当运算结果为零时该标志设为 1。
- C：进位标志。当算术运算产生进位时该标志设为 1。

在涉及循环、计数和算术运算等通用计算的上下文中，N、V、Z 和 C 是最重要的标志。

S 寄存器是**堆栈指针**。在 6502 中，堆栈是从地址 \$100 到 \$1FF 的内存区域。这 256 字节的空间用于临时存储程序内的参数，并在调用子程序时保存返回地址。系统启动时，S 寄存器将指向此范围的顶部作为初始状态。使用 PHA 等指令将数据"压"入堆栈（PHA 指令会将 A 寄存器的内容压入堆栈）。当数据被压入堆栈时，6502 使用 S 寄存器指定的地址加上固定的 \$100 偏移量作为写入数据的内存地址，然后对 S 寄存器的地址做递减操作。通过执行更多的压入指令，可以将其他数据放入堆栈。当压入更多的数据时，堆栈在内存中向下增长。在将数据压入堆栈中时，程序必须注意不能超过固定的 256 字节堆栈大小。

必须用与压入顺序相反的顺序检索存储在堆栈中的数据。堆栈是**后进先出（LIFO）**数据结构，这意味着当从堆栈"弹出"（pop）一个数据时，它是最近压入的字节。PLA 指令将 S 寄存器加 1，然后将 S 寄存器（加上 \$100 偏移量）指示的地址处的值复制到 A 寄存器中。

PC 寄存器是程序计数器，其中存放要执行的下一条指令所在的内存地址。与其他寄存器不同，PC 的长度为 16 位，允许访问 6502 的整个地址空间。每条指令由 1 字节**操作码**（opcode）组成，根据指令的不同，操作码后面可以跟 0～2 个操作数字节。执行完每条指令后，PC 会更新以指向刚刚执行的指令之后的下一条指令。除了在顺序指令执行期间的自动更新之外，PC 还可以通过跳转指令、分支指令以及子程序调用和返回指令进行修改。

1.3.3　6502 指令集

6502 指令集中的每条指令都有一个由三个字符组成的助记符。在汇编语言源文件中，每行代码包含一条指令助记符，后面跟着该指令的操作数。助记符和操作数的组合定义了**寻址模式**。6502 支持多种寻址模式，为访问寄存器和内存中的数据提供了极大的灵活性。在这里将只使用**立即数寻址模式**，在该模式中，操作数本身就是一个数值，而不是指向包含数值的寄存器或内存位置。立即数前面有一个 # 字符。

在 6502 汇编中，十进制数字没有前缀，而十六进制数字前面有一个 $ 字符。例如，立即数 #48 是十进制数字，而 #$30 是十六进制数字。

下面将用一些汇编代码示例来展示 6502 的算术功能。下面的示例中使用了 5 条 6502 指令：

- LDA 向寄存器 A 加载一个数值。
- ADC 将进位标志（C 标志）作为加法运算的额外输入和输出，即带进位的加法。
- SBC 将进位标志作为减法运算的额外输入和输出。
- SEC 将进位标志直接设为 1。
- CLC 将进位标志直接清零。

由于进位标志是加法和减法指令的输入，因此在执行 ADC 或 SBC 指令之前要确保该值是正确的。在启动加法操作之前，C 标志必须清零，以指示没有来自先前加法的进位。执行多字节加法（例如，使用 16 位、32 位或 64 位数字）时，在进行高位字节的加法运算时，需要将相邻的低字节加法运算产生的进位作为输入参与运算。如果在 ADC 指令执行时 C 标志为 1，则效果是将结果加 1。ADC 执行完成后，C 标志用作结果的第 9 位：C 标志结果为 0 表示没有进位，结果为 1 表示有来自 8 位寄存器的进位。

对于使用 6502 汇编语言的新手程序员来说，使用 SBC 指令执行减法运算往往会更感到困惑。小学生在学习减法时，如果要从一个较小的数中减去一个较大的数，则需要使用借位技术。在 6502 中，C 标志代表借位的反逻辑。如果 C 为 1，则借位为 0；如果 C 为 0，则借位为 1。因此，在没有借位的情况下执行减法时，需要在执行 SBC 命令之前将 C 标志设为 1。

表 1.4 中的示例使用 6502 作为计算器，使用代码中直接定义的输入，并将结果存储在 A 寄存器中。"结果"那一列显示 A 寄存器以及 N、V、Z 和 C 标志的最终值。

表 1.4 6502 算术指令序列

指令序列	描 述	结 果				
		A	N	V	Z	C
CLC LDA #1 ADC #1	不带进位输入的 8 位加法：清除进位标志，然后将立即数 1 装入寄存器 A，并对其加 1	$02	0	0	0	0
SEC LDA #1 ADC #1	带进位输入的 8 位加法：设置进位标志，然后将立即数 1 装入寄存器 A，并对其加 1	$03	0	0	0	0
SEC LDA #1 SBC #1	无借位输入的 8 位减法：设置进位标志，然后将立即数 1 装入寄存器 A，并对其减 1。C=1 代表未发生借位	$00	0	0	1	1
CLC LDA #1 SBC #1	有借位输入的 8 位减法：清除进位标志，然后将立即数 1 装入寄存器 A，并对其减 1。C=0 代表发生借位	$FF	1	0	0	0

（续）

指令序列	描　述	结　果				
		A	N	V	Z	C
CLC LDA #$FF ADC #1	无符号运算溢出：对 $FF 加 1。C=1 代表发生进位	$00	0	0	1	1
SEC LDA #0 SBC #1	无符号运算下溢：从 0 减 1。C=0 代表发生借位	$FF	1	0	0	0
CLC LDA #$7F ADC #1	有符号溢出：对 $7F 加 1。V=1 代表有符号溢出发生	$80	1	1	0	0
SEC LDA #$80 SBC #1	有符号下溢：对 $80 减 1。V=1 代表有符号下溢发生	$7F	0	1	0	1

　　如果读者手边没有一台具有汇编器和调试器的 6502 计算机，则可以在 Web 浏览器中在线运行免费的 6502 模拟器。访问 `https://skilldrick.github.io/easy6502/` 可以得到一个优秀的模拟器，访问该网站并向下滚动，直到找到带有用于汇编和运行 6502 代码按钮的默认代码清单。用表 1.4 中的一组三条指令替换默认代码清单，然后对代码进行汇编。如果要检查序列中每条指令的效果，可以使用调试器控制指令单步执行，并观察处理器寄存器的结果。

　　本节非常简要地介绍了 6502 处理器及其一小部分功能。此处的一个要点是展示执行简单加法时的进位问题和执行减法时的借位问题所面临的挑战。从查尔斯·巴贝奇到 6502 的设计者，计算机架构师已经开发出了计算问题的解决方案，并使用可用的最好的技术来实现这些解决方案。

1.4　总结

　　本章从自动化计算设备的简要历史开始，讲述了推动计算能力飞跃的重大技术进步。随后讨论了摩尔定律，并评估了它在过去几十年中的适用性和对未来的影响。通过讨论 6502 微处理器，本章介绍了计算机体系结构的基本概念。计算机体系结构的历史使人陶醉，希望大家能够进一步探索。

　　下一章将介绍数字逻辑，从基本电路的特性开始，逐步介绍现代处理器中使用的数字子系统的设计。你将学习逻辑门、触发器和包括多路选择器、移位寄存器和加法器在内的数字电路。下一章还将对硬件描述语言进行介绍，硬件描述语言是设计复杂数字设备（如计算机处理器）的专用计算机语言。

1.5　习题

1. 使用你最喜欢的编程语言开发一个十进制加法器模拟器，该加法器的操作方式与巴贝奇分析机中的操作方式相同。首先，提示用户输入 0～9 内的两个数：加数和被加数。显示加数、被加数和进位，进位的初始值为零。执行如下循环：

　　a. 如果加数为零，则显示加数、被加数以及进位和结果的值，否则进入步骤 b。

　　b. 加数减 1，被加数加 1。

　　c. 如果被加数从 9 递增到 0，则进位加 1。

　　d. 返回步骤 a。

　　用如下用例对代码进行测试：0+0、0+1、1+0、1+2、5+5、9+1 和 9+9。

2. 为加数、被加数和进位各自创建 40 位的十进制数的数组。提示用户输入两个十进制整数，每个最多 40 位。使用习题 1 中描述的循环逐位执行加法，并从进位数组中的每个数字位置收集进位输出。循环完成后，让被加数与进位相加，在必要时形成新的进位并处理从而完成加法运算。在每个循环之后与运算结束时显示结果。使用习题 1 中的测例，并额外测试 99+1、999999+1、49+50 和 50+50。

3. 修改习题 2 的程序，实现 40 位十进制数的减法。根据需要进行借位。使用 0-0、1-0、1000000-1 和 0-1 进行测试。0-1 的结果是什么？

4. 6502 汇编语言使用包含地址（没有指示立即值的 # 字符）的操作数访问内存中的数据。例如，LDA $00 指令将内存地址 $00 处的字节加载到寄存器 A 中。STA $01 将寄存器 A 中的字节存储到地址 $01 中。地址可以是 0~$FFFF 范围内的任何数值，前提是内存中有该地址，并且该地址尚未用于其他目的。使用读者首选的 6502 模拟器，编写 6502 汇编代码实现将 16 位数据存储到地址 $00~$01，将另一个数据存储到地址 $02~$03，然后将这两个值相加并将结果存储在 $04~$05 中。确保妥善处理两个字节之间的任何进位，并忽略 16 位结果中的任何进位。用 $0000+$0001、$00FF+$0001 和 $1234+$5678 进行测试。

5. 编写 6502 汇编代码，以类似于习题 4 的方式对两个 16 位数据执行相减。用 $0001-$0000、$0001-$0001、$0100-$00FF 和 $0000-$0001 进行测试。$0000-$0001 的结果是什么？

6. 编写 6502 汇编代码，将两个 32 位整数分别存储到地址 $00~$03 和 $04~$07，然后将它们相加，并将结果存储在 $08~$0B 中。使用循环结构（包括一个标签和一条分支指令）对要相加的两个数据的字节进行迭代。在网上搜索 6502 递减和分支指令的详细信息，以及汇编语言中标签的用法。

　　提示：6502 中的零页索引寻址模式（zero-page indexed addressing mode）将适用于该应用程序。

数字逻辑

本章以第 1 章中的内容为基础，深入介绍现代处理器设计中使用的基础数字模块。本章首先讨论电路的特性，然后介绍晶体管并研究它们在逻辑门中作为开关元件的用途。之后介绍使用基本逻辑门构造的锁存器、触发器和环形计数器。寄存器和加法器等更复杂的组件可以通过组合前面介绍的器件来实现。本章接着引入了时序逻辑（即状态信息随时间变化而变化的逻辑）的概念。最后介绍了硬件描述语言，它是复杂数字设备的首选设计方法。

本章包含以下主题：

- 电路
- 晶体管
- 逻辑门
- 锁存器
- 触发器
- 寄存器
- 加法器
- 时钟
- 时序逻辑
- 硬件描述语言

2.1 电路

本章首先简要回顾电路的特性。

铜等导电材料具有在电场中产生电流的能力。而玻璃、橡胶和**聚氯乙烯（PVC）**等非导电材料则完全阻止电流流动，因此它们被用作绝缘体来保护导体以免短路。在金属中，电流由运动的电子组成。允许部分电流流动，并且可以按需求限制电流大小的材料用于制造电阻。

电路中电流、电压和电阻之间的关系类似于液压系统中流量、压力和限流之间的关系。以厨房的水龙头为例：当阀门打开时，管道中的压力会迫使水流向水龙头。如果阀门只打开一点点，从水龙头流出的水就是涓涓细流。如果开大阀门，水流就会增加。增加阀门打开程度相当于降低了流过水龙头的水流阻力。

电路中的电压与水管中的压力类似。以**安培**（单位符号为 A）为单位的电流，对应于流经管道和水龙头的水流速率。电阻相当于阀门的开启程度造成的流量限制。

电压、电流和电阻间的关系由公式 $V=IR$ 表示，其中 V 是电压（以伏特为单位），I 是电流（以安培为单位），R 是电阻（以欧姆为单位）。这就是以格奥尔格·欧姆的名字命名的欧姆定律，他于 1827 年首次发表了这一关系。

图 2.1 显示了欧姆定律的简单电路表示。左侧堆叠的水平线表示电压源，例如电池或计算机电源。右边的 Z 字形表示电阻。连接元件的线是理想导线。用字母 I 表示的电流沿着电路顺时针方向流动，从电池的正极流出，通过电阻，再回到电池的负极。电池的负端在本电

路中定义为电压参考点，该点的电压为0V。

如果拿水管来类比，则零伏的导线代表一池水。"泵"（图中的电池）从池中抽出水，并将其从电池符号顶部的"泵"中推入压力更高的管道中。水以电流I的形式流向水龙头，水龙头由右侧的电阻R表示。通过限流龙头后，水最终进入水池，在那里可以再次被抽入水泵。

如果假设电池电压或水泵两端的压力是恒定的，那么电阻R的任何增加都会使电流I按比例减小。例如，将电阻加倍会使电流减半。将电压加倍可以使流经电阻的电流加倍。

图2.1 简单的电阻电路

下一节将介绍晶体管，它是所有现代数字电子设备的基础。

2.2 晶体管

晶体管是一种半导体器件，其功能相当于数字开关。这种开关动作在电学上相当于电阻阻值根据输入信号的状态在很大的数值和很小的数值之间进行切换。开关晶体管的一个重要特征是开关输入不需要特别强。这意味着在开关输入端，非常小的电流就可以对流经晶体管的大得多的电流进行开启和关闭。单个晶体管的输出电流可以驱动许多其他晶体管的输入。该特点对复杂数字电路的发展至关重要。

图2.2显示了NPN晶体管的原理图。NPN是指构成晶体管的硅互连区的结构。硅的N区（使用一种称为掺杂的方法）添加了额外的材料，从而增加了电子数量，使其带有一定量的负电荷。P区的掺杂减少了电子数量，使其带有一定量的正电荷。NPN晶体管包含两个N区域，P区域夹在它们之间。器件的三个端子分别连接到这些区域。

集电极（在图2.2中标记为C）连接到一个N区域，发射极E连接到另一个N区域。基极B连接到两个N区域之间的P区域。集电极收集电流，发射极发射电流，如箭头所示。基极端是控制输入端。通过改变施加到基极的电压可以改变流入基极的电流量，从而可以控制电流是否流入集电极或流出发射极。

图2.3是使用晶体管构造的非门示意图。该电路由5V电源供电。输入信号可能来自按钮电路，该电路在按钮未按下时输出0V，在按钮按下时输出5V。当输入为高电平（接近5V）时，R1限制从输入端流向晶体管基极的电流。在典型电路中，R1的值约为1000欧，R2的值可能为5000欧。当晶体管接通时，R2限制从集电极流向发射极的电流。

图2.2 NPN晶体管原理图符号   图2.3 晶体管非门

输入端接受0～5V的电压输入，但数字电路操作只对接近0V（低）或接近5V（高）的信号敏感。由于高低状态间的转换是接近瞬时的，因此数字电路中所有的状态转化也可以认为是瞬时完成的。

典型的 NPN 晶体管的开关电压约为 0.7V。当输入端保持在低电压（例如，0.2V）时，晶体管关闭，此时集电极和发射极之间的电阻非常大。这使连接到 5V 电源的 R2 将输出信号拉至 5V 附近的高状态。

当输入信号高于 0.7V 且范围为 2～5V 时，晶体管导通，此时集电极和发射极之间的电阻非常小，产生的效果是通过一个比 R2 小得多的电阻，将输出端拉低到接近于 0V。因此，输出端被拉低至 0.2V 左右的低电压。

总结一下该电路的行为：当输入端为高时，输出端为低；当输入端为低时，输出端为高。此功能描述了非（NOT）门，表示输出的逻辑值与输入相反。如果将低电平信号定义为二进制值 0，将高电平信号定义为 1，则可以在表 2.1 所示的真值表中总结该门的行为。

表 2.1 非门真值表

输 入	输 出
0	1
1	0

真值表是表示逻辑表达式所有可能的输入对应的输出的表格表示形式。每列代表一个输入或输出，输出位于表的右侧。每行表示一组输入值以及由这些输入确定的输出值。

2.3 逻辑门

如图 2.3 所示的非门等电路在数字电子中很常见，因此为每种门电路分配了符号表示，以便能够构建可以表示更复杂逻辑功能的更高层次的示意图。

非门的符号是一个在输出端带有一个小圆圈的三角形，如图 2.4 所示。

三角形代表放大器，意味着这是一种将较弱的输入信号转换为较强的输出信号的器件，圆圈表示取反运算符。

在非门的基础上可以开发更复杂的逻辑运算。

图 2.5 中的电路使用两个晶体管对输入$_1$和输入$_2$执行与（AND）运算。当两个输入均为 1 时，与运算的输出为 1，否则输出为 0。除非两个晶体管都已被输入$_1$和输入$_2$信号的高电平驱动，否则电阻 R2 将输出信号拉低。

图 2.4 非门符号表示   图 2.5 晶体管与门

　　表 2.2 是与门电路的真值表。简而言之，当输入₁和输入₂输入均为真（TRUE）时，输出信号为真（值 1），否则为假（FALSE，值 0）。

表 2.2　与门真值表

输入 $_1$	输入 $_2$	输　出
0	0	0
1	0	0
0	1	0
1	1	1

　　与门也有自己的符号表示，如图 2.6 所示。

图 2.6　与门符号表示

　　当 A 或 B 输入为 1，或者两个输入均为 1 时，或（OR）门的输出为 1。以下是或门的真值表。

表 2.3　或门真值表

A	B	输　出
0	0	0
1	0	1
0	1	1
1	1	1

　　或门的符号表示如图 2.7 所示。

图 2.7　或门符号表示

　　当 A 和 B 输入中只有一个输入为 1 时，异或（XOR）运算产生的输出为 1。当两个输入均为 0 或者两个输入均为 1 时，输出为 0。异或门真值表如表 2.4 所示。

表 2.4　异或门真值表

A	B	输　出
0	0	0
1	0	1
0	1	1
1	1	0

　　异或门的符号表示如图 2.8 所示。

图 2.8　异或门符号表示

与门、或门和异或门都可以用反相输出来实现，门的功能与上一节所述完全相同，只是输出是反相的（表 2.2、表 2.3 和表 2.4 的输出列中的 0 替换为 1，1 替换为 0）。具有反相输出的与门、或门和异或门的符号表示是在符号的输出端添加一个小圆，就像在非门的输出一样。具有反相输出的门称为与非（NAND）门、或非（NOR）门和异或非（XNOR）门。这些名字中的字母 N 表示非。例如，NAND 表示 NOT AND，其功能等同于与门后跟一个非门。

可以将简单的逻辑门进行组合来实现更复杂的功能。多路选择器是根据选择器的输入状态，从多个输入中选择一个并送到输出的电路。图 2.9 是两输入多路选择器的示意图。

图 2.9 两输入多路选择器电路

I_0 和 I_1 是两个一位的数据输入。当选择器输入 A 为高电平时，将 I_0 的值送到输出 Q；当 A 为低电平时，将 I_1 的值送到输出 Q。多路选择器在处理器设计中的一个用途是从多个数据源中选择一个作为输入数据来加载内部寄存器。

两输入多路选择器的真值表如表 2.5 所示。在该表中，值 X 是无关项，表示在确定输出 Q 时该信号是什么值无关紧要。

表 2.5 两输入多路选择器的真值表

A	I_0	I_1	Q
1	0	X	0
1	1	X	1
0	X	0	0
0	X	1	1

在任何时刻，如果电路输出仅取决于输入的当前状态，则这类电路称为**组合逻辑**电路，本节给出的逻辑门以及由它们组合而成的电路就是组合逻辑电路。目前，我们忽略传播延迟，并假设输出立即对输入的变化做出响应。换句话说，输出不依赖于先前的输入值。组合逻辑电路没有对过去的输入或输出进行存储。

2.4 锁存器

组合逻辑不能直接作为存储器件来保存处理器中的寄存器等数字功能所需要的数据。通过将数据从一个门的输出反馈到其输入，可以使用逻辑门构建数据存储器件。

锁存器是由逻辑门构成的一位存储器件，图 2.10 显示了一种名为**置位－复位**（Set-Reset，SR）**锁存器**的简单锁存器，在该电路中，提供存储器的功能是从与门的输出到或门的输入的反馈。

根据输入 S 和 R，电路可以将输出 Q 置位为高或复位为低，也可以使输出 Q 保持之前的值。在保持状态下，S 和 R 均为低，并且保持输出 Q 的状态。S 的高脉冲（从低到高，然后再回到低）会导致输出 Q 变高并保持在该电平。R 的高脉冲会导致输出 Q 变低并保持在该电平。如果 S 和 R 都被置位为高，则 R 输入将覆盖 S 输入，并强制 Q 为低。

图 2.10   SR 锁存器电路

SR 锁存器的真值表如表 2.6 所示。输出 Q_{prev} 表示在当前 S 和 R 输入信号之前的最新 Q 值。

表 2.6   SR 锁存器的真值表

S	R	行为	Q
0	0	保持	Q_{prev}
1	0	置位	1
X	1	复位	0

需要注意的是，该锁存器电路及一般的易失性存储器件在上电时 Q 输出的初始状态没有被很好地定义。电路启动行为和 Q 的结果值取决于各个门的特性和启动时的时序。上电后，在此电路开始工作之前，需要使用 S 或 R 脉冲将 Q 设置为某种已知状态。

门控 D 锁存器（D 代表数据）在数字电路中有许多用途。术语门控是指使用一个额外的输入来启用或禁止数据通过电路。图 2.11 显示了门控 D 锁存器的实现，其真值表如表 2.7 所示。

图 2.11   门控 D 锁存器电路

当 E 使能输入为高电平时，输入 D 的值通过 Q 输出。当 E 为低电平时，无论 D 输入的状态如何，Q 输出都保持先前的值。$\overline{Q}$ 输出始终保持 Q 输出的反相（Q 上的水平线表示非）。

表 2.7   门控 D 锁存器的真值表

D	E	Q	$\overline{Q}$
0	1	0	1
1	1	1	0
X	0	Q_{prev}	$\overline{Q}_{prev}$

有必要通过逻辑流来理解该电路的运行情况。图 2.11 的左半部分由输入 D、非门和最左边的两个与非门组成，是一个组合逻辑电路，这意味着其输出始终是输入的直接函数。

首先，考虑输入 E 为低电平的情况，此时，左侧两个与非门各有一个输入为低电平，这会强制两个门的输出均为 1（参见表 2.2 的与门真值表，注意，与非门相当于与门后跟一个非门）。在这种状态下，输入 D 的值无关紧要，并且 Q 和 $\overline{Q}$ 必有一个高电平和一个低电平，其原因是反馈到门输入的两个最右边与门的输出是交叉连接的。只要 E 为低，这种状态就会一直保持。

当 E 为高时，根据 D 的状态，最左边的两个与非门中，其中一个的输出将是低电平，而另一个的输出将是高电平。输出低电平的与非门将把与其连接的最右边的与非门的输出驱动为高电平。该输出被反馈到另一个右侧与非门的输入，并且在两个输入均为高的情况下将产生低电平输出。其结果是，将输入 D 传播到输出 Q，并且 D 的反相传播到输出 $\overline{Q}$ 处。

Q 和 $\overline{Q}$ 不能同时为高或低，否则将表示最右边两个与非门的输出和输入之间存在冲突。如果这些条件中的一个碰巧短暂出现，例如，在上电期间，电路将自动调整到稳定的状态，其中 Q 和 $\overline{Q}$ 依然保持相反的状态。与 SR 锁存器一样，该自动调整的结果不可预测，因此在使用门控 D 锁存器进行任何操作之前，将其初始化为已知状态非常重要。初始化的过程是将 E 设置为高电平，将 D 设置为 Q 所需的初始输出值，然后将 E 设置为低电平。

前面描述的门控 D 锁存器是**电平敏感器件**，这意味着只要输入 E 保持高电平，输出 Q 就会随着输入 D 的改变而改变。在更复杂的数字电路中，让串联的多个电路元件实现同步，而无须考虑各个器件各自的传播延迟很重要。使用时钟信号作为多个元件的输入能够实现这种类型的同步。在共享的时钟配置中，组件根据时钟信号边沿（边沿是指从低到高或从高到低的转变时刻）更新其输出，而不是直接根据输入信号的电平值来确定。

因为时钟信号的跳变时刻非常精确，且此时器件的输入信号必须是稳定的，所以边沿触发非常有用。时钟边沿过后，器件的输入可以自由变化，为下一个有效时钟边沿做准备，在此期间其输出不会改变。下面要讨论的触发器电路在时钟边沿工作，该特性适用于复杂的数字设计。

2.5 触发器

如果一个器件的输出仅在指定的时钟边沿发生转换（从低到高或从高到低）时才改变，则称其为**边沿敏感器件**。触发器类似于锁存器，关键区别在于触发器的输出在边沿改变，而锁存器的输出在电平信号控制下改变。

上升沿触发的 D 触发器是一种广泛应用的数字电路器件。D 触发器通常包括置位和复位信号，这些信号的功能与 SR 锁存器中相应信号的功能相同。触发器具有和门控 D 锁存器功能类似的 D 输入端。D 触发器没有使能输入端，而是具有一个时钟输入端，在时钟上升沿触发并将输入 D 的数值传送到输出 Q，并把输入 D 反相之后传送到输出 $\overline{Q}$。除了在时钟上升沿周围非常窄的时间窗口内之外，触发器不响应输入 D 的值。当输入 S 或 R 有效时，触发器将不响应输入 D 和时钟上的任何动作。

图 2.12 给出了 D 触发器的原理图。时钟输入由符号左侧的小三角形表示。

图 2.12 D 触发器示意图

考虑表 2.8。CLK 列中的向上箭头表示时钟信号的上升沿。带有向上箭头的表格行中显示的 Q 和输出表示时钟上升沿之后的输出状态。

表 2.8　D 触发器真值表

S	R	D	CLK	Q	$\overline{Q}$
0	0	1	↑	1	0
0	0	0	↑	0	1
0	0	X	不变	Q_{prev}	$\overline{Q}_{prev}$
1	0	X	X	1	0
0	1	X	X	0	1

可以将触发器进行串联来将数据位从一个触发器传至下一个触发器。这种串联通过将第一个触发器的输出 Q 连接到第二个触发器的输入 D 来实现，对于任意数量的串联以此类推。这种结构称为**移位寄存器**，并且在许多地方使用，其中两个典型应用是串并转换器和并串转换器。

如果移位寄存器末端的输出 Q 连接到另一端的输入 D，则构成**环形计数器**。环形计数器用于构建**有限状态机**等任务。有限状态机实现的数学模型总是处于一组定义良好的状态中。当输入满足转换到不同状态的条件时，就会发生状态之间的转换。

图 2.13 中的环形计数器有 4 位。通过先将 RST 输入脉冲设置为高，然后将其设置为低来初始化计数器。这将使第一个（最左边）触发器的输出 Q 设置为 1，并且将剩余触发器的输出 Q 设置为 0。此后，每个 CLK 的上升沿都会将触发器的一位传送到序列中的下一个触发器。第 4 个 CLK 脉冲将 1 传送回最左边的触发器。除了一个输出为 1 的触发器外，其余触发器的输出 Q 始终为 0。触发器是边沿敏感器件，所有触发器都由公共时钟信号驱动，使其成为**同步电路**。

图 2.13　4 位环形计数器电路

该电路包含 4 个环形计数器状态，增加 6 个触发器将使状态数增加到 10 个。正如我们在第 1 章中所讨论的，ENIAC 使用基于真空管的 10 位环形计数器来保存十进制数字的状态。采用图 2.13 中电路结构的 10 状态环形计数器可以完成相同的功能。

下一节我们将使用触发器构建用于数据存储的寄存器。

2.6　寄存器

处理器中的寄存器可以临时存储数据，可用于多种指令操作的输入和输出，例如，与内存进行数据传送、算术运算和位操作等。大多数通用处理器包含用于将寄存器中的二进制数据进行左移或右移的指令，以及对寄存器操作数进行循环移位的指令。循环移位操作类似于环形计数器，不同之处在于循环移位中的位可以保存任意值，而环形计数器通常通过位序列的位置来传送单个位。执行这些功能的电路由本章前面讨论的简单逻辑门和触发器构成。

对处理器内寄存器的数据进行加载或读取通常是并行的，这意味着在公共时钟边沿的控制下，所有的数据位同时在各自的信号线上进行写入或读取。为了简单起见，本节中的示例将使用 4 位寄存器，但可以根据需要扩展到 8 位、16 位、32 位或 64 位。

图 2.14 显示了一个具有并行输入和输出的简单 4 位寄存器。这是一个同步电路，其中输入 D_0-D_3 提供的数据位在 CLK 信号的上升沿被加载到触发器中，数据位立即出现在输出 Q_0-Q_3，并保持其状态，直到在随后的时钟上升沿加载新的数据值。

图 2.14   4 位寄存器电路

要使用寄存器实现除数据存储之外的其他功能，必须能够将来自多个源的数据加载到寄存器中、对寄存器的上下文执行操作，并将结果数据值写入多个潜在的目的地之一。

在通用处理器中，数据通常可以从内存单元、输入端或另一个寄存器加载到寄存器中。对寄存器的上下文可以执行的操作包括递增、递减、算术运算、移位、翻转和位操作（例如 AND、OR 和 XOR）。需要注意的是，对整数进行递增或递减相当于使用另一个为 1 的隐含操作数进行加减。一旦寄存器包含计算结果，其上下文就可以写入内存单元、输出端或另一个寄存器。

图 2.9 显示了两输入多路选择器的电路。很容易扩展该电路以支持更多输入，任何一个输入都可以通过控制输入端来进行选择。对单比特多路选择器进行复制，即可支持处理器数据字（word）中所有比特的并行操作。当向寄存器中加载数据时，此类电路可用于在各种数据源中进行选择。当在处理器中实现时，由指令操作码触发的逻辑会设置多路选择器的输入来将数据从适当的源传送到指定的目标寄存器。第 3 章将详细介绍如何使用多路选择器将数据传送到寄存器和处理器内的其他单元。

下一节将介绍二进制加法电路。

2.7 加法器

通用处理器通常支持加法运算，用于对数据进行计算，也可以用来管理指令指针（Instruction Pointer，IP）。执行每条指令之后，指令指针递增到下一个指令位置。当处理器支持多字指令时，新的指令指针必须设置为当前值加上刚完成的指令字长。

一个简单的加法器电路对两个数据位和输入进位进行加法运算，并产生一位的和与一位的进位输出。因为它在计算中包含输入进位，所以该电路（如图 2.15 所示）称为**全加器**。**半加器**只对两个数据位相加，而没有输入进位。

图 2.15 全加器电路

全加器使用逻辑门产生输出,其计算规则为:仅当 A、B、C_{in} 三个值中为 1 的总数为奇数时,结果位 S 才为 1;否则,S 为 0。使用两个异或门执行该逻辑运算。如果 A 和 B 都是 1,或者 A 和 B 中只有一个是 1 并且 C_{in} 也是 1,则 C_{out} 为 1;否则,C_{out} 为 0。

图 2.15 中的电路可以简要地使用具有三个输入和两个输出的框图来表示,以进行更高层次的抽象。图 2.16 是由图 2.15 所示的 4 个全加器电路构成的四位加法器。输入是要相加的两个数据 A_0-A_3 和 B_0-B_3,以及进位输入 C_{in}。输出是和(S_0-S_3)与进位输出 C_{out}。

图 2.16 4 位加法器电路

需要注意的是,该电路是一个组合电路,这意味着一旦确定了输入,就会直接产生输出。该电路包含了逐位的进位操作,无须考虑进位会影响多少位。因为进位逐位传播,所以这种结构称为**行波进位加法器**(ripple carry adder)。进位在所有数据位之间的传播及输出值的稳定需要一些延迟。

由于我们现在讨论的电路是信号通过大量器件的信号通路,因此应该讨论信号通过多个器件的端到端传播所需的时间。

传播延迟

当逻辑器件的输入改变时,输出不会立即改变。在输入端的状态改变与输出端出现最终结果之间存在一段时间的延迟,称为**传播延迟**。

串联的多个组合电路会导致出现一个总的传播延迟,它是所有中间器件的延迟之和。逻辑门从低到高转换的传播延迟可能与从高到低转换的传播延迟不同,因此估计最坏情况下的延迟应该用这两个值中较大的值。

从图 2.15 可以看出,全加器从输入到输出的最长路径(以串联的门数表示)是从输入 A 和输入 B 到输出 C_{out}:总共有三个门。如果图 2.16 中的所有输入信号在全加器输入端同时到达,则与这些输入相关的三个门延迟将在所有加法器上同时传播。然而,全加器 0 的输出

C_0 只有在全加器 0 的三个门延迟之后才能保证稳定。一旦 C_0 稳定，全加器 1 上就会有额外的两个门延迟（需要注意的是，在图 2.15 中，C_{in} 仅通过两个门）。

因此，图 2.16 中电路的总体传播延迟是全加器 0 上的 3 个门延迟，然后加上其余 3 个全加器中每个加法器的 2 个门延迟，总共 9 个门延迟。这看起来可能并不太糟糕，但考虑一个 32 位加法器：该加法器的传播延迟是全加器 0 的三个门延迟加上其余 31 个加法器中每个加法器的 2 个门延迟，总共 65 个门延迟。

通过组合电路的传播延迟最长的路径称为**关键路径**，该延迟限制了可用于驱动电路的时钟频率的上限。

先进肖特基晶体管 – 晶体管逻辑（Advanced Schottky Transistor-Transistor Logic，（AS）TTL）系列的逻辑门是当今市场上速度最快且单独封装的门电路之一。在典型的负载条件下，（AS）TTL 与非门具有 2 ns 的传播延迟。相比之下，真空中的光在 2 ns 内传播不到 2 英尺。

在 32 位行波进位加法器中，通过（AS）TTL 门的 65 个单位的传播延迟导致输入变化和最终稳定输出之间的延迟为 130 ns。为了进行粗略的估计，假设这是通过整个处理器集成电路中最坏情况下的传播延迟。忽略有效时钟边沿前后数据保持输入稳定所需的任何额外时间，该加法器对输入数据执行顺序操作的频率不能超过每 130 ns 一次。

当使用行波进位加法器执行 32 位加法时，处理器使用时钟边沿将两个寄存器（每个寄存器由一组 D 触发器组成）的上下文加上处理器 C 标志传送到加法器输入。随后的时钟边沿将加法结果加载到目标寄存器中。C 标志接收来自加法器的 C_{out}。

周期为 130 ns 的时钟具有（1/130 ns）的频率，即 7.6 MHz。这看起来不是很快，特别是在今天有许多时钟速率超过 4 GHz 的低成本处理器的情况下更是如此。造成这种情况的部分原因是包含大量紧密耦合晶体管的集成电路固有的速度优势，另一部分原因是设计者的聪明才智，正如摩尔在第 1 章中所提到的那样。为了有效地执行加法器功能，设计者已经开发了许多优化设计以显著降低最坏情况下的传播延迟。第 8 章将讨论处理器架构师通过设计获得更高速度的一些方法。

除了门延迟之外，还有一些延迟是由于信号通过导线和集成电路导电路径造成的。通过导电路径的传播速度取决于导电材料和导体周围的绝缘材料。由于这些因素和其他一些因素，信号在数字电路中的传播速度通常是真空中光速的 50%～90%。

下一节将讨论数字电路中时钟信号的产生和使用。

2.8 时钟

用作处理器"心跳"（heartbeat）的时钟信号通常是固定频率的方波信号。方波是在高状态和低状态之间振荡的数字信号，每个周期中在高电平和低电平持续的时间相等。图 2.17 显示了随时间变化的方波示例。

图 2.17 方波信号

计算机系统中的时钟信号通常由提供几**兆赫兹（MHz）**基准频率的晶体振荡器（简称晶振）产生。1 MHz 是每秒 100 万个周期。晶振依靠物理晶体（通常由石英制成）的共振振动，利用压电效应产生循环电信号。石英晶体以精确的频率共振，这促使它们在计算机、手表和其他数字设备中用作定时器件。

虽然晶振的时间基准比低成本设备中使用的其他定时基准更精确，但晶体的频率误差会随着时间积累，经过几天或几周会逐渐偏离正确时间几秒，然后达到几分钟。为了避免此问题，大多数连接到互联网的计算机会定期访问时间服务器，以将其内部时钟重置为精确的原子时钟所定义的当前时间。

锁相环（PLL）倍频器电路用于产生处理器所需的高频时钟信号，其输出频率可高达 GHz。PLL 倍频器产生方波输出，其频率是晶振提供的输入频率的整数倍。PLL 时钟的输出频率与其接收到的输入频率之比称为**时钟倍频比**。

PLL 倍频器通过不断调整其内部振荡器的频率来保持相对于输入频率的正确时钟倍频比，从而正确运行。现代处理器通常有一个晶振时钟信号输入，并包含几个产生不同频率的 PLL 倍频器。计算机系统中通常使用多种时钟频率，从而以尽可能高的速率驱动核心处理器操作，同时与需要较低时钟频率的设备（例如系统内存）进行交互。

2.9　时序逻辑

根据当前输入和过去输入的组合产生输出的数字电路称为**时序逻辑**。这与组合逻辑的输出仅取决于输入的当前状态的情况相反。当由多个组件组成的时序逻辑电路在共享时钟信号的控制下操作这些组件时，该电路实现了**同步逻辑**。

处理器指令执行中涉及的步骤是一系列离散操作，这些操作对指令操作码进行响应，并对不同来源的输入数据进行处理。这些操作在主时钟信号的协调下进行。处理器维护从一个时钟到下一个时钟，以及从一条指令到下一条指令的内部状态信息。

包括处理器在内的现代复杂数字器件几乎都是以同步时序逻辑方式实现的。低级内部器件（例如，前面讨论的门、多路选择器、寄存器和加法器等）通常是组合逻辑电路。这些较低级别的器件又在同步逻辑的控制下作为输入。在处理器指令和逻辑电路的控制下，共享时钟信号将在通过这些组合组件允许的最大传输延迟之后把这些组件的输出传送到体系结构的其他部分。

第 3 章将介绍实现更复杂功能的高级处理器组件，包括指令译码、指令执行和算术运算。

下一节将介绍使用计算机编程语言设计数字硬件的概念。

2.10　硬件描述语言

使用与本章前面介绍的逻辑图类似的方法来表示简单的数字电路很直观。然而，当设计高复杂度的数字器件时，逻辑图很快就会变得无能为力。作为逻辑图的替代方案，多年来已经开发了许多**硬件描述语言**。这一演变受到摩尔定律的推动，摩尔定律驱使数字系统设计者不断寻找新的方法，以迅速有效地利用集成电路中数量不断增长的晶体管。

硬件描述语言并不是半导体公司数字设计师的专属领域。即使是业余爱好者也可以获得和使用这些强大的工具，在许多情况下它们甚至是免费的。

门阵列是包含大量逻辑单元的逻辑器件，其中的逻辑单元包括与非门和 D 触发器等。

一类称为**可编程逻辑门阵列（FPGA）**的门阵列使最终用户能够仅使用一台计算机、一块小型开发板和适当的软件包来实现他们的设计。

开发人员可以使用硬件描述语言定义复杂的数字电路，并将其直接编程到芯片中，从而产生全功能、高性能的定制数字设备。当代低成本 FPGA 包含足够数量的逻辑门来实现复杂的现代处理器设计。例如，RISC-V 处理器的 FPGA 可编程设计（见第 11 章）以开源硬件描述语言代码的形式提供。

VHDL

VHDL 是当今使用的主要硬件描述语言之一，该语言在美国国防部的指导下于 1983 年开始开发，其语法和一些语义基于 Ada 编程语言。Verilog 是另一种流行的硬件设计语言，其功能类似于 VHDL。本书将专门使用 VHDL，但给出的示例也可以用 Verilog 很容易地实现。

VHDL 是一个多级的缩写，其中 V 代表 VHSIC，即超高速集成电路。VHDL 代表 VHSIC 硬件描述语言。以下代码给出了图 2.15 所示全加器电路的 VHDL 实现：

```
-- Load the standard libraries

library IEEE;
  use IEEE.STD_LOGIC_1164.ALL;

-- Define the full adder inputs and outputs

entity FULL_ADDER is
  port (
    A     : in    std_logic;
    B     : in    std_logic;
    C_IN  : in    std_logic;
    S     : out   std_logic;
    C_OUT : out   std_logic
  );
end entity FULL_ADDER;

-- Define the behavior of the full adder

architecture BEHAVIORAL of FULL_ADDER is
begin

  S     <= (A XOR B) XOR C_IN;
  C_OUT <= (A AND B) OR ((A XOR B) AND C_IN);

end architecture BEHAVIORAL;
```

此代码对图 2.15 中的全加器进行了直观的文本描述。entity FULL_ADDER 部分定义了全加器组件的输入和输出。architecture 部分描述了电路逻辑如何在给定输入 A、B 和 C_IN 的情况下产生输出 S 和 C_OUT。std_logic 指一位二进制数据类型。<= 字符表示类似导线的连接，使用在右侧计算的值驱动左侧的输出。

以下代码引用 FULL_ADDER VHDL 作为实现图 2.16 所示的 4 位加法器设计的一个组件：

```vhdl
-- Load the standard libraries

library IEEE;
  use IEEE.STD_LOGIC_1164.ALL;

-- Define the 4-bit adder inputs and outputs

entity ADDER4 is
  port (
    A4         : in    std_logic_vector(3 downto 0);
    B4         : in    std_logic_vector(3 downto 0);
    SUM4       : out   std_logic_vector(3 downto 0);
    C_OUT4     : out   std_logic
  );
end entity ADDER4;

-- Define the behavior of the 4-bit adder

architecture BEHAVIORAL of ADDER4 is

  -- Reference the previous definition of the full adder

  component FULL_ADDER is
    port (
      A          : in    std_logic;
      B          : in    std_logic;
      C_IN       : in    std_logic;
      S          : out   std_logic;
      C_OUT      : out   std_logic
    );
  end component;

  -- Define the signals used internally in the 4-bit adder
  signal c0, c1, c2 : std_logic;

begin

  -- The carry input to the first adder is set to 0
  FULL_ADDER0 : FULL_ADDER
    port map (
      A          => A4(0),
      B          => B4(0),
      C_IN       => '0',
      S          => SUM4(0),
      C_OUT      => c0
    );

  FULL_ADDER1 : FULL_ADDER
    port map (
      A          => A4(1),
      B          => B4(1),
      C_IN       => c0,
```

```
      S           => SUM4(1),
      C_OUT       => c1
   );

   FULL_ADDER2 : FULL_ADDER
      port map (
      A           => A4(2),
      B           => B4(2),
      C_IN        => c1,
      S           => SUM4(2),
      C_OUT       => c2
   );

   FULL_ADDER3 : FULL_ADDER
      port map (
      A           => A4(3),
      B           => B4(3),
      C_IN        => c2,
      S           => SUM4(3),
      C_OUT       => C_OUT4
   );

   end architecture BEHAVIORAL;
```

此代码是图 2.16 中 4 位加法器的文本描述。这里，`entity ADDER4 is` 部分定义了 4 位加法器组件的输入和输出。短语 `std_logic_vector(3 downto 0)` 表示 4 位数据类型，位号 3 位于左侧（最高位），位号 0 位于右侧。

`FULL_ADDER` 组件在单独的文件中定义，由该部分开始处的 `component FULL_ADDER is` 语句引用。语句 `signal c0, c1, c2: std_logic;` 定义全加器之间的内部进位值。4 个 `port map` 部分定义了 4 位加法器信号与每个一位全加器的输入和输出之间的连接。要引用多位值中的某一位，需要在括号中的参数名称后面加上位号。例如，A4(0) 指 A4 中的最低有效位。

注意此设计中层次结构的使用。一个简单的组件（比如一位全加器）首先被定义为一个独立的、功能完整的代码块。然后，使用这个模块来构造一个更复杂的电路，即 4 位加法器。这种层次化方法可以扩展到多个层次，以定义由不太复杂的组件构成的极其复杂的数字器件，而每个组件又由更简单的部件构成。这种方法在层次化体系结构的每个层次中能够控制设计的复杂度，使得人们更容易理解设计的原理与细节，因此通常会使用这种方法开发包含数亿个晶体管的现代处理器。

本节中的代码提供了所有的电路信息，可以用逻辑综合软件工具套件将 4 位加法器作为 FPGA 中的一个组件进行实现。当然，需要附加电路来向加法器电路提供有意义的输入，然后在允许的传播延迟之后处理加法运算的结果。

以上是对 VHDL 的简单介绍，目的是让读者意识到 VHDL 等硬件描述语言是当前用于复杂数字电路设计的流行技术。此外，读者应该知道一些低成本的 FPGA 开发工具和器件。本章的习题将介绍一些免费且功能强大的 FPGA 开发工具。鼓励读者在 Internet 上搜索并了解更多关于 VHDL 和其他硬件描述语言的知识，并尝试开发一些电路。

2.11 总结

本章首先介绍了电路的属性，并介绍了电压源、电阻和导线等组件在电路图中的表示方式。然后介绍了晶体管，并重点介绍了它在数字电路中作为开关器件的用途。非门和与门是由晶体管和电阻器构成的。本章还定义了其他类型的逻辑门，并给出了每个逻辑门的真值表。逻辑门可以用来构造更复杂的数字电路，包括锁存器、触发器、寄存器和加法器等。本章还介绍了时序逻辑的概念，并讨论了时序逻辑在处理器设计中的适用性。最后介绍了硬件描述语言，并给出了一个用 VHDL 语言实现的 4 位加法器示例。

现在读者应该已经了解了现代处理器开发中使用的基本数字电路概念及设计工具。下一章将对这些基本模块进行扩展，以探索现代处理器的功能组件，从而讨论这些组件如何协调以实现指令加载、译码和执行的主处理器操作周期。

2.12 习题

1. 重新组织图 2.5 中的电路，将与门变换为与非门。

   提示：不需要添加或删除组件。

2. 通过修改图 2.5 中的电路来实现或门。可以根据需要添加导线、晶体管和电阻。

3. 在网上搜索包含模拟器的免费 VHDL 开发软件套件。获取其中一个套件，对其进行设置，并构建套件附带的任何简单演示示例，以确保其正常工作。

4. 使用 VHDL 工具集和本章提供的代码清单实现 4 位加法器。

5. 向设计的 4 位加法器中添加测试驱动程序代码（可以上网查攻略），以通过有限的一组输入集驱动它，并验证输出是否正确。

6. 扩展测试驱动代码，并验证 4 位加法器是否针对所有可能的输入都有正确的输出。

处理器要素

从本章开始，我们将深入介绍现代处理器体系结构。在第 2 章介绍基本数字电路的基础上，本章将讨论一个简单但通用的处理器的功能单元。本章首先介绍与指令集和寄存器集相关的概念，接着对指令的加载、译码、执行和排序进行了一系列讨论。另外，基于 6502 体系结构讨论了寻址方式和指令类别，并以 6502 的中断处理为例，介绍了处理器进行中断处理的必要性。此外，本章还介绍了现代处理器**输入 / 输出**（I/O）操作的标准方法，包括直接存储器（内存）访问等。

通过学习本章，读者将会对处理器的基本组成部分和指令集的结构有一定的了解。同时，你也将会学习处理器的指令类型，理解为什么需要中断处理，并理解 I/O 操作。

本章涵盖以下主题：

- 一个简单的处理器
- 指令集
- 寻址方式
- 指令类别
- 中断处理
- 输入 / 输出操作

3.1 一个简单的处理器

在第 1 章中已经介绍了 6502 处理器体系结构和它的一个指令子集。基于第 1 章中的相关内容，本节将介绍处理器（从最小的嵌入式控制器到功能最强大的服务器 CPU）体系结构中通常采用的通用功能组件。

计算机系统中的核心集成电路有几个不同的名称：**中央处理器**（Central Processing Unit，CPU）、微处理器。微处理器是指实现了处理器功能的单个集成电路。本书将所有类别的 CPU 和微处理器统称为处理器。

一个典型的处理器包含三种不同的功能单元：

- **控制单元**（control unit）：负责管理处理器的整体操作，主要包括从内存中取出下一条指令，通过指令译码确定要执行的操作，以及将要执行的指令分发到处理器中的合适单元。
- **算术逻辑单元**（Arithmetic Logic Unit，ALU）：执行算术运算和位操作运算的组合电路。
- **寄存器集**（register set）：提供临时存储以及指令输入和输出的源位置与目标位置。

图 3.1 显示了控制单元、寄存器、ALU、系统内存和输入 / 输出设备之间的控制流和数据流。

控制单元控制处理器执行每条指令。寄存器、ALU、内存和输入 / 输出设备对控制单元发出的命令进行响应。

图 3.1　处理器功能单元的交互

3.1.1　控制单元

现代处理器的控制单元是同步时序数字电路，其功能是对处理器指令进行解释，并通过与处理器中其他功能单元和包括内存、输入 / 输出设备等外部组件的交互来对这些指令的执行进行管理。控制单元是冯·诺依曼体系结构的关键部分。

就本章而言，内存是指位于处理器执行单元之外的系统**随机访问存储器**（Random Access Memory，RAM）。高速缓存（Cache 存储器）将在后面的章节中介绍。

常见的 I/O 设备有键盘、鼠标、磁盘存储器以及图形视频显示器，除此之外，还有网络接口、Wi-Fi 和蓝牙无线接口、扬声器的声音输出和麦克风输入等。

当计算机系统上电时，处理器会进行一个复位过程，对内部组件进行初始化。在处理器复位过程中，会把将要执行的第一条指令所在的内存地址加载到**程序计数器**（Program Counter，PC）中。底层系统软件开发者必须配置开发工具，以生成一个代码内存映像，该映像会从处理器体系结构指定的地址处开始执行。

PC 是控制单元的核心组件。PC 寄存器保存下一条将要执行的指令的内存地址。在指令执行周期的开始阶段，控制单元从 PC 指定的内存地址中读取数据字，并将其加载到内部寄存器中以进行译码和执行。每条指令包含的第一个字是**操作码**（opcode）。基于操作码的位模式，控制单元可以读取操作码之后的内存位置，以检索指令（例如，内存地址或数据操作码）所需要的数据。

当控制单元完成复位过程并开始执行指令时，它将执行如图 3.2 所示的重复循环。

图 3.2　指令执行周期

复位过程完成后，PC 寄存器保存初始的指令地址。控制单元从内存中读取第一条指令并进行译码。译码是控制单元为确定指令所需的动作而执行的过程。

作为译码过程的一部分，控制单元能够识别指令的类型。图 3.2 给出了两种基本的指令类型：分支指令和其他类型的指令。分支指令直接由控制单元执行，会导致 PC 的上下文被分支中的目的地内存地址替换。执行分支指令的示例包括条件分支指令（当分支成功时）、子程序调用、子程序返回和无条件分支（也称为跳转）指令。

在控制单元的指挥下，非分支指令由处理器电路执行。从某种意义上来说，控制单元对非分支指令的处理与分析机中的磨机类似（参见 1.1.1 节），不同之处在于，控制单元不使用旋转桶上的双头螺栓来啮合磨机的各个部分，而是用指令操作码中的译码结果来激活数字电路的特定部分，被选中的电路组件执行指令所要求的任务。

执行指令的步骤包括读写寄存器、读写内存单元、指挥 ALU 执行数学运算，以及其他操作。在大多数处理器中，一条指令的执行需要经过多个时钟周期。每条指令所需的时钟周期数也不同，简单指令仅需很少的时钟周期，而复杂指令则需要多个时钟周期。控制单元的作用就是协调这些动作有条不紊地进行。

由控制单元管理的电路是由简单的逻辑门电路构成的，这种电路通常由多路选择器、锁存器和触发器等复杂结构组成。控制单元逻辑经常使用多路选择器，其作用是从多个数据源中选择一个发送到目的地。

执行指令——一个简单的例子

以 6502 中 TXA 和 TYA 两条指令为例。TXA 指令将 X 寄存器的内容复制到 A 寄存器中，TYA 指令的功能与 TYA 类似，只不过使用 Y 寄存器作为源寄存器。如果分别考虑两条指令，则两条指令的实现如图 3.3 所示。

图 3.3　6502 TXA 指令和 TYA 指令

在图 3.3 所示的电路中，假设 X 寄存器和 Y 寄存器是使用图 2.14 中的 D 触发器实现的 8 位寄存器。多路选择器是将图 2.9 中的两输入一位多路选择器复制了 8 份，并受到同一个选择器输入端的控制。在图 3.3 中，粗线代表 8 位数据总线，细线代表单个逻辑信号。短线与粗线交叉，数字 8 表示总线中的位宽（即总线中的比特位数量）。

TXA 指令按照以下步骤执行：

1. 控制单元设置 Select 输入，把 X 寄存器的数据传送到多路选择器的输出端，从而把 X 寄存器的数据加载到 A 寄存器中。

2. 在设置好多路选择器的 Select 输入之后，控制单元必须暂停以便将数据传送到多路选择器的输出端。

3. 在多路选择器输出稳定之后，控制单元在 CLK 信号上升沿将 X 寄存器中的数据加载到 A 寄存器中。

当执行 TYA 指令时，控制单元执行相同的步骤，但是 TYA 指令设置 Select 输入以把 Y 寄存器中的数据传送到多路选择器的输出端。

这是控制单元指令执行的一个非常简单的示例。从中可以看出，任何一条指令都可能需要多个执行步骤，但可能只需用到处理器的一小部分电路。目前，在执行一条指令时，处理器中的大部分电路都没有用到。在执行一条指令时，处理器中未用到的组件必须由控制单元进行协调，确保它们保持空闲状态。

3.1.2   算术逻辑单元

在控制单元的控制下，ALU 执行算术运算和位运算。要执行运算，ALU 需要数据输入值（称为**操作数**（operand））和执行运算的代码，其输出为运算结果。ALU 运算可以使用一个或多个处理器标志（例如进位标志等）作为输入，也可以将处理器标志的状态作为输出。在 6502 中，ALU 运算能够更新进位标志、负数标志、零标志和溢出标志。

ALU 是组合电路，意味着输入端的变化将会导致输出端的异步更新，并且不保留先前的任何运算。当执行与 ALU 相关的指令时，控制单元会将输入应用到 ALU 中，在等待信号通过 ALU 的传播延迟之后，将 ALU 输出传送到指令指定的位置。

ALU 中包含执行加减法运算的加法器电路。在使用二进制补码运算的处理器中，减法运算的实现如下：对右操作数执行二进制补码取反运算，然后将得出的结果加到左操作数上。在数学上，用这种方式执行减法运算相当于将表达式 A–B 转换为 A+（–B）。

回想一下，要实现一个有符号数的二进制补码取反运算，就是将操作数中的所有位取反并将结果加 1。结合这个运算，将表示减法运算的表达式 A+（–B）转换为 A+（$\overline{B}$+1）。考察这种形式的减法运算，应将 6502 中的进位标志和 SBC 指令结合使用。在执行没有借位的减法运算时，C 标志提供 "+1" 操作。如果有借位，则和必须减 1，该运算可以通过把 C 标志设置为 0 来实现。

总的来说，在 6502 中，减法逻辑与加法逻辑是相同的，唯一的区别就是在表达式 A–B 中的操作数 B 需要通过一组非门将 8 位数据进行取反之后，才能将其输入到加法器中。

图 3.4 显示了 6502 中加法运算和减法运算的功能。

图 3.4   6502 加法和减法运算

与图 3.3 类似，图 3.4 是 6502 处理器的高度简化表示，仅描述了 ADC 和 SBC 指令中涉及的组件。在图 3.4 中，Select 输入信号选择执行的运算是加法还是减法。其中加法需要选择多路选择器上面的输入，而减法则需要选择下面的输入。在 6502 体系结构中，A 寄存器始终保存减法运算中的左操作数。

加法器的输入是左、右操作数和 C 标志。当执行 ADC 或者 SBC 指令时，控制单元把右操作数作为多路选择器的数据输入，并将多路选择器的 Select 输入根据指令设置为适合的状态。在等待信号通过非门、多路选择器和加法器的传播延迟后，控制单元会产生一个时钟沿，将加法器的输出锁存到 A 寄存器和处理器标志寄存器中。

在执行 ADC 指令或者 SBC 指令时，处理器标志的设置如下：

- C：进位标志。表示在加法运算中是否产生进位（C=1），或在减法运算中是否产生借位（C=0）。
- N：负数标志。结果的第 7 位的值。
- V：溢出标志。有符号数运算是否发生溢出（如果发生溢出，则 V=1）。
- Z：零标志。如果结果为零，则 Z=1，否则 Z=0。

除了对两个数字进行加减法运算外，ALU 还支持多种运算。在 6502 中，具有两个操作数的运算通常使用 A 寄存器作为左操作数，右操作数要么来自一个内存单元，要么由操作码之后的立即数（立即数位于操作码之后的一个内存单元中）提供。6502 中的 ALU 操作数和结果均为 8 位。6502 的 ALU 操作如下：

- ADC, SBC：带进位输入的两个操作数相加或相减。
- DEC, DEX, DEY：将内存中的数据或寄存器的上下文递减 1。
- INC, INX, INY：将内存中的数据或寄存器的上下文递增 1。
- AND：对两个操作数执行按位逻辑与运算。
- ORA：对两个操作数执行按位逻辑或运算。
- EOR：对两个操作数执行按位逻辑异或运算。
- ASL, LSR：将 A 寄存器或内存中的数据左移或者右移一位，空位补 0。
- ROL, ROR：将 A 寄存器或内存中的数据循环左移或者循环右移一位，空位补 C 标志的值。
- CMP, CPX, CPY：两个操作数相减并舍弃结果，根据相减的结果设置 N、Z 和 C 标志。
- BIT：对两个操作数执行按位逻辑与运算，并用 Z 标志表示结果是否为 0。此外，将左操作数的第 7 位和第 6 位分别复制到 N 和 V 标志中。

与大多数复杂的现代处理器（例如，x86 体系结构系列）相比，6502 的 ALU 功能比较有限。例如，6502 可以执行加法和减法运算，但对于乘法和除法运算，则需要执行重复的加减法运算来实现。对于每条移位指令，6502 每次只能将数据移动或者循环移动一位。而 x86 处理器指令集直接实现了乘法和除法指令，且移位和循环移位指令中含有一个用于指定移位次数的参数。

ALU 是必不可少的逻辑设备，可以使用硬件设计语言进行设计。下面给出了类似 6502 中 ALU 的 VHDL 实现：

```
-- Load the standard libraries

library IEEE;
    use IEEE.STD_LOGIC_1164.ALL;
    use IEEE.NUMERIC_STD.ALL;

-- Define the 8-bit ALU inputs and outputs

entity ALU is
    port (
        -- Left operand
        LEFT        : in     std_logic_vector(7 downto 0);
```

```vhdl
                   -- Right operand
        RIGHT        : in    std_logic_vector(7 downto 0);
                   -- ALU operation
        OPCODE       : in    std_logic_vector(3 downto 0);
                   -- Carry input
        C_IN         : in    std_logic;
                   -- ALU output
        RESULT       : out   std_logic_vector(7 downto 0);
                   -- Carry output
        C_OUT        : out   std_logic;
                   -- Negative flag output
        N_OUT        : out   std_logic;
                   -- Overflow flag output
        V_OUT        : out   std_logic;
                   -- Zero flag output
        Z_OUT        : out   std_logic
    );
end entity ALU;

-- Define the behavior of the 8-bit ALU

architecture BEHAVIORAL of ALU is

begin

    P_ALU : process (LEFT, RIGHT, OPCODE, C_IN) is

        variable result8  : unsigned(7 downto 0);
        variable result9  : unsigned(8 downto 0);
        variable right_op : unsigned(7 downto 0);

    begin

        case OPCODE is

          when "0000" | "0001" => -- Addition or subtraction

            if (OPCODE = "0000") then
              right_op := unsigned(RIGHT);      -- Addition
            else
              right_op := unsigned(not RIGHT); -- Subtraction
            end if;

            result9 := ('0' & unsigned(LEFT)) +
                       unsigned(right_op) +
                       unsigned(std_logic_vector'(""& C_IN));
            result8 := result9(7 downto 0);

            C_OUT <= result9(8);                   -- C flag

            -- V flag
            if (((LEFT(7) XOR result8(7)) = '1') AND
```

```
                ((right_op(7) XOR result8(7)) = '1')) then
            V_OUT <= '1';
          else
            V_OUT <= '0';
          end if;
        when "0010" =>                          -- Increment
          result8 := unsigned(LEFT) + 1;
        when "0011" =>                          -- Decrement
          result8 := unsigned(LEFT) - 1;
        when "0101" =>                          -- Bitwise AND
          result8 := unsigned(LEFT and RIGHT);
        when "0110" =>                          -- Bitwise OR
          result8 := unsigned(LEFT or RIGHT);
        when "0111" =>                          -- Bitwise XOR
          result8 := unsigned(LEFT xor RIGHT);
        when others =>
          result8 := (others => 'X');

      end case;

      RESULT <= std_logic_vector(result8);

      N_OUT <= result8(7);                      -- N flag

      if (result8 = 0) then                     -- Z flag
        Z_OUT <= '1';
      else
        Z_OUT <= '0';
      end if;

    end process P_ALU;

  end architecture BEHAVIORAL;
```

3.1.3 寄存器

寄存器是内部存储单元，用作指令操作的源操作数和目的操作数。在处理器中，寄存器的访问速度最快，但其容量却非常小。通常情况下，寄存器的位宽与处理器的字长相同。

如前所述，6502 处理器只有三个 8 位寄存器：A、X 和 Y。x86 有 6 个用于暂存数据的 32 位寄存器：EAX、EBX、ECX、EDX、ESI 和 EDI。在许多处理器体系结构中，特定的寄存器用来支持特定指令的功能。例如，在 x86 体系结构中，REP MOVSD 指令将在 ECX 中提供长度（以字为单位）的数据块从 ESI 中的源地址开始移到 EDI 中的目的地址。

设计一个新的处理器体系结构时，在寄存器的数量与处理器支持的指令数量和复杂度之间要进行折中。对于一个给定的集成电路芯片尺寸和制造工艺（它们共同定义了可用于处理器的晶体管数量），向体系结构中增加寄存器的数量会减少用来执行指令和其他功能的晶体管的数量。相反，增加具有复杂功能的指令可能会限制寄存器可用的芯片空间。在将体系结构分为 CISC 或 RISC 时，指令集复杂度和寄存器数量之间的紧张关系就会体现出来。

CISC（Complex Instruction Set Computer，复杂指令集计算机）处理器含有丰富的指令

集，该指令集提供了多种功能，例如，能够从内存中加载操作数，执行操作并将结果保存到内存中，以上功能可以在一条指令中完成。在 CISC 处理器中，一条指令可能需要很多个时钟周期才能执行完某个功能。前面提到的 REP MOVSD 指令就是一个例子，这条指令的执行时间可能很长。CISC 处理器一般有少量的寄存器，部分原因是指令集逻辑占用了电路需要的芯片空间。x86 是 CISC 体系结构的经典示例。

与 CISC 指令相比，RISC（Reduced Instruction Set Computer，精简指令集计算机）处理器的指令数量较少，每条指令的功能也比较简单。对内存中的数据执行一个操作可能需要两条加载指令就能将两个操作数从内存复制到寄存器中，然后使用一条指令执行指定的操作，最后使用一条指令将结果存储到内存中。CISC 和 RISC 之间的主要区别在于，RISC 体系结构经过了优化，能够以很高的速度执行指令。尽管在 RISC 处理器中，读取内存、执行操作并将结果写回内存需要用到比 CISC 处理器更多的指令，但对于 RISC 处理器而言，这些操作总的完成时间与 CISC 处理器可能相当，甚至更快。RISC 体系结构的示例包括第 10 章中讨论的 ARM 和第 11 章中讨论的 RISC-V。

与 CISC 相比，RISC 处理器中指令集复杂度的降低是为了给寄存器留出更多的芯片空间，这通常会导致 RISC 处理器中具有更多的寄存器。ARM 体系结构有 13 个通用寄存器，而 32 位的 RISC-V 体系结构有 31 个通用寄存器。在 RISC 体系结构中，由于有较多的寄存器可用来保存运算的中间结果，因此减少了访问内存的次数。因为访问系统内存比访问寄存器要花费更长的时间，所以这将有助于提高计算机性能。

你可以将寄存器看作一组 D 触发器，其中每个触发器保存寄存器的一位数据。寄存器中的所有触发器均可以通过公共时钟信号来加载数据。此外，在指令的控制下，在通过多路选择器对多个潜在的数据源进行选择之后，寄存器的输入信号到达触发器的输入端。

作为使用多路选择器来选择寄存器输入的一种替代，一条指令可以从处理器内部的数据总线上加载数据到寄存器中。在这种配置下，控制单元控制内部总线以确保在加载寄存器的时钟沿下，只有所需的数据源在驱动数据总线，此时，需要禁止其他数据源将数据传送到总线上。

下一节将介绍处理器指令集中的指令及使用的寻址方式。

3.2　指令集

以下各节介绍了 6502 处理器实现的所有指令类型。在大多数通用体系结构中都实现了类似的指令，不过稍微复杂的处理器会通过额外类型的指令来增强其功能。现代处理器体系结构中可用的更高级指令将在后面章节中介绍。

CISC 处理器一般都支持多种寻址方式。寻址方式的设计目标是使运行在处理器中的软件算法能够有效地访问顺序存储单元。下一节将介绍 6502 处理器实现的指令寻址方式，之后会介绍在 6502 处理器中已经实现的指令，其中大多数指令会以某种方式在现代处理器体系结构中得到体现。我们还会介绍中断处理和输入 / 输出操作的专用指令，包括介绍实现高性能输入输出操作的特殊处理器功能。

3.3　寻址方式

CISC 处理器支持多种寻址方式，在内存和寄存器之间进行数据传输。而 RISC 处理器仅支持少数寻址方式。每种处理器体系结构在定义其寻址方式时，都要分析软件的预期内存访问模式。

本节将用一个简单的 6502 代码示例来介绍 6502 的寻址方式，其功能是将 4 个字节类型的数据相加。为了简单起见，该示例忽略了 8 位和的任何进位。

3.3.1 立即寻址方式

在第一个示例中，假设给定了 4 个字节的值，要求编写程序来对这 4 个字节的数据求和，在程序代码中将直接使用这几个字节的值。本示例中的字节数据为 \$01～\$04，此处将以相反的顺序（\$04～\$01）将这 4 个字节相加，这样做的目的是便于在后面使用循环结构。下面的代码利用**立即寻址方式**将 4 个字节相加：

```
; Add four bytes together using immediate addressing mode
LDA #$04
CLC
ADC #$03
ADC #$02
ADC #$01
```

需要注意的是，汇编语言的注释以分号开头。当这些指令执行完成后，A 寄存器中保存的值是 \$0A，也就是这四个字节数据的和。

回顾第 1 章，在 6502 汇编语言中，字符 # 表示该值是立即数，而字符 \$ 表示该值是十六进制数。立即寻址的操作数是从存放指令操作码之后的内存单元中读取的。因为无须为要读取的操作数保留内存空间，所以立即寻址比较便捷。但是，只有在编写程序时数据值已知的情况下，才能够使用立即寻址方式。

3.3.2 绝对寻址方式

绝对寻址方式（absolute addressing mode，又称为直接寻址方式）指定包含指令要读取或写入的数据的内存地址。因为 6502 使用 16 位地址，所以访问所有可用内存的地址字段的长度是两个字节。访问任意一个 6502 内存单元中数据的完整指令都包括三个字节：第一个字节是操作码，后两个字节分别是用于指明读取或写入的地址，这两个地址字节必须是低位字节在前，高位字节在后。

由于两个字节地址的低位字节存储在低位内存地址中，因此 6502 是一个**小端**（little-endian）处理器。x86 和 RISC-V 也属于小端处理器。ARM 体系结构允许在软件的控制下决定使用**大端**模式还是小端模式（称为**双端**（bi-endianness）），但是在 ARM 体系结构上运行的大多数操作系统会选择小端模式。

绝对寻址方式的示例中，开始是一段初始化代码，将 4 个字节存入地址 \$200～\$203 中。接下来是实现 4 个字节相加的代码。下面是用绝对寻址方式对 4 个字节进行求和的例子：

```
; Initialize the data in memory
LDA #$04
STA $0203
LDA #$03
STA $0202
LDA #$02
STA $0201
LDA #$01
```

```
STA $0200

; Add four bytes together using absolute addressing mode
LDA $0203
CLC
ADC $0202
ADC $0201
ADC $0200
```

与立即寻址方式不同，绝对寻址方式允许在程序执行期间对 4 个字节执行求和运算：程序把存储在地址 $200～$203 中的 4 个字节相加。这种寻址方式的一个限制是要执行求和运算的字节的地址必须在程序编写时就被指定。这个程序不能再对内存的其他字节进行求和。

这个简单示例的缺点是将相似度很高的指令序列堆放在一起。为了避免这种情况，通常需要将重复的代码放入循环结构。接下来的两个例子利用 6502 的寻址方式使得循环操作容易实现，不过在第二个示例中才能实现循环。

3.3.3 绝对索引寻址方式

绝对索引寻址方式（Absolute indexed addressing mode，又称为绝对变址寻址）通过把指令提供的基址与暂存在 X 寄存器或 Y 寄存器中的值相加得到内存地址（此处的 X 寄存器或 Y 寄存器称为索引 / 变址寄存器）。以下示例用绝对索引寻址方式将地址 $0200～$0203 的字节相加。X 寄存器提供了相对于字节数组基地址 $0200 的偏移量：

```
; Initialize the data in memory
LDA #$04
STA $0203
LDA #$03
STA $0202
LDA #$02
STA $0201
LDA #$01
STA $0200

; Add four bytes together using absolute indexed addressing
mode
LDX #$03
CLC
LDA $0200, X
DEX
ADC $0200, X
DEX
ADC $0200, X
DEX
ADC $0200, X
```

DEX 指令使 X 寄存器递减（X 寄存器减 1）。尽管这段代码会使得 4 个字节相加所用的指令数量增加，但是需要注意的是，指令序列 DEX、ADC $0200、X 重复了三遍。

通过使用条件分支，可以在一个循环中执行相同的加法序列：

```
; Initialize the data in memory
LDA #$04
STA $0203
LDA #$03
STA $0202
LDA #$02
STA $0201
LDA #$01
STA $0200

; Add four bytes together using absolute indexed addressing
mode
LDX #$03
LDA $0200, X
DEX
CLC
ADD_LOOP:
ADC $0200, X
DEX
BPL ADD_LOOP
```

BPL 指令（branch on plus）指在一定条件下将控制转移到前面带有 ADD_LOOP 标签的指令中。只有当处理器中的 N 标志被清除时，BPL 指令才执行分支，但如果 N 标志置位，则 BPL 指令将继续执行下一条指令。

在上面的示例中，为了累加四个字节数据去构造一个循环似乎有些不值得。但是，通过简单地更改 LDX 指令的操作数来修改这个版本的代码，即可将 100 个连续字节进行求和。用相同的方式扩展这个示例，将 100 个字节相加需要更多的工作，并且指令将消耗更多的内存。

这个示例与绝对寻址方式有相同的限制：在编写程序时，将字节数组的起始位置保存在已经定义好的内存单元中。在接下来的寻址方式中将消除这种限制，并且可以对内存中的任何位置开始的字节数组进行求和。

3.3.4 间接索引寻址方式

间接索引寻址方式（Indirect indexed addressing mode）用存储在内存中地址 $00～$FF 的两个字节作为基地址，并将 Y 寄存器的上下文与该基地址相加，从而生成指令所需的内存地址。在下面的示例中，首先将字节数组的基地址（$0200）以小端顺序存储在地址 $0010 和 $0011 处。该代码在循环体中使用间接索引寻址将字节相加：

```
; Initialize the data in memory
LDA #$04
STA $0203
LDA #$03
STA $0202
LDA #$02
STA $0201
LDA #$01
STA $0200

; Initialize the pointer to the byte array
```

```
LDA #$00
STA $10
LDA #$02
STA $11

; Add four bytes together using indirect indexed addressing
mode
LDY #$03
LDA ($10), Y
DEY
CLC
ADD_LOOP:
ADC ($10), Y
DEY
BPL ADD_LOOP
```

由于使用了间接索引寻址，因此执行求和代码之前，任何内存地址都可以存储到地址 $10~$11 中。需要注意的是，间接索引寻址一定要用 Y 寄存器暂存地址偏移量，而 X 寄存器在这种模式下不可用。

6502 还有一些其他的寻址方式。**零页寻址方式**（zero-page addressing mode）通过只使用 $00~$FF 范围内的内存地址，使得指令长度更短（减少了一个字节）且能快速地执行绝对寻址和绝对索引寻址。零页指 $00~$FF 范围内 16 位地址的高字节为零。除了更快的执行速度和更少的内存需求，零页寻址方式与前面所述的寻址方式相同。

另一种寻址方式是**索引间接寻址方式**（indexed indirect addressing mode），它与间接索引寻址类似。不同之处在于，它使用 X 寄存器代替 Y 寄存器，将 X 寄存器中暂存的偏移量与指令提供的地址相加，从而确定指向数据的指针地址。例如，假设 X 寄存器的值为 8，LDA（$10,X）指令会将 X 寄存器的值与 $10 相加，产生的结果为 $18。然后，这个指令使用从地址 $18~$19 中读取的 16 位内存地址作为目的地内存地址，将读取的数据加载到 A 寄存器中。

索引间接寻址与字节序列求和的示例无关，这种寻址方式的一个示例应用程序是从连续的指针列表中选择一个值，其中每个指针都指向一个字符串的地址。X 寄存器可以引用其中一个字符串作为指针列表起始的偏移量。类似于 LDA （$10,X）的指令会把所选的字符串地址加载到 A 寄存器中。

CISC 和 RISC 处理器中的各种寻址方式都是为了高效地访问系统内存中的各种数据结构。只不过 RISC 处理器的寻址方式比 CISC 少一些。

下一节将讨论 6502 体系结构中实现的指令类型以及每条指令如何使用相关的寻址方式。

3.4 指令类型

本节给出了 6502 处理器支持的指令类型。讨论 6502 的目的是介绍处理器体系结构涉及的指令集相关概念。

3.4.1 内存加载指令和存储指令

在 6502 中，load（加载）和 store（存储）指令分别是将系统内存的数据加载到寄存器中，以及将寄存器数据存储到系统内存中。在 6502 体系结构中，LDA、LDX 和 LDY 指令是把内存中的 8 位数据加载到指定的寄存器中，LDA 指令支持所有的寻址方式，而 LDX 和 LDY 支持有限的寻址方式：立即寻址、绝对寻址、绝对索引寻址。

在每条指令执行完毕后，N 标志表示加载的数值是否有负数（也就是第 7 位等于 1），Z 标志表示数值是否为 0。

STA、STX 和 STY 指令是将指定寄存器的内容存储到内存中。除了不支持立即寻址方式外，每条存储指令都支持与加载指令相同的寻址方式。这些指令通过更改 N 标志和 Z 标志来反映存储到内存中的数据的特征。

3.4.2 寄存器到寄存器的数据传送指令

这些指令将 A 寄存器、X 寄存器和 Y 寄存器中存放的 8 位数据复制到另一个寄存器中，它们使用的是**隐含寻址方式**（implied addressing mode）。隐含寻址方式指的是每条指令的源地址和目的地地址都是由指令操作码直接表示的。

TAX 指令是将 A 寄存器的内容复制到 X 寄存器中。TAY、TXA 和 TYA 指令在指令助记符指定的寄存器对之间执行与 TAX 指令相同的操作。这些指令也能更改 N 标志和 Z 标志。

3.4.3 堆栈指令

TXS 指令将 X 寄存器中的值复制到堆栈指针（S）寄存器中，该指令在系统启动期间用来初始化 S 寄存器。TSX 指令将 S 寄存器中的堆栈指针复制到 X 寄存器中，且 TSX 指令也能更改 N 标志和 Z 标志，而 TXS 指令不影响任何标志。

PHA 指令将 A 寄存器的上下文压入堆栈，PHP 指令将处理器标志作为 8 位数据字压入堆栈。这些指令都不影响处理器标志。将数据压入堆栈包括以下步骤：先把 $100 加到 S 寄存器中，把数据写入由 S 寄存器中的上下文指明的内存单元中，然后对 S 寄存器的上下文执行递减操作。

PLA 指令和 PLP 指令分别将从堆栈中弹出的数据存入 A 寄存器和标志寄存器。一个数据弹出堆栈时，首先需要对 S 寄存器执行递增操作，并将 $100 加到寄存器 S 中，然后从 S 寄存器中的上下文指明的存储单元中读出数据，最后将读出的数据传送到目的地寄存器中。

PLA 指令能够更改 N 标志和 Z 标志。PLP 指令会根据从堆栈中弹出的值置位或清除 7 个处理器标志中的 6 个标志。只有在中断或 PHP 指令将处理器标志寄存器的副本压入堆栈时，B（中断）标志才有意义。这会将 BRK 指令与硬件中断请求区分开。PHP 和 BRK 指令都将 B 标志位（第 4 位）置位之后将标志寄存器压入堆栈。通过处理器 IRQ（Interrupt Request，中断请求）和 NMI（Non-Maskable Interrupt，不可屏蔽的中断请求）引脚产生的硬件中断会把 B 标志位清除之后的标志寄存器压入堆栈。

3.4.4 算术运算指令

如前所述，加法运算和减法运算由 ADC 和 SBC 指令实现。A 寄存器中存放每条指令的左操作数，也用于存放运算结果。指令的右操作数支持所有的寻址方式。同样地，这两条指令能够更改 Z、C、N 和 V 等反映运算结果特征的标志。

INC 和 DEC 指令通过把指定内存单元中的数据加 1 或减 1 进行递增或递减，计算的结果依然存储在相同的内存单元中。这两条指令支持绝对寻址和绝对索引寻址，并根据运算结果来更改 N 标志和 Z 标志。

如助记符的含义所示，INX、DEX、INY 和 DEY 指令将对 X 寄存器或 Y 寄存器的数据进行递增或递减。这些指令也会更改 N 标志和 Z 标志。

CMP 指令通过从 A 寄存器中减去操作数来执行比较。CMP 指令的行为与 SEC 后面跟一条 SBC 指令的指令序列非常相似。减法结果的特征通过 N、Z 和 C 标志来反映。CMP 指令和 SBC 指令之间的区别如下：

- CMP 指令会丢弃相减的结果（即 CMP 指令不会影响 A 寄存器的值）。
- 如果设置了 D 标志，则 CMP 指令就不使用十进制模式。
- CMP 指令不影响 V 标志的值。
- CMP 指令支持所有的寻址方式。

如助记符的含义所示，CPX 和 CPY 指令与 CMP 指令相似，它们的不同之处在于 X 寄存器或 Y 寄存器被用作左操作数，并且右操作数只支持绝对寻址方式和绝对索引寻址方式。

3.4.5 逻辑运算指令

AND、EOR 和 ORA 指令对 A 寄存器和操作数按位执行与、异或和或运算，结果保存在 A 寄存器中。这些指令会影响 Z 和 N 标志，以此来反映运算的结果，而且支持所有的寻址方式。

ASL 指令将操作数左移一位，空出来的最低有效位补 0，最高有效位的值移入 C 标志中，这等同于将 A 寄存器的值乘以 2 并将结果的最高有效位（即第 9 位）放在 C 标志中。

与 ASL 指令相似，LSR 指令将操作数右移一位，空出来的最高有效位补 0，最低有效位的值移入 C 标志中，这等同于将无符号操作数除以 2，并将得到的余数放在 C 标志中。

ROL 和 ROR 指令分别将 A 寄存器左移一位和右移一位。把原来存储在 C 标志的值移入因移位空出的位置，从 A 寄存器中移出的那一位存储在 C 标志中。

ASL、LSR、ROL 和 ROR 指令支持**累加器寻址方式**（accumulator addressing mode），该寻址方式用 A 寄存器作为操作数。与指令 ASL A 一样，都是使用特殊的操作数值"A"来指定此寻址方式。这 4 条指令同样也支持绝对寻址方式和绝对索引寻址方式。

BIT 指令在操作数和 A 寄存器之间执行按位与运算，根据运算结果更新 Z 标志，并丢弃运算的结果。将内存单元的第 7 位和第 6 位分别复制到 N 标志和 V 标志中。该指令仅支持绝对寻址方式。

3.4.6 分支指令

JMP 指令将操作数加载到 PC 寄存器中，并从 PC 寄存器中新内容指定的位置继续执行。该指令的目的地地址是指向 6502 的 16 位地址空间中任何位置的两字节绝对地址。

BCC 和 BCS 指令的分支是否执行分别取决于 C 标志的清除与置位。

BNE 和 BEQ 指令的分支是否执行分别取决于 Z 标志的清除与置位。

BPL 和 BMI 指令的分支是否执行分别取决于 N 标志的清除与置位。

BVC 和 BVS 指令的分支是否执行分别取决于 V 标志的清除与置位。

条件分支指令使用的是**相对寻址方式**（relative addressing mode），使用从分支指令之后的指令地址开始的有符号 8 位偏移量（−128 字节～+127 字节）。

3.4.7 子程序调用和返回指令

JSR 指令将紧跟其后的指令的地址（减 1）压入堆栈，然后将 16 位操作数指定的地址加载到 PC 寄存器中，并从该位置的指令继续执行。

RTS 指令用于结束一个子程序。从堆栈中弹出要返回的 PC 值（减 1）并将其加载到 PC 寄存器中。RTS 指令从堆栈中弹出 PC 寄存器之后加 1，然后用作下一条要执行的指令的地址。

3.4.8 处理器标志指令

SEC 和 CLC 指令分别置位和清除 C 标志。

SED 和 CLD 指令分别置位和清除 D 标志。

CLV 指令清除 V 标志。目前还没有指令可以置位 V 标志。

3.4.9 中断相关的指令

SEI 和 CLI 指令分别置位和清除 I 标志。当 I 标志被置位时，就会禁用可屏蔽中断。

BRK 指令能触发一个不可屏蔽中断。BRK 指令之后两个字节的内存地址被压入堆栈，然后处理器标志寄存器也入栈。PC 寄存器加载中断服务程序地址，该地址从内存地址 $FFFE～$FFFF 中读取。之后开始执行中断服务程序。

BRK 指令不会更改任何寄存器的上下文（堆栈指针除外）或处理器标志。如果压入堆栈的标志寄存器 B 位被置位，则表示中断是 BRK 指令引发的。

RIT 指令从中断服务程序返回。该指令从堆栈中恢复处理器标志和 PC 寄存器。恢复处理器标志后，B 标志不再有意义，应将其忽略。

中断处理和 BRK 指令的使用详见 3.5 节。

3.4.10 空操作指令

NOP 指令（通常称为 no-op）除了把 PC 寄存器的上下文指向后续的指令外，不做任何事情。

NOP 指令有时在程序开发过程中被用作调试工具。例如，用 $EA 字节填充指令的内存地址，可以有效地注释掉一条或多条指令。在 6502 中，$EA 是 NOP 指令操作码的十六进制编码。

3.5 中断处理

通常情况下，处理器支持某些形式的中断处理，以响应来自外部设备的服务请求。从概念上讲，中断处理类似于正在忙于某项工作时电话响起的情况。在接听电话并记下要点（"买面包"）后，挂断电话并恢复被中断的工作。生活中也有许多类似的机制，例如，门铃和闹钟。

3.5.1 $\overline{\text{IRQ}}$ 处理

6502 集成电路有两个输入信号，用于外部组件通知处理器有服务请求。第一个输入信号是中断请求输入信号 $\overline{\text{IRQ}}$。$\overline{\text{IRQ}}$ 是低电平有效输入信号（$\overline{\text{IRQ}}$ 字符上方的横线代表低电平有效），表示输入为低电平时向处理器发出中断请求。可以将此信号视为电话铃声来通知处理器当前有一个电话呼入。

6502 无法立即响应 $\overline{\text{IRQ}}$ 输入上的低电平信号。在 6502 开始处理中断之前，首先必须已经完成正在执行的指令，接下来将返回地址（正在执行的指令完成之后将要执行的下一条指令的地址）压入堆栈，处理器标志寄存器也入栈。由于这个中断是由 $\overline{\text{IRQ}}$ 输入产生的，因此堆栈中处理器标志中的 B 标志将为 0。

与 JSR 指令不同，响应 $\overline{\text{IRQ}}$ 输入的返回地址是下一条要执行的指令的实际地址，而不是指令地址减 1。中断返回地址不会像 RTS 指令执行期间那样递增以生成返回地址。

在中断处理的下一阶段，处理器将 $\overline{\text{IRQ}}$ 处理程序的地址从内存地址 $FFFE～$FFFF 加载到 PC 寄存器中，6502 在该地址执行中断处理程序。

当中断处理程序完成后，处理器执行 RTI 指令。RTI 指令从堆栈中弹出处理器标志与 PC 寄存器的值，并恢复执行在 $\overline{\text{IRQ}}$ 输入为低电平时正在执行指令的下一条指令。

$\overline{\text{IRQ}}$ 输入是**可屏蔽中断**，它可以实现与让电话铃声静音相同的功能。当 $\overline{\text{IRQ}}$ 中断处理开始时，6502 自动置位 I 标志，这样可以屏蔽（禁用）$\overline{\text{IRQ}}$ 输入信号，直到 I 标志被清除。

因为处理器开始响应 $\overline{\text{IRQ}}$ 时 I 标志可能还没有置位，所以 I 标志会被 RTI 指令清除。I 标志也可以通过 CLI 指令清除，这意味着可以在处理 $\overline{\text{IRQ}}$ 中断时启用 $\overline{\text{IRQ}}$ 中断。处理一个中断的同时响应另一个中断的现象称为**中断嵌套**（nested interrupt）。

$\overline{\text{IRQ}}$ 输入信号是由电平控制的，这意味着只要 $\overline{\text{IRQ}}$ 输入为低电平且 I 标志被清除，处理器就会启动中断处理程序。这样的结果是，在完成一个中断处理时，与 6502 交互的中断源必须确保 $\overline{\text{IRQ}}$ 输入不再是低电平。如果在执行 RTI 指令时 $\overline{\text{IRQ}}$ 保持低电平，则 6502 将立即开始新的中断处理过程。

通过 $\overline{\text{IRQ}}$ 输入信号发起中断可以实现 6502 与外围设备之间的大多数常规交互。例如，在大多数计算机中键盘是中断源，每次按键都会产生一个 $\overline{\text{IRQ}}$ 中断。在键盘中断处理期间，6502 从键盘接口读取按键标识，并将其存储在队列中，以便被当前活动的应用程序进行处理。$\overline{\text{IRQ}}$ 处理程序不需要知道有关按键信息的用途，只是保存数据供以后使用。

3.5.2 $\overline{\text{NMI}}$ 处理

6502 的第二个中断输入信号是 $\overline{\text{NMI}}$，它是**不可屏蔽中断**。顾名思义，$\overline{\text{NMI}}$ 不会被 I 标志屏蔽。$\overline{\text{NMI}}$ 是下降沿触发的边沿敏感输入信号。

除了中断处理程序的地址是从内存地址 $FFFA～$FFFB 加载的且不受 I 标志的影响外，$\overline{\text{NMI}}$ 中断处理与 $\overline{\text{IRQ}}$ 中断处理类似。

因为 $\overline{\text{NMI}}$ 是不可屏蔽中断，所以可以在任何时刻触发，包括 6502 在处理 $\overline{\text{IRQ}}$ 中断时或者在处理较早的 $\overline{\text{NMI}}$ 中断时。

输入通常为优先级非常高的中断条件保留，因此不能延迟处理或忽略。$\overline{\text{NMI}}$ 中断的一种可能用途是以固定间隔触发实时时钟的递增。

每次发生中断时，$\overline{\text{NMI}}$ 处理程序会使位于地址 $10～$13 的 32 位时钟计数器递增：

```
; Increment a 32-bit clock counter at each /NMI interrupt
NMI_HANDLER:
INC $10
BNE NMI_DONE
INC $11
BNE NMI_DONE
INC $12
BNE NMI_DONE
```

```
INC $13
NMI_DONE:
RTI
```

需要注意的是，当在程序源代码中访问硬件信号时，可以在信号名前面使用正斜杠表示低电平有效。比如，在代码的注释中，/NMI 表示 $\overline{\text{NMI}}$。

3.5.3　BRK 指令处理

BRK 指令触发一个类似于 $\overline{\text{IRQ}}$ 中断的处理过程。因为 BRK 是一条指令，所以在启动中断处理之前不需要等待正在执行的指令完成。在执行 BRK 指令时，返回地址（BRK 指令地址加 2）和处理器标志都被压入堆栈，这类似于对 $\overline{\text{IRQ}}$ 输入信号的低电平进行响应。值得注意的是，通过 BRK 指令地址加 2，返回地址就不再指向 BRK 指令之后的字节，而是指向它后面的第二个字节。

BRK 指令是不可屏蔽的，即 I 标志不影响 BRK 指令的执行。

BRK 指令处理程序地址与 $\overline{\text{IRQ}}$ 处理程序地址相同，位于内存地址 $FFFE～$FFFF 处。由于 BRK 指令和 $\overline{\text{IRQ}}$ 共享同一个处理程序，因此在处理期间一定要根据 B 标志来识别中断源。在响应 BRK 指令时，将处理器标志中的 B 标志压入堆栈（注意，这不是处理器标志（P）寄存器中的 B 标志），并在处理 $\overline{\text{IRQ}}$ 中断期间将其清除。

在大多数 6502 的应用程序中，BRK 指令很少使用。这条指令的传统用法是在调试程序时设置断点。通过使用 BRK 指令临时替换在中断位置处的操作码字节，调试程序（在较小的计算机系统中通常称为**监控器**）获得控制权，并允许用户显示和修改寄存器的上下文以及内存的上下文，然后恢复执行。

下面的代码示例实现了一个最小的 $\overline{\text{IRQ}}$ 处理程序，该处理程序可以区分 $\overline{\text{IRQ}}$ 中断和 BRK 指令。使用内存地址 $14 作为这个程序专用的临时存储单元：

```
; Handle /IRQ interrupts and BRK instructions
IRQ_BRK_HANDLER:
; Save the A register
STA $14

; Retrieve the processor flags from the stack into A
PLA
PHA

; Check if the B bit is set in the flags on the stack
AND $10 ; $10 selects the B bit

; If the result is nonzero, B was set: Handle the BRK
BNE BRK_INSTR

; B was not set: Handle the /IRQ here
; …

JMP IRQ_DONE
BRK_INSTR:
; Handle the BRK instruction here
; …
```

```
IRQ_DONE:
; Restore the A register and return
LDA $14
RTI
```

这个例子说明了在 6502 体系结构中如何区分由处理器 $\overline{\text{IRQ}}$ 输入信号发起的中断和由 BRK 指令引起的中断。在更为复杂的处理器中，这些体系结构通常为每个中断源实现唯一的中断向量（中断服务程序入口地址），支持在指定的指令位置设置断点等调试操作。

本节介绍了 6502 体系结构中的指令类型，并简要说明了指令类别中的每条指令。尽管 6502 比现代 32 位和 64 位处理器简单得多，但这里介绍了即使在最复杂的现代处理器中也可以使用的最常见的指令（包括支持通用中断处理的指令）类型和寻址方式。

下一节将介绍用于在处理器和外围设备之间进行数据传送的 I/O 处理的基础知识。

3.6 输入 / 输出操作

在处理器体系结构中，I/O 的目标是在外围设备和系统内存之间进行有效的数据传送。输入操作将数据从外围设备传送到内存中，而输出操作则将数据从内存发送出去。

I/O 接口的外部数据格式差异很大。以下是计算机 I/O 数据外部表现形式的一些示例。

- 连接到显示器的视频电缆上的信号。
- 以太网电缆上的电压波动。
- 磁盘表面的磁性特征。
- 计算机扬声器产生的声波。

无论数据在计算机外部采用哪种形式，I/O 设备与处理器的连接都必须符合处理器的 I/O 体系结构，并且必须与计算机系统中的其他 I/O 设备兼容。

处理器使用前面介绍的指令类型、寻址方式和中断处理方法与 I/O 设备进行交互。I/O 操作指令访问与 I/O 设备通信的空间，而不是系统的内存空间。

内存映射 I/O（memory-mapped I/O）和**端口映射 I/O**（port-mapped I/O）是现代处理器访问 I/O 设备最主要的两种方法。内存映射 I/O 是将系统地址空间的一部分专门用于 I/O 设备。处理器使用与访问系统内存相同的指令和寻址方式去访问为外围设备预留的地址。6502 使用内存映射 I/O 与外围设备进行通信。

使用端口映射 I/O 的处理器实现了专门的 I/O 操作指令。端口映射 I/O 设备具有独立于系统内存的专用地址空间，同时也为 I/O 设备分配了**端口号**作为地址。x86 体系结构使用的就是端口映射 I/O。

内存映射 I/O 的一个缺点是需要将系统地址空间的一部分专门用于 I/O 设备，这减少了计算机系统支持的最大内存量。端口映射 I/O 的一个缺点是要求处理器实现 I/O 操作的额外指令。

端口映射 I/O 能够提供额外的硬件信号，用来指示当前访问的是 I/O 设备，而非系统内存。如果使用该信号作为选择器（实际上是另一个地址位），则可以使用相同的地址线来访问内存和 I/O 设备。此外，有些高端处理器使用完全独立的总线执行端口映射 I/O 操作，这种体系结构允许同时进行 I/O 访问和内存访问。

在最简单的 I/O 处理中，处理器通过使用指令在内存和 I/O 设备之间传送数据来完成 I/O 操作需要的工作。更复杂的处理器体系结构使用硬件来加速执行重复的 I/O 操作。现在，我将按照处理器参与度的不同讨论三种 I/O 处理方法：程序查询 I/O、中断驱动 I/O 和直接存储器访问。

3.6.1 程序查询 I/O

在程序查询 I/O 中，处理器使用程序指令完成 I/O 数据传送的每一步操作。例如，一个键盘在处理器的 I/O 地址空间中占用两个内存映射的单字节地址。其中一个字节包含状态信息，特别是使用一位表示是否有某个键被按下，另一个字节保存按下的键的值。

每次按下一个键时，就置位键的可用状态位。当使用程序查询 I/O 时，处理器必须定期读取键盘状态寄存器来查看是否有键被按下。如果状态位显示按下了一个键，则处理器读取键盘数据寄存器，该读取操作会关闭键的可用状态位，直到下一个键被按下。

如果键盘数据寄存器一次只能保存一个键值，那么必须频繁检查键盘状态，确保不会丢失按键动作。因此，处理器必须花费大量的时间来检查按键是否被按下。当输入速度较慢时，大多数检查都是无效的。

通常情况下，程序查询 I/O 不是一个非常有效的方法。但是在某些情况下，使用程序查询 I/O 还是有意义的。例如，在系统启动期间对外围设备进行一次性的配置，就是该技术的一个合理使用示例。

3.6.2 中断驱动 I/O

当需要进行操作时，I/O 设备可以使用中断的方式通知处理器。就键盘接口而言，外设可以在每次按键时将 6502 的 $\overline{\text{IRQ}}$ 设置为低电平来启动中断，而不是仅仅对状态寄存器中的相应位进行置位。这使得处理器可以在不用检查按键的情况下工作。只有中断请求需要处理器进行服务时，处理器才会将注意力集中在键盘接口上。用中断来触发 I/O 操作，类似于在电话中添加振铃器，而在使用程序查询 I/O 时，必须每隔几秒钟检查一次来电。

6502 只有一个可用于 I/O 操作的可屏蔽中断输入信号（$\overline{\text{IRQ}}$），而计算机系统通常包含多个 I/O 中断源。这使得在 6502 中处理中断变得有些复杂，其原因是处理器必须首先要确定哪个外设发起了中断，然后才能开始传送数据。中断服务程序必须轮询每个具有中断功能的设备来定位中断源。对于键盘接口来说，这种轮询操作是指读取键盘状态寄存器来确定其是否被置位，从而确定是否发生了按键。一旦处理器识别出相应的中断设备，它就会跳转到相应的代码，与设备进行交互以完成请求的 I/O 任务。对于键盘接口来说，该处理需要执行以下步骤：读取键盘数据寄存器并清除键的可用状态位，使 $\overline{\text{IRQ}}$ 输入信号无效。

外部设备产生的中断是异步事件，这意味着它们可以随时发生。计算机系统设计必须仔细考虑中断的各种可能性，例如，在系统启动期间或在处理其他中断时发生中断。此外，多个设备的中断请求可能会同时发生或几乎同时发生，并且发生的顺序是随机的。在任何情况下，中断处理硬件电路和中断服务代码必须检测和处理所有中断。

中断驱动 I/O 消除了处理器定期检查 I/O 设备的弊端。但是，如果处理中断要传送大量数据时（例如，读取或写入磁盘驱动器），则可能会消耗处理器大量的时间。下面要讨论的 I/O 方法，在进行大量数据传送的过程中，不需要处理器过多参与。

3.6.3 直接存储器访问

直接存储器访问（Direct Memory Access，DMA）允许外围设备的 I/O 操作可以独立于处理器去访问系统内存。当使用 DMA 传送数据块时，处理器根据将要传送的数据块的起始地址、块长度和目的地地址等信息配置 DMA 控制器。启动 DMA 之后，处理器可以继续执行其他工作。操作完成后，DMA 控制器会产生一个中断，以通知处理器传输完成。

在计算机系统内，DMA 控制器可以实现为由处理器管理的独立集成电路，处理器体系结构中也可以包含一个或多个集成 DMA 控制器。

磁盘驱动器、声卡、显卡和网络接口等进行大量数据传送的 I/O 设备，通常依靠 DMA 来有效地与系统内存进行数据传送。DMA 在对系统内存中的数据块进行传送时也很有用。

6502 体系结构不支持 DMA 操作，但是传统的 IBM PC 中包含了 DMA 控制器，几乎每个 32 位和 64 位处理器体系结构都支持 DMA 操作。

DMA 体系结通过加速重复操作来提高计算机系统性能的众多技术之一，后文中会进一步讨论 DMA。

3.7　总结

本章首先介绍了处理器的主要功能单元，包括控制单元、ALU 和寄存器。其次概述了处理器指令和寻址模式，以 6502 处理器实现的指令类别为例，说明了在一个简单处理器体系结构中指令的多样性和使用方法。

在 6502 体系结构下介绍了中断处理的概念，从架构层次总结了最常见的输入 / 输出操作方法（内存映射 I/O 和端口映射 I/O），以及计算机系统中处理 I/O 请求的基本方式（程序查询 I/O、中断驱动 I/O 和 DMA）。

通过学习本章，你应该对处理器功能单元、指令处理、中断处理和输入 / 输出操作有了一个概念性的理解。这些内容构成了下一章中介绍的计算机系统级架构的基础。

3.8　习题

1. 考虑两个有符号 8 位数（–128～+127）的加法，其中一个操作数是正数，另一个是负数。是否存在两个符号不同的 8 位数，相加的结果会超过 –128～+127 的范围？这将构成有符号溢出。注意：在前面的讨论中，通过将右操作数按位取反使 6502 体系结构中的减法与加法相同，因此只讨论加法。

2. 如果习题 1 的答案是"否"，意味着只有两个符号相同的数字相加才会发生溢出。在发生溢出时，如果将结果的最高有效位分别与每个操作数的最高有效位执行异或运算，会发生什么？换句话说，表达式 left(7) XOR result(7) 和 right(7) XOR result(7) 的结果是什么？在表达式中，(7) 表示第 7 位，即最高有效位。

3. 回顾 3.1.2 节的 VHDL 清单，并确定用于置位或清除 V 标志的逻辑对于加法和减法运算是否正确。采用 126+1、127+1、–127+(–1) 和 –128+(–1) 对结果进行检查。

4. 当在容易出错的传输介质上传送数据块时，通常会使用**校验和**来确定传送过程中是否有数据位丢失或损坏。校验和通常会附加到传送的数据中。其中一种校验和算法使用以下步骤：

   a. 将数据中的所有字节相加，结果只保留和的最低 8 位。

   b. 校验和是 8 位和的二进制补码。

   c. 将校验和添加到数据中。

在接收到带有附加校验和的数据块后，处理器可以通过把数据中的所有字节（包括校验和）简单地相加来确定校验和是否有效。如果和的最低 8 位为零，则校验和有效。用 6502 汇编语言来实现校验和算法。数据字节的起始地址存储在地址为 $10～$11 的内存单元中，字节（包括校验和字节）数由 X 寄存器指明。如果校验和有效，则将 A 寄存器设置为 1，否则设置为 0。

5. 将习题 4 中的校验和验证代码转换为一个带标签的子程序，该子程序可以用 JSR 指令调用，并以 RTS 指令结束。

6. 编写并执行一组测试，以验证习题 4 和习题 5 中实现的校验和测试子程序的正确性。代码执行校验和验证的最短数据块是什么？最长的数据块是什么？

计算机系统组件

本章首先介绍广泛用于存储电路和其他现代数字设备中的**金属氧化物半导体**（Metal-Oxide-Semiconductor，MOS）晶体管。然后介绍基于 MOS 晶体管的计算机存储器电路的设计以及其与处理器的接口。接着研究现代计算机的输入/输出接口，重点介绍计算机内部的高速串行通信以及外围设备。还讨论系统 I/O 设备的功能要求，包括图形显示、网络接口、键盘和鼠标。最后介绍现代计算机主板的规范。

通过学习本章，读者能从技术规范到电路级对组成现代计算机系统的硬件组件有深刻的理解，还将学习如何实现包括基本缓存在内的系统内存，理解有效的 I/O 操作机制以及如何使用 USB 连接键盘、鼠标和其他 I/O 设备。此外，读者还将了解计算机的网络接口、熟悉几个现代计算机系统的体系结构示例。

本章涵盖以下主题：

- 内存子系统
- MOSFET 简介
- 用 MOSFET 构建 DRAM 电路
- I/O 子系统
- 图形显示接口
- 网络接口
- 键盘和鼠标
- 现代计算机系统规范

4.1 技术要求

本章的文件（包括习题答案）可以从如下网站中获得：`https://github.com/Packt Publishing/Modern-Computer-Architecture-and-Organization`。

4.2 内存子系统

巴贝奇分析机采用一组轴，每个轴上装有 40 个十进制数字轮作为计算过程中存储数据的机制。从轴上读取数据是一种破坏性的操作，因为读取完成后，会导致所有轴的数字轮上都为零。

从 20 世纪 50 年代到 70 年代，数字计算机存储器的首选工艺是磁芯。在磁芯存储器（core memory）中，每位数据存储在一个小的环形（甜甜圈状）陶瓷磁体中。组成存储阵列的磁芯在具有水平和垂直连接线的矩形网格中。若要对单元进行写操作，需要在连接到单元的连线中产生足够的电流，以翻转磁芯磁场的极性。逻辑 0 可以定义为磁芯的磁通量为顺时针方向，逻辑 1 则可以定义为磁芯的磁通量为逆时针方向。

从磁芯存储器中读取一位数据，需要将该位设置为 0 并观察其响应的方式。如果所选磁芯存储的是 0，则将没有响应。如果磁芯存储的是 1，则极性发生变化时可检测到一个电压脉冲。与分析机一样，磁芯存储器的读取操作具有破坏性。从内存中读取一个字后，必须立即执行写操作恢复其状态。

磁芯存储器是非易失性存储器，可以在断电的情况下永久地保存其内容。存储的内容也不受辐射的影响，这种特性在航天器等对抗辐射要求很高的应用中极有价值。比如，航天飞机计算机在 20 世纪 80 年代后期开始使用磁芯存储器。

现代个人和商用计算机系统几乎都将基于 MOSFET 的 DRAM 电路用于主系统存储器。下一节介绍 MOSFET 的特性。

4.3 MOSFET 简介

第 2 章介绍了 NPN 晶体管，这是一种**双极型晶体管**（Bipolar Junction Transistor, BJT）。NPN 晶体管之所以被称为双极型晶体管，是因为它的工作既依赖于正电荷载流子，又依赖于负电荷载流子。

在半导体中，电子作为负电荷载流子。半导体操作中不涉及带正电荷的物理粒子，相反，原子中电子丢失后表现出与带正电粒子相同的性质。这些缺失电子的原子称为空穴。空穴在双极型晶体管中作为正电荷载流子。

空穴的概念对于半导体操作非常重要。1950 年，晶体管的发明者之一 William Shockley 出版了 *Electrons and Holes in Semiconductors*。下面我们将研究在单极晶体管中正负电荷载流子的行为。

作为 BJT 晶体管结构的替代物，**单极晶体管**（unipolar transistor）仅依赖于一种电荷载流子。**金属氧化物半导体场效应晶体管**（Metal-Oxide-Semiconductor Field-Effect Transistor, MOSFET）是适合用作数字开关元件的单极晶体管。像 NPN 晶体管一样，MOSFET 是三端器件，使用控制输入端来控制另外两端是否有电流流过。图 4.1 是 n 沟道增强型 MOSFET 的示意图。

n 沟道增强型 MOSFET 可以用作开关：当栅极电压较低（低于阈值电压）时，漏极和源极之间的电阻非常大；当栅极电压较高（高于阈值电压）时，漏极和源极之间的电阻非常小。n 沟道中的 n 指的是对硅沟道掺杂以产生更多数量的电子（负电荷载流子）。

图 4.1　n 沟道增强型 MOSFET

这个行为类似于第 2 章中讨论的 NPN 晶体管的操作。但是，它们之间有一个关键的区别：MOSFET 是电压控制的器件，而 NPN 晶体管是电流控制的器件。一方面，NPN 晶体管的基极需要小而稳定的电流来激活器件作为开关，使电流在发射极和集电极之间流动。另一方面，在 MOSFET 栅极上施加高于阈值的电压就可以使电流在漏极和源极之间流动。栅极输入几乎不需要电流来使开关保持在打开状态。因此，与执行等效数字功能的 NPN 晶体管相比，MOSFET 的功耗要少得多。

1959 年，Mohamed Atalla 和 Dawon Kahng 在贝尔电话实验室发明了 MOSFET。直到 20 世纪 70 年代初，其生产工艺才成熟到足以支持 MOS 集成电路可靠的成品率。从那时起，MOSFET 一直是集成电路中最常用的晶体管类型。截止到 2018 年，大约已经制造了 13×1000^7（1000 的 7 次方等同于 1 后面有 21 个 0）个晶体管，其中 99.9% 是 MOS 晶体管。MOSFET 是人类历史上生产的数量最多的器件。

p 沟道增强型 MOSFET 与 n 沟道增强型 MOSFET 类似，不同之处在于它对栅极表现出相反的响应：栅极上的低电压允许电流在漏极和源极之间流动；若是高电压，则抑制漏极和源极之间的电流。p 沟道中的 p 是指用于增加空穴（正电荷载流子）数量的沟道掺杂。图 4.2 是 p 沟道增强型 MOSFET 的示意图。

在 n 沟道 MOSFET 和 p 沟道 MOSFET 的示意图中，源极都连接到了三个内部连接的中心。此连接上的方向箭头指向 n 沟道 MOSFET 的栅极，而背离 p 沟道 MOSFET 的栅极。

MOS 晶体管一般使用 n 沟道和型沟道对实现逻辑功能。由 MOS 晶体管对组成的器件称为**互补 MOS**（Complementary MOS, CMOS）集成电路。除非开关状态进行切换，否则 CMOS 电路几乎不消耗功率，因为栅极输入基本上不需要电流。1963 年，仙童半导体（Fairchild Semiconductor）的 Chih-Tang Sah 和 Frank Wanlass 开发了 CMOS 结构。

图 4.3 给出了一个非门电路，其中 NPN 晶体管被一对互补的 MOSFET 取代。

图 4.2　p 沟道增强型 MOSFET　　　　　图 4.3　CMOS 非门电路

如图 4.3 所示，当输入信号为低电平（接近 0V）时，下面的 n 沟道 MOSFET 关闭，而上面的 p 沟道 MOSFET 导通，从而把输出连接到电源的正极，此时输出信号接近 5V；当输入信号为高电平时，上面的 p 沟道 MOSFET 关闭，下面的 n 沟道 MOSFET 导通，输出信号降至接近 0V。输出信号与输入信号的逻辑值始终相反，符合非门的定义。

如今，几乎所有的高密度数字集成电路都是基于 CMOS 技术实现的。除了执行逻辑功能外，MOSFET 还是现代随机存取存储器电路设计的关键器件。下一节将讨论 MOSFET 在存储电路中的使用。

4.4　用 MOSFET 构建 DRAM 电路

1 位的标准**动态随机存取存储器**（Dynamic Random-Access Memory, DRAM）集成电路由两个电路器件组成：MOSFET 和电容器。下面简要介绍电容器的电气特性。

4.4.1　电容器

电容器（capacitor）是存储能量的双端无源电路元件。能量以电流的形式进入和离开电容器。电容器两端的电压与电容器中的电荷量成正比。

与第 2 章中介绍的液压系统类比，可以把电容器看作一个连接在通向水龙头水管另一侧的气球，管道中的水会进入气球，并且水压会使气球膨胀。假设气球很结实，并且随着气球的膨胀，气球会拉伸，从而增加气球内部的压力。持续膨胀直到气球中的压力等于管道中的压力时停止充水。

如果把管道末端的水龙头完全打开，那么水就会释放，使得管道中的压力降低。气球中的一些水会流回管道中，直到气球中的压力再次等于管道中的压力时才停止回流。

被称作**水锤消除器**（water hammer arrestor）的液压装置正是用这种方式解决了打开和关闭水龙头时管道发出砰砰声的问题。水锤消除器采用类似气球拉伸的行为，消除由于水龙头打开和关闭而引起的水压突变。

电容器中的电量类似于气球中的水量，电容器两端的电压类似于通过拉伸在气球内部产生的压力。

电容器由两个平行的金属板构成，金属板之间由空气等绝缘材料隔开，终端与每个金属板连接。电容器中的电荷量与其两端的电压之比称为**电容**（capacitance），电容的大小由平行板的尺寸、平行板之间的距离以及它们之间的绝缘体材料的类型决定。电容器的电容类似于液压示例中的气球尺寸。具有较大电容的电容器对应于较大的气球。在给定压力下，大气球需要比小气球填充更多的水。电容器的原理图符号如图 4.4 所示。

有间隔的两条水平线表示了金属板电容器架构。电容的单位是**法拉**（farad），它是以英国科学家迈克尔·法拉第（Michael Faraday）的名字命名的。

4.4.2　DRAM 位单元

DRAM 位单元是用于读写数据位的存储单元。现代计算机中使用的 DRAM 模块包含数十亿个位单元。DRAM 电路中的一个位单元由 MOSFET 和电容器组成，如图 4.5 所示。

图 4.4　电容器原理图符号　　图 4.5　DRAM 位单元电路

在图 4.5 中，右下角带有三条水平线的符号是接地符号，与图 4.3 中使用的 0V 的标记是一样的，两者可以替换。

这样的单个位单元在矩形网格中进行复制，形成一个完整的 DRAM 存储阵列。图 4.6 中显示了 16 位的 DRAM 存储阵列，该存储阵列由 4 个 4 位的字组成。

实际的 DRAM 存储阵列包含的位数比图中所示的简单电路多得多。典型的 DRAM 器件的字长为 8 位（而不是图中标有 B0～B3 的 4 位）。这就意味着每个 DRAM 芯片可以并行存储或读出 8 位数据。

在实际的 DRAM 存储阵列中，沿字线方向的位单元的实际数量是 DRAM 器件字长的整数倍。在个人计算机使用的大容量 DRAM 模块中，每条字线包含许多字。在一个每行有 1024 个 8 位字的 DRAM 芯片中，每

图 4.6　DRAM 存储器的存储阵列组织

行一共包含 8192 位，每行上所有 MOSFET 的栅极均由同一个字线信号控制。DRAM 中还包含额外的多路选择器逻辑，从被有效字线激活的行中选出处理器正在请求的字。

DRAM 存储阵列的垂直方向上由相同的行组成，每行都由一条字线控制。字线水平地连接在每行中所有的位单元上，而位线信号则连接在每列中所有的位单元上。

每个存储器单元的状态存储在相应的电容器中。电容器上的低电压表示 0，高电压表示 1。在实际的 DRAM 设备中，低电压接近 0V，高电压通常接近 1.2V。

大多数情况下，每一行的字线保持低电压，这样可以使 MOSFET 保持在关闭状态，从而保持电容器状态。当需要读取 DRAM 内存中的一个字（实际上是整行）时，寻址电路会选择适当的字线并将其驱动为高电压，同时将阵列中的其他所有字线保持为低电压。这会导通沿有效字线的每个位单元中的 MOSFET，从而使单元电容器将其电压驱动到连接的位线上。与处于 0（低）电压的位线相比，处于 1（高）电压的位线具有更高的电压。位线电压由 DRAM 器件中的电路进行检测和放大，并将结果锁存到芯片的输出寄存器中。

向 DRAM 中写入数据与从 DRAM 读取数据的方式相同，两者都是将所选字线设置为高电压。在进行写操作时，DRAM 器件不感应位线上的电压，而是使用电压来驱动位线，驱动电压则根据要写入的每个单元数据是 0 还是 1 来确定是 0V 还是 1.2V。就像给气球充放气一样，每个电容器对位线的充放电都要花费一些时间。在该延迟之后，字线被驱动为低电压，关闭 MOSFET 并将电容器锁定在新的充电状态。

电容器漏电使 DRAM 电路工艺变得复杂。将电容器充电至非零电压后，电荷量会随着时间而流失，电荷量减少会导致电容器两端的电压降低。因此，必须定期刷新每个单元的内容。

刷新操作包括读取每个单元的数据并将该值回写到单元中。如果单元的状态位为 1，则将其充电至其"满"电压；如果状态位为 0，则将其驱动至接近 0V 的电压。现代 DRAM 器件的典型刷新间隔为 64ms。在系统运行期间，DRAM 刷新会在后台持续逐行进行，与处理器访问内存的操作同步，以避免冲突。

虽然需要定期刷新使得使用 DRAM 器件的系统的设计更加复杂，但由于它具有只使用一个晶体管和一个电容器就能存储一位数据的巨大优点，因此 DRAM 取代了其他所有备选技术，成为个人和商用计算机系统中主存储器的首选。

4.4.3　DDR4 SDRAM

Intel 于 1970 年生产了第一款商用 DRAM 集成电路。Intel 1103 可以存储 1024 个字，每个字的字长为 1 位。1103 每 2ms 刷新一次。20 世纪 70 年代初，MOS 型半导体 DRAM 已经取代了磁芯存储器成为计算机系统中的首选存储技术。DRAM 具有易失性，即断电时单元电容器中的电荷会消失，从而使数据丢失。目前广泛使用的 DRAM 技术是 DDR4 SDRAM。

现代个人计算机和智能手机等个人设备通常含有几 GB 的 RAM，其中 1 GB 等于 2^{30} 字节，这就相当于 1 073 741 824（十亿多）字节。顾名思义，随机存取存储器允许处理器可以在一次操作中读写 RAM 地址空间内的任何单元。截至 2019 年，笔记本电脑的高端存储模块包含 16 个 DRAM 芯片，每个 DRAM 芯片的容量为 2 GB，总存储容量为 32GB。

到 2019 年，最先进的存储模块标准是 DDR4 SDRAM，该标准是对基于 DDR1、DDR2 和 DDR3 的 DRAM 接口技术进行优化后得出的。DDR4 存储模块封装为**双列直插式存储模块**（Dual Inline Memory Module, DIMM）。DIMM 在电路板边缘的两侧都有电触点（因此名字中有"双"），电触点提供了与主板中 DIMM 插槽的连接。一个标准的 DDR4 DIMM 具有 268 个引脚。较小的存储模块称为**小型双列直插式存储模块**（Small Outline DIMM, SODIMM），它可用于空间有限的笔记本电脑等系统。DDR4 SODIMM 具有 260 个引脚，由于引脚数量减少，因此 SODIMM 模块缺少某些 DIMM 所支持的功能，例如，对数据位进行检错和纠错。

术语**双倍数据速率**（Double Data Rate, DDR）是指存储模块与处理器内存控制器之间的传输时序特性。**单数据速率**（Single Data Rate, SDR）DRAM 在每个内存时钟周期内执行一次数据传输。DDR 存储器件在每个时钟周期内执行两次数据传输：一次在时钟周期的上升沿，一次在下降沿。DDR 后面的数字表示 DDR 技术的版本。因此，DDR4 是 DDR 标准的第 4 版。术语**同步动态随机存储器**（Synchronous DRAM, SDRAM）表示 DRAM 电路通过公共时钟信号与处理器内存控制器同步。

DDR4 存储模块采用 1.2V 的电源，使用一个 2.5V 的辅助电压为字线信号提供"升压"。一个有代表性的例子是：一个特定的 DDR4 模块每秒可以执行高达 32 亿次的数据传送，这个速度是 1600 MHz 的内存时钟频率的两倍。当每次传输 8 个字节时，DDR4 器件每秒可移动传送 25.6GB 的数据。DDR4 模块有多种时钟频率、内存容量和价位供选择。

尽管实际的 DRAM 模块是由存储单元构成的矩阵阵列，但 DDR4 器件的内部体系结构却更为复杂，一个 DRAM 集成电路通常包含多个存储阵列。在执行读写操作之前，寻址逻辑选择需要的内存单元所在的存储阵列。在 DDR4 模块中，存储阵列进一步排列为**阵列组**，这就需要额外的寻址逻辑来选择正确的组。DDR4 器件中包含 4 个存储阵列组，每个阵列组中有 4 个存储阵列。将 DDR4 内存模块体系结构划分为多个存储阵列组，可以将多个存储访问以重叠的方式并行处理，最大限度地提高数据传输速率。这种方式使得处理器和 RAM 之间的数据传输可以达到峰值速率，同时也最大限度地减少了等待每个内部 DRAM 阵列访问操作完成的时间。

除了指定 DDR4 内存模块中正确的地址单元外，系统还必须通过接口信号来提供命令以表示要进行的操作，特别是是否要对选中的行进行读取、写入或刷新。

DDR4 SDRAM 标准可以从联合电子设备工程委员会（Joint Electron Device Engineering Council, JEDEC）购买，网址为 https://www.jedec.org/standards-documents/docs/jesd79-4a，该标准为主机系统提供了 DDR4 存储器接口的详细定义，并且也包含设计与任何支持 DDR4 的计算机系统兼容的内存模块所需的所有信息。

从历史的角度看，DDR SDRAM 标准的每一代均与前几代不兼容。比如，DDR4 内存模块构建的主板只能与 DDR4 模块一起使用。每一代 DDR 的插槽都是根据自己的标准制造的，不可能插入不正确的模块。例如，DDR3 DRAM 模块无法插入 DDR4 插槽。

随着存储技术的发展，每一代 DDR 的改进主要是为了提高数据传输速率和增大存储密度。为了实现这些目标，新一代 DDR 的供电电压会降低，从而减少系统功耗，且因为散发热量减少，故存储器电路的密度更高。

大多数现代处理器将系统内存看作顺序地址的线性阵列。在 6502 等不太复杂的处理器体系结构中，处理器使用指令中提供的地址直接寻址 RAM 芯片。由于 DDR4 SDRAM 器件中控制信号和阵列管理逻辑的复杂性，因此现代计算机系统必须有一个内存控制器，将处理器发出的每个线性地址转换为命令和寻址信号，从而选择适当的 DDR4 模块（在具有多个内存模块的系统中）、存储阵列组、存储阵列以及所选存储阵列中的行/列位置。内存控制器是一个时序逻辑设备，用于管理处理器和 DRAM 内存模块之间的通信的详细信息。为了达到最佳系统性能，内存控制器必须合理地利用 DDR4 内存模块提供的重叠操作功能。

复杂的现代处理器通常将内存控制器集成到处理器内部，也可以设计一个位于处理器和 RAM 之间的独立内存控制器。

内存控制器接口包含多个通道，其中每个通道都是处理器与一个或多个内存模块之间进行通信的路径。在存储器体系结构中提供多个通道的好处在于可以并行地对每个通道进行内存访问。

然而，多通道内存系统无法自动提高内存访问速度。系统软件必须主动地对每个应用程序或系统进程的内存分配进行管理，从而平衡通道的内存空间使用。如果操作系统只是简单地按顺序将进程分配到物理内存中，即先使用一个内存模块再转向下一个内存模块，那么当所有进程都使用同一内存通道时，多通道内存将没有任何优势可言。

DDR5

DDR5 标准已经于 2020 年 7 月发布，标准频率为 4800 Mbps，峰值频率为 6400 Mbps，同时工作电压降为 1.1V，从而进一步降低了功耗。

4.4.4 GDDR

图形双倍数据速率（Graphics DDR, GDDR）是一种为了用作显卡中的视频存储器而优化的 DDR 内存技术。一方面，GDDR 拥有较宽的内存总线，可以满足视频显示的高吞吐量要求。另一方面，通过对标准 DDR 内存技术进行优化，GDDR 实现了对数据的最小延迟访问。需要注意的是，GDDR 和 DDR 的版本号是不同步的。

4.4.5 预取

对 DRAM 单元进行读写的速度是 DRAM 的一个性能指标，该指标在每一代中几乎没有提升。为了提高 DRAM 模块的平均数据传输速率，必须采用其他技术来提高性能。其中一种可以提高平均数据传输速率的技术就是预取。

预取（prefetching）的原理是利用了这样一个事实：当处理器正在访问指定的内存单元时，未来可能很快就要访问指定单元附近的单元。与处理器指令要读取一个内存单元不同，预取是要读取更大的内存块，并将整个内存块从 DRAM 器件传送给处理器。在 DDR4 内存模块中，内存块的大小通常为 64 字节。

DDR4 模块可以快速读取 64 字节，因为它可以同时访问这 64 字节的所有 512 位。换句话说，DDR4 模块可以同时从字线选择的存储单元中选择 n（整数）个 512 位线来读取数据。被选中行中的多位数据可以同时读出，然后通过多路选择器从整行（可能是 8192 位）中选择所需的 512 位，并将其锁存到输出寄存器中。在 DDR 时钟控制下，被锁存的数据从 DRAM 模块传送到处理器。通过使用多个存储阵列组，内存的多次读取和结果数据的传输可以在时间上重叠，并确保数据在内存模块和处理器之间以接口能够支持的最高速率进行传输。

在接收到 64 字节的数据块后，处理器将其存储在内部缓存中，并从指令所请求的内存块中选择指定的数据元素（可能只有一个字节）。如果后续指令访问同一内存块中的不同数据，则处理器只需要访问该内存块的本地缓存即可，这比从 DRAM 中访问数据要快得多。

除了与主存储器进行交互之外，处理器还必须通过输入和输出设备与外部世界通信。下一节将会讨论现代计算机系统中 I/O 接口的实现。

4.5 I/O 子系统

我们在第 3 章中介绍了 I/O 体系结构的两大类：内存映射 I/O 和端口映射 I/O。在早期的 PC 中，物理地址线的数量将处理器总的内存空间限制在 1 MB 之内，这种情况下，这两种映射方法的优缺点很明显。现代处理器体系结构能够支持更大的内存范围，通常为数十个 GB。地址空间扩展的结果使得为 I/O 接口分配地址空间变得非常简单。由于大多数接口的需要，现代 32 位和 64 位通用处理器采用了内存映射 I/O。

复杂的现代处理器通常在处理器芯片内实现内存控制器，并直接与 DDR 内存模块连接。大多数 I/O 操作被处理器加载到一个或多个称为**芯片组**（chipset）的外部集成电路中。即使只需要一个芯片就可以实现 I/O 功能，也要称为芯片组。

该芯片组为多种外设提供接口，外设包括显卡、磁盘驱动器、网络接口、键盘、鼠标和 USB 设备等。大多数接口通过使用某种串行总线实现。以下各节介绍了现代计算机中最常用的 I/O 技术。

4.5.1 串行数据总线和并行数据总线

并行数据总线在两个或多个通信端点之间的多条导线上同时传送多位数据。早期的 PC 使用并行总线来实现将打印机连接到计算机等功能。随着时间的推移，并行总线的一些限制就变得显而易见：

- 根据支持的位数，并行总线可能需要大量的信号线，导致线缆价格昂贵。另外，当电缆断裂或连接器接触不良时，通信很容易出现问题。
- 计算机系统开发人员一直在努力提高计算机的性能（以便获得竞争优势），并行总线的另一个限制因素变得很明显：虽然一个设备发送数据时，所有位可以同时驱动其输出，但是信号可能不能同时到达目的地。这是由电缆中或整个电路板上的导线的长度差异引起的。因此，并行总线所能支持的数据传输速率存在一个上限。
- 并行总线的另一个限制是，除非有另外一组重复的连接可同时用于在相反方向上传输数据，否则一组总线一次只能在一个方向上传输数据（称为**半双工**（half-duplex））。并行总线通常不提供双向通信能力。双向通信能力称为**全双工**（full-duplex）操作。

串行数据总线使用一对导线在两个通信端点之间传送数据，每次传送一位数据。现代计算机中处理器与外围设备之间的大多数高速通信线路都使用了某种形式的串行总线。表面上看，从并行总线转为串行总线似乎在吞吐能力上有很大的损失，但是串行总线具有一些重要的优势，这些优势在性能关键型应用程序中更具吸引力。

个人和商用计算机系统中的高速串行总线使用差分导线对进行通信。采用**差分信号**（differential signaling）需要使用两根导线，这两根导线需要具有相同的长度，并表现出几乎相同的电气特性。将它们绝缘后相互缠绕在一起形成双绞线（twisted pairs）作为电缆使用。

图 4.7 表示使用差分信号的串行数据总线。

要发送的数字信号通过图 4.7 中左边的输入到达发送器（使用 Tx 表示）。输入信号被转换成一对电压后在两条平行导线上传输。小圆圈表示发送器的顶部信号与底部信号反相。

图 4.7 使用差分信号的串行总线

在典型的串行电路中，发送器的高电平输入将在顶部串行导线上产生 1.0V 的电压，在底部导线上产生 1.4V 的电压；低电平输入在顶部导线上产生 1.4V 的电压，在底部导线上产生 1.0V 的电压。接收器（使用 Rx 表示）的输入表现为高阻抗，这意味着接收器从电路吸收的电流可以忽略不计。接收器测量电阻（标准值为 $100\,\Omega$）两端的电压，当 Tx 的输入为高电平时，Rx 的上端电阻电压比下端电阻电压低 0.4V；当 Tx 的输入为低电平时，Rx 的上端电阻电压比下端电阻电压高 0.4V。

接收器通过将其中一个输入（最上面带有小圆圈的一端）反相并将结果加到另一个输入上来生成输出。换句话说，接收器只测量了两个导线之间的电压差。这种方法的好处是许多形式的破坏性干扰都会在传送信号的导线上引起电压变化，而将两根导线紧密耦合会使得一根导线上的大部分噪声电压将出现在另一根导线上。对两根导线上的电压值做减法运算消除了大部分噪声，否则这些噪声会干扰接收器对信号检测的准确性。

串行数据总线可以以数十亿数据位 / 每秒的速率传送数据，远远超过了以前的 PC 中并行总线的传输速率。可以同时使用多条串行总线将数据传输带宽按总线数量的比例提升。两个端点的多条串行总线连接方式和并行总线之间的关键区别在于，对于某些接口标准来说，串行总线在某种程度上可以独立传送，而在并行总线中，所有位必须同步传送。如果能够对两条导线的长度和电气特性进行精确的匹配，这种互连方式可以很容易地实现非常高的数据传输率。

现代处理器与其主板芯片组之间的连接通常由多条串行数据总线组成，称之为**高速输入输出**（High-Speed Input Output, HSIO）**通道**。每个通道都是一个支持全双工操作的串行连接，且都有一条如图 4.7 所示的连接通路。可以将各个通道分配给特定类型的外围设备接口，这些接口也是通过串行连接实现的，例如 PCI Express、SATA 和 USB。接下来的各节将分别深入介绍这些接口。

4.5.2 PCI Express

1995 年～2005 年，**外设组件互连**（Peripheral Component Interconnect, PCI）总线是应用于 PC 中的 32 位并行总线。计算机主板上的 PCI 插槽可用于插入各类扩展卡，这些扩展卡可以实现联网、视频显示和音频输出等功能。到 21 世纪初期，并行总线体系结构的局限性已经很明显，因此人们开发了串行的 PCI Express 总线，用来替代 PCI 总线。

PCI Express（缩写为 PCIe）是一种双向差分信号串行总线，主要用于连接计算机主板上的通信端点。PCIe 的传输速率高达数十亿次 / 每秒（GT/s）。"传输"是指从发送器到接收器通过总线传送一个比特位。PCIe 在每次通信中都需要插入额外的比特周期，以确保数据完整性。额外数据位的开销在不同版本的 PCIe 中有所不同，从而影响有效的数据传输速率。表 4.1 显示了 PCIe 的主要版本、发布年份、以 GT/s 为单位的单通道传输速率以及以 MB/s 为单位的有效数据传输速率。

表 4.1 PCI Express

PCIe 版本号	发布年份	传输速率（GT/s）	有效的单向传输速率(MB/s)
1.0a	2003	2.5	250
2.0	2007	5	500
3.0	2010	8	985
4.0	2017	16	1969

PCIe 可以同时在两个方向上进行全速数据传输，此处显示的有效数据速率是用于单向通信的。

在 PCIe 标准中可以用符号 x1、x2、x4、x8、x16 和 x32 来表示多通道连接。大多数现代主板至少要实现 PCIe x1 和 x16 的插槽。PCI x1 插槽兼容长度为 25mm 的主板边缘连接器，而 x16 插槽则兼容长度为 89mm 的主板边缘连接器。PCIe 卡只要能够插进任一插槽就可以正常运行。例如，可以将 PCIe x1 卡插入 x16 插槽中，这种情况下只使用了 x16 插槽可用通道的十六分之一。

PCIe x16 插槽主要应用于处理器和显卡之间的接口，从而为游戏等图形密集型应用程序提供最佳性能。PCIe 4.0 x16 接口能够以 31.5 GB/s 的速率进行单向数据传输。

在现代计算机体系结构中，处理器芯片通常提供 16 个通道的 PCIe 接口，该接口与安装在 PCIe x16 插槽中的显卡直接连接。这可以避免显卡的 PCIe 信号经过芯片组。

除了图形显示器和系统内存接口外，现代计算机系统中的大多数 I/O 都由芯片组管理。处理器和芯片组通过一组 HSIO 通道进行通信。该芯片组支持与磁盘驱动器、网络接口、键盘和鼠标等外围设备的接口。这些设备的接口通常使用 SATA、M.2 和 USB 等串行接口。

4.5.3 SATA

串行 ATA（Serial AT Attachment, SATA）是将计算机主板与存储设备连接的双向串行接口标准。SATA 中的 AT 指早期的 IBM PC AT。与单个 PCIe 通道类似，SATA 包含两对差分信号导线，这两对导线分别在每个方向上传输数据。与 PCIe 使用主板上的信号线不同，SATA 通过电缆进行数据传输。除了电气和数据格式外，SATA 标准还定义了电缆和连接器的详细规范。

SATA 电缆是一条双向通道，支持处理器与磁盘驱动器、光盘驱动器和固态驱动器等存储设备之间的连接。表 4.2 给出了 SATA 标准的主要修订版本、发布年份以及性能参数。

表 4.2 SATA

版本号	发布年份	传输速率（GT/s）	有效的单向传输速率（MB/s）
1.0	2003	1.5	150
2.0	2004	3	300
3.0	2009	6	600

该表中的数据传输速率是指单向通信的传输速率，但是与 PCIe 一样，SATA 也支持全双工数据传输。

SATA 标准仍在不断改进，但是截至 2019 年，还未宣布要推出数据传输速率更快的 SATA 版本。

4.5.4   M.2

现代**固态硬盘**（Solid-State Drive, SSD）采用闪存来存储数据，而不是采用传统硬盘中的旋转磁盘。由于 SSD 的技术与传统硬盘所用的技术完全不同，所以在大多数情况下，SATA 驱动器接口虽然在旋转磁盘上可以很好地工作，但对于 SSD 来说这是一个非常严重的性能障碍。

要访问磁盘驱动器上的任意数据块（称为**扇区**（sector）），驱动器磁头必须移动到该扇区所在的磁道上，并且必须等待扇区的起点旋转到磁头所在的位置之后，驱动器才可以开始读取数据。与这些步骤相比，SSD 可以直接寻址任何数据区，寻址的方式与处理器访问 DRAM 位置的方式非常类似。

开发 M.2 接口规范是为了给小型便携式设备中的闪存存储提供小尺寸和高性能的接口。该接口不仅消除了 SATA 接口的性能限制，而且 SSD 的数据传输速率比 SATA 所能支持的速率快好几倍。

除了支持大容量的存储设备外，M.2 还支持其他接口，包括 PCIe、USB、蓝牙和 Wi-Fi。现代主板已经开始含有 M.2 插槽，除了具有更高的性能外，在计算机机箱中所占用的空间也比传统磁盘更少。

4.5.5   USB

通用串行总线（Universal Serial Bus, USB）接口提供了一个将多种外围设备连接到计算机系统中的简单接口（从用户的角度来看）。USB 线具有快速识别的连接器类型且支持热插拔（在通电时在设备上插拔）。USB 设备是自动配置的，因此在大多数情况下，用 USB 线将新设备连接到计算机时，用户不需要安装设备驱动程序。

早期的 USB 数据线（USB 2.0）含有一个差分信号对，一次只能沿一个方向传递数据。更高版本的 USB 标准（USB 3.0 及更高版本）可支持双向数据传输。此外，USB 3.2 及更高版本能提供两条通道，使得数据传输速率加倍。

表 4.3 给出了 USB 标准的主要修订版本、发布年份、可支持的最大通道数以及数据传输性能。

表 4.3   USB

USB 版本	发布年份	最大通道数	传输速率（GT/s）	有效的单向传输速率（MB/s）
1.1	1998	1	0.012	1.5
2.0	2000	1	0.48	60
3.0	2008	1	6	750
3.1	2013	1	10	1280
3.2	2017	2	20	2560
4.0	2019	2	40	5120

在 USB 2.0 中，通信完全在主机的控制下进行。每次通信都由主机发起，首先将数据包地址发送给指定的设备，然后进行数据传输。从 USB 3.0 开始，设备可以主动发起与主机的通信，从而有效地为连接在外围的设备提供中断功能。

4.5.6   Thunderbolt

雷电接口（Thunderbolt）是 2011 年推出的高速串行接口标准集。原始的雷电接口是用两个串行的雷电通道将 PCIe 和显示端口（DisplayPort）信号传输结合在一起。

雷电 3（Thunderbolt 3）是最新一代的雷电标准，其中增加了 USB 兼容性，同时支持使用一个计算机端口与 PCIe 设备和多个高分辨率显示器的连接。雷电 3 使用的连接器与 USB 3.1 及更高版本（USB-C 连接器）相同，支持 40 Gbit/s 的数据传输速率，完全兼容 USB 3.1 的 10 Gbit/s 速率。当连接到计算机的雷电 3 接口时，所有的 USB 设备都能正常运行。雷电 3 外围设备与非雷电 3 USB-C 端口不兼容。

下一节将介绍最流行的图形显示接口标准。

4.6　图形显示

在游戏、视频剪辑、图形设计和动画领域，视频处理的性能至关重要。生成和显示高分辨率图形需要大量的数学计算。尽管通用处理器能够执行一些必要的计算，但还是达不到用户的期望。

名为**图形处理单元**（Graphics Processing Units, GPU）的高性能显卡本质上就是微型超级计算机，在经过高度优化后执行 3-D 场景渲染等图形计算任务。由于场景渲染中涉及的计算是高度重复的，因此可以通过使用硬件并行化来提高性能。图形处理器中包含大量相对简单的计算单元，每个计算单元执行一部分任务。

GPU 可能包含数千个独立的功能类似于 ALU 的处理单元。促使高性能 GPU 发展的最初动力是 3D 场景生成，这项技术的新版本在大数据分析和机器学习等领域中得到了广泛的应用。任何能够被分解为并行运算集合的数值密集型计算任务都适合用 GPU 加速。

当然，并非所有用户都需要极高的视频性能。为了满足用户适度的图形需求和有限预算的需求，现代处理器通常将相对功能较弱的 GPU 集成到处理器芯片中。在许多应用程序中，这种方法提供了足够的图形性能，这样的配置称为**集成显卡**（integrated graphics），意味着 GPU 功能已经集成到处理器中，并与处理器共享系统内存。具有集成显卡的计算机系统成本较低，同时为电子邮件发送、Web 浏览和观看视频等基本计算任务提供了足够的图形性能。

许多台式计算机和笔记本电脑在提供集成显卡的同时，还可以选择安装高性能显卡，以便用户可以根据其成本和性能需求定制计算机系统。

目前，有几种不同的视频标准用于将显示器连接到计算机上。由于计算机生成的图形界面必须与所连接的显示器兼容，所以计算机通常提供多种类型的视频连接器。计算机显示器和高清电视通常可以选择视频连接器的类型。接下来各节将介绍过去和现在的计算机应用程序中使用的一些流行的视频接口标准。

4.6.1　VGA

1987 年，IBM 推出了用于个人计算机的**视频图形阵列**（Video Graphics Array, VGA）视频标准。尽管大多数现代计算机不提供 VGA 连接器，但 VGA 仍然是一种广泛使用的模拟接口。只支持 VGA 接口的老式计算机使用转换电缆连接到支持 DVI 和 HDMI 视频输入的显示器的情况很常见。现代版本的 VGA 标准在刷新频率为 60Hz 的情况下支持的显示分辨率高达 1920×1200 像素。由于 VGA 视频信号是模拟信号，所以在传输到显示器的过程中会产生一些信号质量的损失。在高屏幕分辨率下，这种质量损失的效果最为明显。

4.6.2 DVI

数字视频接口（Digital Visual Interface, DVI）视频标准的开发是为了提高计算机显示器的视觉质量，在计算机和显示器之间以数字形式传输视频信号。为了保持与早期的计算机和显示器的向后兼容性，DVI 电缆也能够传输 VGA 模拟信号。

与前面讨论的高速串行接口相似，DVI 使用差分串行信号传输视频数据。一个 DVI 连接器包含有 4 条串行通道。其中 3 条通道分别传输红、绿、蓝这 3 种颜色信息，第 4 条通道传输公共时钟信号。

根据支持的数字视频和模拟视频类型的组合，定义了 3 种 DVI 变体：

- DVI-A 只支持模拟视频信号。该模式提供了与 VGA 计算机和显示器的向后兼容性。DVI-A 连接器与传统 VGA 连接器的引脚布局不同，因此需要适配器电缆才能够连接到传统 VGA 设备上。
- DVI-D 是一个数字接口，支持单链路和双链路两种方式。双链路提供了额外的串行数据通道，增加更高分辨率的显示器的视频带宽。双链路并不意味着电缆可以支持两个显示器。
- DVI-I 是一个集成接口，可以同时支持 DVI-A 的模拟接口和 DVI-D 的数字接口。DVI-I 的数字接口可以是单链路，也可以是双链路。

DVI 接口主要用于计算机显示应用程序。单链路 DVI-D 连接的有效传输速率为 3.96Gbit/s。双链路 DVI-D 连接的视频传输速率是单链路的两倍，为 7.92 Gbit/s。

4.6.3 HDMI

大多数现代计算机和显示器、所有现代电视、DVD 播放器等视频娱乐设备都支持**高清多媒体接口**（High-Definition Media Interface, HDMI）。HDMI 只支持数字视频（没有模拟的能力），并且使用与 DVI-D 相同的差分串行总线。除视频数据外，HDMI 电缆还传输多通道数字音频。

HDMI 自 2002 年推出以来，其标准已经历了多次修订。后续的每次修订都保持了向后兼容性，同时增加了新功能。该标准的更高版本增加了视频带宽、扩大了可支持的屏幕分辨率范围、增加了高清音频功能、使用 HDMI 电缆支持以太网通信并增加了支持游戏的功能。尽管 HDMI 的每个版本都向后兼容，但是只有在信号源设备、显示设备和连接电缆均与新标准版本兼容的配置中，新的特征才能发挥作用。

HDMI 2.1 于 2017 年推出，该标准在 4 条差分串行通道上支持 42.6 Gbit/s 的有效数据传输速率。

4.6.4 DisplayPort

显示端口（DisplayPort）是于 2006 年发布的一种支持数字视频、音频和 USB 连接的数字接口标准。尽管 HDMI 的目标是电视和家庭影院系统等消费类电子产品，但 DisplayPort 却更多地面向计算机应用程序。DisplayPort 传输嵌入时钟信息的数据包，从而消除了独立时钟通道的需求。

单个计算机的 DisplayPort 输出可以驱动以菊花链方式连接的多个显示器，其中一根电缆将计算机连接到第一台显示器，第二根电缆把第一台和第二台显示器连接起来，以此类推。显示器必须支持这种能力，以这种方式组合的最大显示器数量受显卡的功能以及显示器的分辨率和刷新率的限制。

DisplayPort 2.0 于 2019 年发布，在 4 条差分串行通道上的有效数据传输速率高达 77.4 Gbit/s。

4.7　网络接口

计算机网络是在共享的通信介质上进行交互的数字设备的集合。**局域网**（Local Area Network，LAN）由数量有限且部署在家中或办公楼中等较小的物理空间的计算机组成。把家里的计算机、电话和其他数字设备连接在一起就是一个局域网。局域网环境中的设备连接可以使用有线接口或无线接口，通常，有线接口是以太网，无线接口是 Wi-Fi。

通常，独立的计算机使用**广域网**（Wide Area Network，WAN）和局域网进行通信。WAN 服务通常由有线电视供应商或电话公司等电信公司提供。家庭局域网通过电话公司或有线电视公司提供的 WAN 服务连接到互联网。通常情况下，WAN 服务供应商提供的家庭和企业网络设备通过以太网和 Wi-Fi 将本地设备连接到 WAN。以下两节分别介绍以太网和 Wi-Fi。

4.7.1　以太网

以太网（Ethernet）是一组计算机网络标准，用于在局域网环境中使用电缆连接计算机。最初的以太网版本由 Xerox Palo Alto 研究中心的 Robert Metcalfe 于 1974 年开发。使用同轴电缆对计算机进行连接、传输率为 10Mbit/s 的商用以太网技术于 1980 年发布。该技术的名称源自历史术语"发光的醚"，意思是一个充满整个空间并能够传播电磁波的假想介质。以太网电缆是一种概念上的通信介质。

电气和电子工程师协会（Institute of Electrical and Electronic Engineers, IEEE）于 1980 年开始开发包括以太网在内的 LAN 技术标准。IEEE 802.3 以太网标准于 1985 年发布。此后，该标准进行了多次修订，可以支持更高的数据速率和不同的网络拓扑。现代计算机与原始以太网标准的最明显区别是使用点对点双绞线电缆代替了原来的共享同轴电缆。

现代计算机通常使用千兆以太网接口通过非屏蔽双绞线电缆进行通信。千兆以太网在 IEEE 802.3ab 标准中被正式定义，并支持 1.0 Gbit/s 的速率，尽管不同的通信协议开销不同，但其有效数据传输速率高达 99%。

以太网通信由大小可变的数据单元组成，这些数据单元称为**帧**（frame），帧的最大长度为 1518 字节。每个帧的帧头包含用于标识以太网接口的源地址和目的地地址的寻址信息。因为现代双绞线是点对点的连接方式，所以连接一组计算机的最常见结构是用电缆把每台计算机与**交换机**（switch）连接。交换机用来接收所连接的计算机传输的帧，并根据每帧中的目的地地址，将该帧立即转发给正确的接收者。以太网电缆的最大建议长度限制为 100 米，这限制了以太网 LAN 到独立的办公楼或家庭等区域的实际规模。

现代主板通常包含一个内置的以太网接口，这样就不需要一个占用 PCIe 插槽的以太网卡了。无论是内置在主板中还是安装在 PCIe 扩展插槽中，以太网接口都会在处理器和芯片组之间使用一条 HSIO 通道。

4.7.2　Wi-Fi

IEEE 于 1997 年发布了工作在 2.4GHz 频段且原始数据传输速率为 2 Mbit/s 的 802.11 无

线通信标准的第一个版本。802.11b 标准于 1999 年发布，原始数据传输速率为 11 Mbit/s，事实证明该标准在商业上很受欢迎。该项技术在 1999 年被命名为 Wi-Fi。

2003 年发布的 802.11g 标准的原始速率为 54 Mbit/s。802.11n 于 2009 年发布，支持**多输入多输出**（Multiple-Input-Multiple-Output，MIMO）天线和 5 GHz 频段中的一些可选操作。2013 年发布的 802.11ac 标准使用增强的 MIMO 天线配置，在 5 GHz 频段中支持超过 500 Mbit/s 的传输速率。

Wi-Fi 设备可能会受到所在区域内的无线电话、微波炉和其他 Wi-Fi 网络等家用电器的干扰。Wi-Fi 信号传播也会受到一些因素的影响，例如，发射器与接收器之间的墙壁或其他障碍物、**多路径**（直接路径信号与信号的反射副本之间的破坏性干扰），并且受到 Wi-Fi 发射器能够发射的最大功率的限制。在 802.11n 和 802.11ac 配置中使用多条天线可以大大缓解与多路径相关的传播问题。

电信服务供应商提供的现代 WAN 接口设备，通常包含以太网和 Wi-Fi 组合的通信接口。在这些应用中，与以太网相比，Wi-Fi 的主要好处是减少了所需的布线量。因为射频信号可能会传播到通信系统的建筑物之外，所以 Wi-Fi 存在潜在的安全问题。Wi-Fi 协议通过 **Wi-Fi 保护访问 2**（Wi-Fi Protected Access 2，WPA2）等协议为安全通信提供了实质性支持，但是系统管理员和用户必须确保启用了合适的安全功能，并且机密信息（例如网络密码）足够复杂并被安全地保存。

大多数便携式数字设备（例如，笔记本电脑、智能手机和平板电脑等）都支持使用 Wi-Fi，在这些设备中，Wi-Fi 一般直接内置在主板中。

下一节讨论带宽要求最低的计算机接口：键盘和鼠标。

4.8　键盘和鼠标

与本节前面讨论的高速设备接口相比，键盘和鼠标的带宽要求适中。这些设备是操作员在大多数计算机中仅能使用的输入方法，只需要以人类的反应速度进行操作。即使是最快的打字员，每秒也只能按下一两个键。

4.8.1　键盘

机械计算机键盘由一组按键组成，每个按键都有一个瞬时电子开关。标准的全尺寸键盘有 104 个键，包括方向键、控制键（Home 键、滚动锁等）和数字小键盘。现代键盘通常提供 USB 电缆，通过有线或无线方式可以连接到计算机系统。由于键盘对人机交互的带宽要求非常低，因此一些计算机主板为键盘连接提供了较慢的 USB 2.0 端口，同时为高速外围设备提供了性能更高的 USB 3.0 或更好的接口，这样可以减少主板上元器件的成本。

键盘记录了每个键的按下和释放，所以计算机能够处理同时按下的组合键。例如，按住 a 键的同时按住 Shift 键可产生大写字母 A。

一些计算机和数字设备（例如平板电脑和电话）都提供了触摸屏界面。当这些设备需要文本输入时，系统会在屏幕上显示键盘图案，用户通过触摸字母位置产生按键效果。

机械键盘提供相对更准确的输入，受到需要输入大量文本的用户的青睐。因为触摸屏的表面是完全平坦的，所以不会向用户的手指反馈是否与按键对齐的信息。使用触摸屏键盘会导致对频繁的输入错误。当然，触摸屏键盘不需要为该设备提供机械键盘，这对于便携式设备来说很方便。另外，虽然对于戴着手套的用户而言，触摸屏输入更加困难，但是触摸屏键盘不会有机械键盘中的器件机械故障问题。

4.8.2 鼠标

计算机鼠标是一种手持式设备，可在计算机屏幕上水平或垂直地移动光标指针。用户根据光标指针的位置，按鼠标上的按钮进行操作。现代鼠标通常会提供一个能够沿任一方向滚动的小滚轮，用于执行滚动文本文档等操作。

与键盘一样，鼠标通常以有线或无线的方式通过 USB 连接到计算机。鼠标对带宽的要求很低，USB 2.0 端口即可支持鼠标。

鼠标的操作通常需要在桌面等水平表面进行，以便用户在其上移动鼠标。现代鼠标通常使用光学发射器和传感器来检测整个表面的运动。许多鼠标很难在玻璃桌等高反射性的表面上操作。

从概念上看，轨迹球与鼠标类似，只不过与在表面上移动鼠标不同，它是将球保持在固定位置，允许通过手向任意方向旋转。用户通过向前、向后、向左和向右滚动轨迹球在计算机显示屏上移动光标指针。

鼠标需要表面具有一定的可用面积，而轨迹球不需要，并且轨迹球可以固定在固定位置，这种能力使轨迹球成为地面车辆、轮船和飞机上的计算机站的首选定位设备。

与键盘一样，计算机将每个鼠标按钮的按下和释放看作独立的事件。用户可以利用此功能来按照以下步骤进行操作，例如在屏幕上拖动图标：

1. 将光标指针放在图标上。
2. 按住鼠标左键。
3. 将指针（现在带有图标）移动到新位置。
4. 释放鼠标按钮。

键盘和鼠标一起为大多数计算机用户提供了执行交互任务需要的所有输入功能。

下一节将综合本章介绍的接口，介绍现代计算机主板的规范。

4.9 现代计算机系统规范

到目前为止，读者应该能够说明现代计算机主板、处理器和芯片组的大多数规范。本节提供了当前（截至 2019 年）主板规范的示例，并解释了各自的特点。

计算机主板的设计者必须做出许多决定，例如，特定主板型号中要提供的 PCIe 扩展端口数量、DIMM 插槽数量、USB 端口数量和 SATA 端口数量。这些决定需要根据目标客户，（客户是游戏玩家、企业用户还是对成本敏感的家庭用户）做出。

以下主板（见表 4.4）是技嘉 Z390 的设计，这是一款用于游戏应用程序且支持**超频**（overclocking）等游戏相关技术的高性能主板。超频通过增加处理器和其他系统组件的时钟频率来提高性能。

如果用过高的频率驱动组件，则超频可能会导致散热增加和性能不稳定。

表 4.4　主板规格示例

功　能	规　格	说　明
处理器	LGA（Land Grid Array）1151 插槽与 Intel 第 8 代和第 9 代 i3、i5、i7 或 i9 处理器兼容	LGA 1151 插槽包含 1151 个触点。处理器通过 PCIe 3.0 x16 直接与 GPU 接口和 DDR4 系统内存接口连接

（续）

功 能	规 格	说 明
芯片组	Intel 2390 24 x PCIe 3.0 通道	处理器到芯片组的接口是 4 通道 HSIO 连接，支持 3.93 GB/s 的传输速率。除了处理器为显卡提供的 16 条通道之外，还提供了 24 条芯片组 PCIe 通道
视频输出	1 x HDMI 2 x Thunderbolt 3	Thunderbolt 3 视频输出支持多个以菊花链方式连接的显示器
集成显卡	最大屏幕分辨率 4096×2304 @ 60 Hz	显卡的使用是可选的，可选项含有集成显卡
显卡	1 x PCIe 3.0 x16 插槽	安装 GPU 以获得更高的游戏图形性能
扩展槽	1 x PCIe 3.0 x16 插槽 1 x PCIe 3.0 x8（插槽长度为 x16） 1 x PCIe 3.0 x4（插槽长度为 x16） 2 x PCIe 3.0 x1	x8 插槽与 x16 插槽共享通道，因此最多可使用 16 个通道。x8 和 x4 插槽提供 x16 大小的插槽，但最多只能启用列出的 PCIe 通道数量
系统内存	4 x Dual Channel DDR4 2666 MHz DIMM 插槽，最大可支持 128GB	最多可以安装 4 个 DDR4 模块，每个模块最多有 32 GB，每个通道最多 2 个模块
磁盘接口	2 x M.2 6 x SATA 6Gb/s	M.2 支持更高性能的 SSD，SATA 支持传统磁盘
以太网	2 x 千兆以太网	系统可以同时连接到两个网络
USB/Thunderbolt 3 端口	2 x USB 3.1/ Thunderbolt 3 端口 13 x USB 2.0 至 3.1 端口	将 USB 2.0 用于键盘和鼠标。将 USB 3.1/Thunderbolt 3 用于外部驱动器等快速的外围设备

4.10 总结

本章介绍了计算机内存子系统、MOSFET 和电容器，考察了实现 DRAM 位单元的电路，还回顾了 DDR4 内存模块的体系结构和多通道内存控制器的操作。接着引入了其他类型的 I/O 设备，重点放在高速差分串行接口以及该接口与 PCIe、SATA、USB 和视频接口等的连接中的广泛应用。

本章介绍了非常流行的视频接口标准，包括 VGA、DVI、HDMI 和 DisplayPort；研究了以太网和 Wi-Fi 网络技术；讨论了包括键盘和鼠标在内的标准计算机外围设备接口。本章最后以现代主板为例进行说明，重点介绍了它的一些有趣功能。

学完本章，读者应该从技术规范到电路实现对现代计算机的组件有了一个比较深入的理解。

下一章将继续探讨计算机系统实现的高级服务，例如磁盘 I/O、网络通信以及与用户间的交互。下一章将从处理器指令集和寄存器开始，研究从软件层来实现这些功能，还将覆盖操作系统的几个关键方面，包括启动、多线程和多处理。

4.11 习题

1. 使用两个 CMOS 晶体管构建一个 NAND 门电路。与 NPN 晶体管门电路不同，本电路不需要电阻。

2. 16 Gb 的 DRAM 集成电路具有 2 个输入供存储阵列组选择、2 个输入供存储阵列选择和 17 个行地址输入。该设备的存储阵列的每一行中有多少位？

硬件 – 软件接口

绝大多数计算机软件不是用汇编语言编写的。日常生活中使用的大多数应用程序都是用一种或几种高级语言编写的，使用提前编写好的功能库，程序员在开发过程中再进行扩展。由高级语言及相关库组成的实际编程环境提供了包括磁盘 I/O、网络通信以及与用户的交互等各种服务，这些服务都可以通过编程轻松实现。

本章从设备驱动程序的处理器指令层次开始，介绍实现这些功能的软件层。同时将介绍操作系统的几个关键方面，包括引导、多线程和多处理。

通过学习本章，你将了解操作系统提供的服务、**基本输入输出系统**（Basic Input/Output System，BIOS）和**统一可扩展固件接口**（Unified Extensible Firmware Interface，UEFI）固件中提供的功能。你将学习如何在处理器级别执行线程功能，以及如何在一个计算机系统内协调多个处理器。你还将从执行的第一条指令开始，深入理解引导到操作系统的过程。

本章涵盖以下主题：

- 设备驱动程序
- BIOS 和 UEFI
- 启动过程
- 操作系统
- 进程和线程
- 多处理

5.1 设备驱动程序

设备驱动程序为应用软件提供了一个标准化接口，以便与外围设备进行交互。这就避免了每个应用开发人员需要理解和实现每种设备正确操作所需要的全部技术细节。大多数设备驱动程序允许多个同时执行的应用程序以安全高效的方式与相关外围设备的多个实体交互。

在最低级别的交互中，设备驱动程序代码提供软件指令来管理与外围设备的通信交互，包括处理由设备服务请求生成的中断。设备驱动程序控制由处理器、外围设备，以及处理器芯片组等其他系统组件提供的硬件资源的操作。

在支持特权执行模式的计算机系统中，设备驱动程序通常在一个较高的特权级上运行，这保证了特权级较低的代码无法访问外围接口，同时只允许可信代码与这些接口直接交互。如果未经授权的应用程序代码能够访问外围设备的硬件接口，则导致设备无法正常运行的编程错误将立即影响所有想要使用该设备的应用程序。第 9 章将介绍指令执行流和数据流在非特权用户代码和特权驱动程序代码之间转换的步骤。

从第 3 章可知，访问 I/O 设备的两种主要方法是端口映射 I/O 和内存映射 I/O。虽然内存映射 I/O 在现代计算机中占主导地位，但一些体系结构（如 x86）仍然支持和使用端口映射 I/O。在 x86 系统中，许多现代外围设备都提供了一个将端口映射 I/O 和内存映射 I/O 相结合的接口。

Linux 和 Windows 等现代操作系统上的编程工具，为开发能够使用端口映射 I/O 技术和内存映射 I/O 技术与外围设备进行交互的设备驱动程序提供了资源。在这些操作系统中安装设备驱动程序需要提升权限，但使用驱动程序的用户不需要任何权限。

虽然对于那些不熟悉硬件设备和内部固件的人来说，外围设备的驱动程序可能相当复杂且难以理解，但是一些传统设备相当简单。例如，早期个人电脑上的并行打印机端口也是个人电脑多年来的标准组件。尽管现代计算机很少包含这些的接口，但廉价的并行端口扩展卡仍然可以使用，现代操作系统为这些端口提供了驱动程序支持。电子爱好者经常使用并行端口作为简单的接口，在运行 Windows 或 Linux 的 PC 上使用 5V 的 TTL（Transistor-Transistor Logic，晶体管 – 晶体管逻辑）数字信号与外部电路交互。

下一节将研究并行端口接口的一些设备驱动程序的详细信息。

5.1.1   并行端口

PC 并行打印机端口的编程接口由三个 8 位寄存器组成，这三个寄存器的地址为从 0x378 开始的顺序 I/O 端口号。这个 I/O 端口集合为打印机 1 提供接口，在运行 MS-DOS 和 Windows 的 PC 兼容计算机中将其标识为 LPT1。现代 PC 可能会在 PCI 设备初始化期间将并行端口映射到不同范围的 I/O 端口，但是与早期 PC 相比，接口的操作没有改变。

现代计算机中并行端口的设备驱动程序使用与早期 PC 中相同的指令来执行相同的功能。在本节中，假设打印机端口映射到传统的 I/O 端口范围。

为了与并行端口硬件交互，x86 处理器执行 in（输入）和 out（输出）指令，分别读取和写入 I/O 端口。假设并行端口驱动程序已经安装并初始化，用户应用程序可以调用驱动程序函数来读取并行端口输入线上的数据。驱动程序代码中的以下一对指令读取并行端口的 8 条数据线上的数据，并将所得的 8 位值存储在处理器的 al 寄存器中：

```
mov    edx,0x378
in     al,dx
```

在 x86 汇编语言中，包含两个操作数的指令以（opcode destination, source）的形式编写。本示例使用 al、edx 和 dx 这三个处理器内的寄存器。al 寄存器是 32 位 eax 寄存器的低 8 位。dx 是 32 位 edx 寄存器的低 16 位。此指令序列将立即数 0x378 加载到 edx 寄存器中，然后从 dx 指明的端口将 8 位数值读入 al。

生成上述汇编指令的 C 语言源代码如下：

```
char input_byte;
input_byte = inb(0x378);
```

Linux 操作系统提供了 inb 函数，用于从 I/O 端口执行 8 位输入限操作时。仅当操作系统提升了该代码的权限级别时，该代码才能正常运行。以用户权限运行的应用程序不能正确地执行这些指令，因为此类代码没有对 I/O 端口进行操作的权限。

在高优先级执行的驱动程序称为**内核模式驱动程序**。**内核**是操作系统的核心，是计算机硬件和高级操作系统（如调度程序）之间的接口。

以下代码块将一个字节写入并行端口数据寄存器，从而设置 8 个数字输出信号的状态：

```
mov    edx,0x378
movzx  eax,BYTE PTR [rsp+0x7]
out    dx,al
```

这些指令将 edx 寄存器设置为端口号，然后将堆栈中的变量加载到 eax 中。rsp 是 64 位的堆栈指针。因为该驱动程序运行在 64 位版本的 Linux 上，所以 rsp 是 64 位的。movzx 代表"零扩展移动"，意思是将给定地址 rsp+0x7 的 8 位数据值（BYTE PTR 指定）复制到 32 位 eax 寄存器的低 8 位，并用零填充 eax 寄存器中剩余的 24 位。最后一条指令将 al 中的字节写入 dx 指明的端口号。

生成这些指令的 C 源代码如下：

```
char output_byte = 0xA5;
outb(output_byte,0x378);
```

与 inb 类似，Linux 提供 outb 函数，使设备驱动程序能够将 8 位值写入给定的 I/O 端口。

这个例子演示了在最低级别的设备驱动程序操作中，处理器上执行的软件与外围设备硬件寄存器之间如何进行交互。x86 系统上更复杂设备的驱动程序通常将端口映射 I/O 与内存映射 I/O 结合在一起，使用与内存访问相同的处理器指令对设备接口进行读写访问。

这些示例介绍了在原始并行 PCI 总线体系结构上使用驱动程序访问硬件的方法。下一节将讨论允许传统 PCI 驱动程序继续在基于 PCIe 的现代计算机中正常运行，以便充分利用 PCIe 的高速串行通信技术。

5.1.2 PCIe 设备驱动程序

如第 4 章所述，PCIe 使用高速串行连接方式，在处理器和 PCIe 外围设备之间进行通信。设备驱动程序必须执行哪些步骤才能与这种特殊的硬件交互？简单的答案是，驱动程序不需要做任何特别的事情就可以充分利用 PCIe 的高性能。PCIe 与 20 世纪 90 年代 PC 中使用的并行 PCI 总线软件兼容，因此为 PCI 编写的设备驱动程序在使用串行 PCIe 总线的计算机中能够正常工作。处理器 I/O 指令（in 和 out）和与 PCIe 设备通信所必需的顺序串行数据传输之间的转换任务由处理器中的 PCIe 总线控制器、芯片组和 PCIe 设备以透明的方式完成。

在系统启动期间，或者在正在运行的系统中进行热拔插时，PCI 和 PCIe 设备执行自动配置。热插拔是在通电的系统中安装硬件。

操作系统在配置完成后就可以识别设备接口。PCI 或 PCIe 外围设备与处理器之间的接口可能包括以下通信路径的任意组合：

- 一个或多个 I/O 端口范围
- 一个或多个支持内存映射 I/O 的内存区域
- 与处理器中断处理程序连接

接口配置过程同时适用于 PCI 和 PCIe 驱动程序，使传统 PCI 驱动程序能够在 PCIe 系统中正常工作。当然，并行 PCI 和串行 PCIe 设备之间的物理接口差别很大，因此这些设备本身不能跨总线互换。PCIe 的总线插槽特意与 PCI 插槽不同，以防止 PCI 设备意外插入 PCIe 插槽，反之亦然。

在 PCI 和 PCIe 系统中，进出外围设备的大量数据传输通常依赖于**直接存储器存取**（DMA）技术。在 PCIe 系统中，DMA 操作充分利用了多通道串行连接能够提供的高数据传输速率，以接近每个通道或多通道链路可以支持的最大理论速度在接口上传输数据。在保持设备驱动程序兼容性的同时，用性能更高的 PCIe 多通道串行技术取代了传统的并行总线

PCI 技术，这一技术的发展非常迅速。

5.1.3 设备驱动程序结构

设备驱动程序是实现一组预定义功能的软件模块，使操作系统能够将驱动程序与兼容的外围设备相关联，并对这些设备执行受控的访问。这种方式允许系统进程和用户应用程序在共享设备上执行 I/O 操作。

本节简要概述了 Linux 设备驱动程序必须实现的一些常用函数。下面的 C 语言示例用虚拟设备名 mydevice 作为函数名的前缀。

以下函数执行与驱动程序本身的初始化和终止相关的任务：

```
int mydevice_init(void);
void mydevice_exit(void);
```

操作系统在系统启动时调用 mydevice_init 来初始化设备，如果设备是通过热插拔连接的，则在设备插入时进行初始化。mydevice_init 函数返回一个指示初始化是否成功的整数代码，如果初始化不成功，则返回错误码；如果驱动程序初始化成功，则返回零。

在系统关闭过程中或在系统运行时移除设备等不再需要驱动程序的情况下，将调用 mydevice_exit 释放分配给驱动程序的所有系统资源。

下面一对函数允许系统进程和用户应用程序启动和终止与设备的通信会话：

```
int mydevice_open(struct inode *inode, struct file *filp);
int mydevice_release(struct inode *inode, struct file *filp);
```

mydevice_open 尝试启动对设备的访问，并报告进程中可能发生的任何错误。inode 参数是指向包含访问特定文件或其他设备所需信息的数据结构的指针。filp 参数是指向包含打开文件信息的数据结构的指针。在 Linux 中，所有类型的设备都表示为文件，即使设备本身不是基于文件的。filp 是文件指针（file pointer）的缩写。对该文件执行操作的所有函数都将指向该数据结构的指针作为输入。filp 结构表明文件是以读取、写入、还是读写方式打开的。

mydevice_release 函数关闭设备或文件，并释放在调用 mydevice_open 时分配的所有资源。

成功调用 mydevice_open 后，应用程序代码可以开始对设备进行读写操作。执行这些操作的函数如下：

```
ssize_t mydevice_read(struct file *filp, char *buf,
                      size_t count, loff_t *f_pos);
ssize_t mydevice_write(struct file *filp, const char *buf,
                       size_t count, loff_t *f_pos);
```

mydevice_read 函数对设备或文件进行读操作，并将读取到的数据传送到应用程序内存空间中的缓冲区。count 参数表示请求的数据量，f_pos 表示从文件中开始读取的偏移量，buf 参数是数据的目的地址。实际读取的字节数（可能小于请求的数目）作为函数返回值，数据类型为 ssize_t。

mydevice_write 函数的大部分参数与 mydevice_read 相同，只是 buf 参数声明为 const（常量），其原因是 mydevice_write 从 buf 指示的内存地址读取数据并将数据写入文件或设备。

实现这些功能的一件有趣的事是，特权驱动程序代码无法（或至少在系统允许的情况下不应该）直接访问用户内存，这是为了防止驱动程序代码有意或无意地读写内核空间等不应该访问的内存位置。

为了避免这个潜在的问题，操作系统提供了名为 copy_to_user 和 copy_from_user 的特殊函数，供驱动程序访问用户内存。这些函数在复制数据之前采取必要的步骤来验证函数调用中提供的用户空间地址。

本节简要介绍了设备驱动程序在硬件层执行的操作，并介绍了设备驱动程序的顶层结构。

系统上电期间，在操作系统可以启动和初始化其驱动程序之前，必须运行固件程序以执行低级自检和系统配置。下一节将介绍在计算机上电时首先执行的代码：BIOS。

5.2 BIOS

计算机的 BIOS 包含系统启动时首先执行的代码。在早期的 PC 中，BIOS 提供了一组编程接口，对键盘和视频显示器等外围接口的细节进行了抽象。

在现代 PC 中，BIOS 在启动时执行系统测试和外围设备配置。该过程完成后，处理器无须进一步使用 BIOS 就可以直接与外围设备进行交互。

早期的 PC 将 BIOS 代码存储在主板上的**只读存储器**（ROM）芯片中。该代码已被永久编程，无法更改。现代主板通常将主板 BIOS 存储在可重新编程的闪存中，这样就可以更新 BIOS，从而添加新功能或修复早期固件版本中存在的问题。更新 BIOS 的过程通常称为**刷新 BIOS**。

BIOS 可重新编程的一个缺点是有可能使得恶意代码通过写入 BIOS 闪存而引入系统。一旦这种攻击得逞，恶意代码就会在计算机每次启动时执行。幸运的是，这种攻击非常罕见。

当 BIOS 在系统启动期间取得控制权后，它首先要做的事情之一就是对关键系统组件进行**开机自检**（Power-On Self-Test，POST）。测试期间，BIOS 尝试与键盘、视频显示器和引导设备等系统组件交互，其中引导设备通常是磁盘驱动器。虽然计算机可能包含高性能图形处理器，但 BIOS 在启动期间使用的视频接口通常是仅支持文本显示的简单视频模式。

BIOS 使用视频接口和键盘接口显示系统测试期间检测到的任何错误，允许用户进入配置模式并更改存储设置。BIOS 提供的键盘接口和视频接口可以对尚未包含启动设备的计算机进行初始设置和配置。

当视频显示不能正常工作时，BIOS 将无法显示错误信息。在这种情况下，BIOS 会尝试使用 PC 扬声器的蜂鸣模式来指示错误。主板说明文档会提供关于每种蜂鸣模式代表的错误类型的信息。

根据系统配置，BIOS 或操作系统在系统启动期间管理 PCI 设备的初始化。在成功完成配置后，所有 PCI 设备都被分配了兼容的 I/O 端口范围、内存映射 I/O 范围和中断号。

随着启动的进行，基于 PCI/PCIe 提供的制造商和设备标识信息，操作系统为每个外围设备关联适当的驱动程序。成功关联之后，驱动程序直接与每个外围设备交互，并根据请求执行 I/O 操作。系统进程和用户应用程序调用一组标准化的驱动程序函数来访问设备、执行读写操作以及关闭设备。

BIOS 的一个常见功能是要在可用的存储设备中选择引导顺序。例如，如果驱动器中包含光盘驱动器且其中包含有效的操作系统镜像，则用户可以使用 BIOS 指定光盘为首选的引导方式。如果找不到可引导的光盘，系统可能会尝试从主磁盘驱动器引导。通过这种方式可以按优先级顺序配置多个大容量存储设备。

在启动过程的早期，通过按特定的键（例如，Esc 或 F2）可以访问 BIOS 配置模式。启动时，屏幕上通常会显示要按下的相应键。进入 BIOS 配置模式后，设置选项以菜单形式显示在屏幕上。用户可以在不同的屏幕之间进行选择，以修改与功能相关的参数，例如，修改启动优先级顺序。修改参数之后，会提供一个选项来将修改的结果保存到**非易失性存储器**（Nonvolatile Memory，NVM）中并恢复启动过程。因为对 BIOS 设置进行不适当的更改可能会使计算机无法启动，所以执行此操作时需要非常小心。

自 IBM PC 面世以来，BIOS 实现的功能已经大大增强。然而，随着 PC 体系结构发展为需要支持 32 位操作系统，之后又需要支持 64 位操作系统，传统的 BIOS 体系结构已经无法跟上新的、功能更强的系统需求。主要的行业参与者发起了一项倡议，定义了一个突破BIOS 局限性的系统固件体系结构。这一努力的结果是 UEFI 标准，它取代了现代主板中传统的 BIOS 功能。

UEFI

UEFI 是于 2007 年推出的标准，定义了一个固件体系结构，在实现了传统 BIOS 功能的基础上添加了一些重要的增强功能。与 BIOS 一样，UEFI 包含系统启动后立即执行的代码。

UEFI 支持许多设计目标，包括支持更大的引导磁盘设备（特别是磁盘大小大于 2 TB）、更快的启动时间以及提高启动过程的安全性。UEFI 提供了多种功能，如果能够正确使用这些功能，可以大大降低存储在 UEFI 闪存中的固件被意外或恶意破坏的可能性。

除了实现传统 BIOS 的功能之外，UEFI 还支持以下功能：

- **UEFI 应用程序**是存储在 UEFI 闪存中的可执行代码模块。它能够在操作系统启动之前，提供更加强大的主板配置能力。在某些情况下，它还提供运行时操作系统使用的服务。UEFI 应用程序的一个示例是 UEFI Shell，它提供了一个用于与处理器和外围设备进行交互的**命令行界面**（Command-Line Interface，CLI）。UEFI Shell 支持设备数据查询，并允许修改非易失性的配置参数。GNU **GRand Unified Bootloader**（GRUB）是 UEFI 应用程序的另一个示例。GRUB 通过显示一个菜单来支持多引导配置，在系统启动期间，用户可以从多个可用操作系统映像中选择一个来引导。

- **体系结构无关的设备驱动程序**提供了供 UEFI 使用的与处理器实现无关的设备驱动程序。这使得 UEFI 固件的单一实现可以在 x86 和 ARM（Advanced RISC Machine）处理器等不同的体系结构中使用。与体系结构无关的 UEFI 驱动程序以由处理器专用固件解释的字节码格式存储。通过这些驱动程序，可以在启动过程中实现 UEFI 与显卡和网络接口等外围设备的交互。

- **安全引导**使用加密证书确保在系统启动期间仅执行合法的设备驱动程序和操作系统加载程序。该功能在执行之前验证每个固件组件的数字标识，可防止多种基于固件的恶意软件的攻击。

- **快速引导**通过并行执行 BIOS 中按顺序发生的操作来实现。实际上，由于启动速度太快，以至于许多 UEFI 的实现都不会在引导过程中为用户提供按键选项，因为等待响应会延迟系统启动。Windows 等操作系统通过允许用户在操作系统运行时请求访问

UEFI，然后重新启动以进入 UEFI 配置屏幕，从而设置 UEFI。

UEFI 并不是简单地替换旧 BIOS 的功能，它是一个支持高级功能的微型操作系统，例如，允许远程技术人员使用网络连接来对不能启动的 PC 进行故障排除。

在对 POST 和系统设备进行低级配置之后，根据启动优先级顺序识别出适当的启动设备，系统开始操作系统的引导过程。

5.3 引导过程

根据包含映像的大容量存储设备分区类型的不同，引导系统映像的过程会有所不同。从 20 世纪 80 年代初开始，标准磁盘分区格式被称为**主引导记录**（Master Boot Record，MBR）。MBR 分区有一个位于其存储空间的逻辑起始位置的引导扇区。MBR 引导扇区包含描述设备逻辑分区的信息。每个分区都包含一个由目录和其中的文件组成的树状结构（文件系统）。

由于 MBR 数据结构的固定格式，一个 MBR 存储设备最多可以包含 4 个逻辑分区，大小不能超过 2TB，相当于 2^{32} 个 512 字节的数据扇区。随着商用磁盘大小超过 2TB，这些限制越来越成为问题。为了解决这些问题，随着 UEFI 的发展，技术人员开发了一种新的分区格式，称为 **GUID 分区表**（GPT）（GUID 代表全局唯一标识符），以消除对磁盘大小和分区数量的限制，同时提供一些其他的增强功能。

GPT 格式的磁盘的最大容量为 2^{64} 个 512 字节扇区，可容纳超过 80 亿 TB 的数据。通常配置下，GPT 能为每个驱动器最多提供 128 个分区。每个分区的类型由一个 128 位的 GUID 指示，允许在将来定义无限个新分区类型。大多数用户不需要在一个磁盘上有很多分区，因此 GPT 对用户最明显的好处是支持更大的驱动器。

引导过程在 BIOS 和 UEFI 主板之间存在一些差异。

5.3.1 BIOS 引导

完成 POST 和设备配置后，BIOS 开始引导过程。BIOS 尝试按配置的优先级顺序从第一个设备引导。如果存在一个有效的设备，则固件会从 MBR 引导扇区读取一小段名为引导加载程序（boot loader）的可执行代码，并将控制权交给它。此时，BIOS 固件已执行完成，并且在系统运行期间不再处于活动状态。boot loader 初始化加载并启动操作系统。

如果**引导管理器**与 BIOS 主板一起使用，则 MBR 引导扇区代码必须启动管理器，而不是直接加载操作系统。引导管理器（例如，GRUB）提供一个列表，用户可以从中选择所需的操作系统映像。BIOS 固件本身并不知道多引导情况，启动管理器的操作系统选择过程是在没有 BIOS 参与的情况下进行的。

> **多引导与引导优先级顺序**
>
> 多引导允许用户从菜单中的可用选项中选择所需的操作系统。这与 BIOS 维护的引导优先级列表不同，后者使 BIOS 本身能够选择第一个可用的操作系统映像。

5.3.2 UEFI 引导

在 POST 和设备配置阶段完成后（以与 BIOS 步骤非常相似的方式），UEFI 开始引导过程。在 UEFI 主板中，引导管理器可能会作为 UEFI 引导过程的一部分进行显示。作为 UEFI

固件一部分，UEFI 引导管理器提供了一个菜单，用户可以从中选择所需的操作系统映像。

如果用户在几秒钟内没有从引导管理器中选择操作系统（或者没有显示引导管理器菜单），则 UEFI 将尝试按照配置的优先级顺序从第一个设备进行引导。

UEFI 固件从系统磁盘上的配置区域读取引导管理器可执行代码（与 UEFI 引导管理器分开）和 boot loader 文件，并在引导过程中执行这些文件。

以下屏幕快照显示了存储在 Windows10 系统中的部分系统**引导配置数据**（Boot Configuration Data, BCD）信息。要在计算机上显示此信息，必须以管理员权限从命令提示符运行 bcdedit 命令：

```
C:\>bcdedit

Windows Boot Manager
--------------------
identifier              {bootmgr}
device                  partition=\Device\HarddiskVolume1
path                    \EFI\MICROSOFT\BOOT\BOOTMGFW.EFI
…


Windows Boot Loader
-------------------
identifier              {current}
device                  partition=C:
path                    \WINDOWS\system32\winload.efi
…
```

在本例中，Windows **引导管理器**位于 \EFI\MICROSOFT\Boot\BOOTMGFW.EFI。这个文件通常存储在一个隐藏的磁盘分区上，一般不在目录列表中显示。

Windows boot loader 被标识为 \WINDOWS\system32\winload.efi，位于 C:\Windows\System32\winload.efi。

与个人计算机不同，大多数嵌入式设备使用更简单的引导过程，不涉及 BIOS 或 UEFI。下一节讨论嵌入式设备中的引导过程。

5.3.3　嵌入式设备

大多数嵌入式系统（如智能手机）通常没有 PC 中的 BIOS 或 UEFI 等独立的引导固件。正如我们在 6502 上看到的，这些设备在上电时执行处理器硬件复位操作，并在指定的地址开始执行代码。这些设备中的所有代码通常位于非易失性存储区域（例如，闪存）中。

在启动过程中，嵌入式设备执行一系列与 PC 启动过程类似的事件。第一次使用前会测试外围设备是否正常工作并初始化。这种设备中的 boot loader 可能需要在多个内存分区中进行选择，以识别适当的系统映像。与 UEFI 一样，在引导过程中，嵌入式设备经常包含安全特性，以确保 boot loader 和操作系统映像在允许引导过程继续之前是可信的。

在 PC 和嵌入式系统中，boot loader 的启动都是启动操作系统的第一步。

5.4　操作系统

操作系统是一个多层软件套件，为应用程序提供了一个能够执行文字处理、拨打电话或软件管理等功能的环境。在操作系统中运行的应用程序执行使用处理器指令序列实现的算法，并根据需要与外围设备进行 I/O 交互以完成其任务。

操作系统提供了标准化的编程接口，应用程序开发人员可以使用它们访问系统资源，系统资源包括处理器执行线程、磁盘文件、输入以及输出等。

操作系统可以大致分为实时操作系统和非实时操作系统。

实时操作系统（RTOS）可以确保在指定的时限内对输入进行响应。执行汽车发动机管理或厨房设备操作等任务的处理器通常运行 RTOS，以确保它们控制的电气和机械部件能够及时接收到对任何输入变化的响应。

非实时操作系统不确保在任何特定的时限内对输入进行响应。相反，这些系统试图尽可能快地运行程序，即使有时需要很长时间。

实时操作系统与非实时操作系统

实时操作系统不一定比非实时操作系统快。与 RTOS 相比，非实时操作系统的平均速度可能更快，但非实时操作系统有时可能会超过为 RTOS 指定的时间限制。实时操作系统的目标是永远不超过响应时间限制。

在大多数情况下，Windows 和 Linux 等通用操作系统都是非实时操作系统。它们试图对将文件读入文字处理器或计算电子表格等任务进行调度，以便尽快完成所有任务。但完成一项操作的时间可能会有很大的差异，这取决于系统正在执行的其他任务的特征。

通用操作系统的某些方面（特别是音频和视频输出）有特定的实时性要求。读者可能都见过质量较差的一些视频回放，画面断断续续，显得非常不流畅。发生这种情况的主要原因是系统不能满足视频显示的实时性要求。手机在通话期间对支持双向音频也有类似的实时性要求。

在标准 PC 和嵌入式设备中，无论是实时操作系统还是非实时操作系统，它们往往以相似的步骤顺序启动。boot loader 要么将操作系统内核加载到内存中，要么直接跳转到 NVM 中的一个地址，然后开始执行操作系统代码。

操作系统内核执行以下步骤（但不一定按以下顺序执行）：

- 配置处理器和其他系统设备，包括设置处理器内部所需的寄存器以及芯片组等任何相关的 I/O 管理设备。
- 在使用分页虚拟内存（参见第 7 章）的系统中，内核配置内存管理单元。
- 启动包括**调度程序**和**空闲进程**在内的基本系统进程。调度程序管理进程中线程的执行顺序。空闲进程包含在没有其他线程可供调度程序运行时执行的代码。
- 枚举设备驱动程序并将其与系统中的每个外围设备进行关联。如本章前面所述，为每个驱动程序执行初始化代码。
- 配置并启用中断。一旦启用了中断，系统便开始与外围设备进行 I/O 交互。
- 启动系统服务。这些进程支持非操作系统活动（如联网）和持久安装功能（如 Web 服务器）。
- 对于 PC 类型的计算机，启动一个显示登录屏幕的用户界面进程。该屏幕允许用户启动与计算机的交互会话。在嵌入式设备中，实时应用程序开始执行。简单嵌入式应用程序的基本操作顺序是从 I/O 设备读取输入、执行计算算法生成输出、将输出写入 I/O 设备，并以固定的时间间隔重复此过程。

本节使用进程来表示在处理器上运行的程序。线程表示一个进程中的执行流，一个进程中可以有多个线程。下一节将更详细地研究这些主题。

5.5 进程和线程

许多（但不是所有）操作系统都支持多线程执行。**线程**是逻辑上独立于其他线程执行的程序指令序列。运行在单核处理器上的操作系统会使用**时间切片**方法来并发运行多个线程。

执行时间切片时，操作系统调度程序会为每个准备运行的线程分配一段执行时间。当一个线程执行的时间片结束时，调度程序将中断其执行，并继续执行线程队列中的下一个线程。通过这种方式，调度程序在每个线程返回线程队列的起始并重新开始调度之前，会为其分配一段运行时间。

在能够支持同时运行多个程序的操作系统中，进程指计算机程序的一个运行实例。系统为每个进程分配系统资源，比如，分配内存，或将其加入可执行线程队列。

当进程第一次开始执行时，它只包含一个线程。进程在执行过程中可能会创建更多的线程。程序员创建多线程应用程序有多种原因，包括：

- 一个线程可以执行 I/O，同时另一个线程则可以执行程序的主要算法。例如，当一个线程处于阻塞状态等待用户从键盘输入时，主线程可以用接收到的信息周期性地向用户更新显示。
- 通过将大型计算任务分解成能够并行执行的一组小任务，具有大量计算需求的应用程序可以利用多处理器和多核计算机体系结构。通过将这些较小的任务作为单独的线程运行，调度程序能够分配线程以在多个内核上同时执行。

进程在其生命周期中经历一系列状态，操作系统定义的一些进程状态如下：

- **初始态**：当一个进程第一次启动时，操作系统开始将程序代码加载到内存中，并为其分配系统资源。
- **就绪态**：在进程完成初始化后，它准备运行了。此时，它的线程被分配给调度程序的可运行线程队列。进程保持在就绪态，直到调度程序允许它开始运行。
- **运行态**：线程执行其代码部分包含的程序指令。
- **阻塞态**：当从一个设备请求 I/O 操作而使线程暂停时，线程进入阻塞态。例如，从文件中读取数据通常会导致阻塞。在这种状态下，线程等待设备驱动程序完成对请求的处理。一旦一个正在运行的线程被阻塞，即该线程正在进行 I/O 操作时，调度程序就可以切换到另一个可运行的线程。被阻塞的线程完成 I/O 操作后将返回到调度程序队列中的就绪态，并最终返回到运行态，在此状态下它将处理 I/O 操作的结果。

准备运行的进程依赖于系统调度程序来获得执行时间。调度程序进程负责向所有系统线程和用户线程分配执行时间。

调度器是一个周期性执行的中断驱动例程，它也可以用于响应线程本身的行为，如初始化一个 I/O 操作。在操作系统初始化期间，会向调度程序中断处理程序中添加一个周期性的定时器，并启动该定时器。

当进程处于初始态时，内核会在其运行进程列表中添加一个称为**进程控制块**（PCB）的数据结构。PCB 包含系统在其生命周期内需要维护的信息以及与进程交互所需的信息，包括内存分配和包含其可执行代码的文件的详细信息。进程通常由在其生命周期内保持不变的整数来标识。

在 Windows 中，**资源监控器**（可以通过在 Windows 搜索框中键入 Resource Monitor 并单击标识为 Resource Monitor 的结果来启动该工具）显示正在运行的进程，包括每个进程的**进程标识符**（PID）。在 Linux 中，top 命令显示消耗最多系统资源的进程，并通过其 PID 标识每个进程。

调度器维护与每个线程相关联的**线程控制块**（TCB）中的信息。每个进程都有一个自己的 TCB 列表，其中至少有一个条目。TCB 包含处理器上下文等线程信息。**处理器上下文**是内核用来恢复被阻塞线程执行的信息的集合，包括以下各项：

- 保存的处理器寄存器
- 堆栈指针
- 标志寄存器
- 指令指针

与 PID 类似，每个线程都有一个整数线程标识符，在其生命周期内保持不变。

调度程序使用一种或多种调度算法来确保在系统进程和用户进程之间公平地分配执行时间。抢占式和非抢占式这两种线程调度算法在计算机发展的早期就已经被广泛应用，如下所述：

- **非抢占式调度**给线程分配完全的执行控制权，使它可以运行直到终止，或自愿将控制权释放给调度器，以便其他线程有机会运行。
- 在**抢占式调度**中，调度器有权停止一个正在运行的线程，并将执行控制权交给另一个线程，而无须请求并获得第一个线程的批准。当抢占式调度程序将执行从一个线程切换到另一个线程时，它将执行以下步骤：

1. 如果发生了定时器中断，或者正在运行的线程执行初始化等可以导致阻塞的操作，调度器开始执行。
2. 调度器查询其可运行线程列表，并确定要将哪个线程调度为运行状态。
3. 调度器将要阻塞的线程的处理器寄存器复制到线程的 TCB 的上下文字段中。
4. 调度器将即将转为运行态的线程的上下文加载到处理器寄存器中。
5. 调度器通过跳转到线程的程序计数器所指向的指令来执行新转为运行态的线程。

线程调度的发生频率很高，这意味着调度器中的代码必须尽可能高效。特别是，存储和恢复处理器上下文需要一些时间，因此操作系统设计者竭尽全力来优化调度器的上下文切换代码的性能。

因为在给定时刻可能有许多进程在竞争执行时间，所以调度器必须确保关键的系统进程能够按所需的时间间隔执行。同时，从用户的角度来看，应用程序为长耗时计算任务提供可接受的性能的同时，必须保持对用户输入的响应。

多年来，为了有效地管理这些相互竞争的任务，人们开发了多种算法。大多数线程调度算法的一个关键特性是使用进程优先级。下一节将介绍几种基于优先级的线程调度算法。

调度算法与进程优先级

支持多个进程的操作系统通常提供优先级机制，以确保即使在系统负载很重的情况下，最重要的系统功能也能获得足够的处理时间，同时继续为优先级较低的用户进程提供足够的执行时间。已经开发了几种算法来满足不同类型操作系统的不同性能目标。下面从最简单的算法开始，给出了多年来流行的一些算法：

- **先来先服务**（FCFS）：这种非抢占式方法在传统的批处理操作系统中很常见。在 FCFS 调度算法中，每个进程被分配了执行控制权，并保持控制权直到执行完成。进程没有优先级，任何进程的完成时间取决于输入队列中该进程前面的进程的执行时间。
- **协作多线程**：早期版本的 Windows 和 macOS 使用了一种非抢占式多线程体系结构，该体系结构依赖于每个线程以频繁的间隔自愿地将控制权交给操作系统。应用程序开发人员需要付出巨大的努力，以确保单个应用程序不会因未能按适当的时间间隔释放控制权而使其他应用程序缺乏执行机会。操作系统每次收到控制权时，都会从可运行线程的优先级列表中选择下一个要执行的线程。
- **时间片轮转调度**：抢占式时间片轮转调度程序维护一个可运行线程的列表，并依次为每个线程分配一个执行时间片，在到达线程列表末尾时，再从列表的开头处开始调度。该方法有效且平等地设置所有进程优先级，使每个进程都有机会在指定的时间片内执行，其时间片大小取决于调度程序列表中进程的数量。
- **固定优先级抢占式调度**：在该算法中，每个线程都被分配一个固定的优先级值，以指示其处于就绪态时的执行优先级。当线程进入就绪态时，如果它具有比当前正在运行的线程更高的优先级，则调度程序将立即停止正在运行的线程，并将控制权移交给刚刚进入就绪态的高优先级线程。调度程序按优先级顺序维护就绪进程的列表，最高优先级线程位于最前面。如果较高优先级的线程一直占有控制权，则该算法可能导致较低优先级的线程无法执行。
- **单调速率调度**（RMS）：一种固定优先级抢占式调度算法，常用于具有硬截止时间（硬截止时间是不能错过的）的实时系统。该算法为执行频率更高的线程分配更高的优先级。只要满足几个条件（线程执行时间片等于截止时间；线程之间不可能存在导致交互的延迟；上下文切换时间可以忽略不计），如果每个线程的最大可能执行时间低于计算出来的限制，则可以保证满足截止时间。
- **公平调度**：公平调度尝试最大限度地利用处理器时间，同时确保每个用户都被分配相同的执行时间。每个线程的有效优先级不是由数字优先级确定，而是由其消耗的执行时间确定。当一个线程使用处理器的时间越来越长时，它的优先级会下降，从而使其他线程执行。这种方法的优点是，对于不消耗太多执行时间的交互式用户，提高了系统的响应速度。Linux 内核使用公平调度算法作为其默认调度算法。
- **多级反馈队列**：该算法使用多个队列，每个队列具有不同的优先级。新线程将被添加到最高优先级队列的末尾。在每个调度间隔，调度程序将执行权分给优先级队列开头的线程，并从队列中删除该线程，从而使其余线程更接近执行。最终，新创建的线程得到执行的机会。如果线程消耗了分配给它的所有时间片，它将在时间片结束时被抢占剥夺控制权，并添加到下一个低优先级队列的尾部。Windows 调度程序是一个多级反馈队列。

系统空闲进程包含当没有用户或系统分配的线程处于就绪态时执行的线程。一个空闲进程可以像一条指令一样简单，它形成一个无限循环，并跳转到自身。某些操作系统在空闲期间将系统置于省电模式，而不是执行空闲循环。

通过确定系统在一个测量周期内执行非空闲线程的时间比例，可以计算处于运行态的进程所消耗的处理器时间的百分比。

图 5.1 是一个 Windows 资源监控器视图，显示处于运行态的进程平均占用的处理器时间最高。

图 5.1　Windows 资源监控器进程显示

在图 5.1 中，**PID** 列显示数字进程标识符，**Threads** 列显示进程中的线程数。所有处于**运行态**的进程都会显示。

图 5.2 显示了在 Linux 系统上运行 top 命令的结果。

图 5.2　Linux top 命令进程显示

图 5.2 的上部包含摘要信息，包括处于每个状态的进程（Tasks）数。

图 5.2 的下部的每一行均显示一个运行进程的信息。与 Windows 一样，PID 列指示 PID。每个进程的状态显示在 S 列中，可能有以下值：

- R：可运行的，表示正在运行或处于准备运行（就绪态）的线程队列中。
- S：休眠，被阻塞导致暂停，等待事件完成。
- T：因响应作业控制命令而停止（按 CTRL+Z 键将执行此操作）。
- Z："僵尸"态（Zombie），当另一个进程的子进程终止时发生，但子进程信息将继续由系统维护，直到父进程结束。
- PR：PR 列显示进程的调度优先级。数字越小表示优先级越高。

到目前为止，我们把计算机处理器称为一个实体。在大多数现代 PC 中，处理器集成电路包含两个或多个处理器核心，每个核心实现一个完整且独立的处理器功能，包括一个控制单元、寄存器集和**算术逻辑单元**（ALU）。下一节讨论包含多个处理单元的系统的属性。

5.6 多处理

多处理计算机包含两个或多个同时执行指令序列的处理器。这种系统中的处理器通常共享系统资源，例如，主存储器和外围设备。多处理系统中的处理器可以是相同的体系结构，也可以是不同的体系结构，以支持不同的系统需求。所有处理器都相同的系统称为**对称多处理系统**。在一个集成电路中包含多个处理器的器件称为**多核处理器**。

在操作系统调度程序层面，对称多处理环境仅提供了更多用于线程调度的处理器。在此类系统中，调度器在分配执行线程时将多个处理器视为资源。

在一个设计良好的对称多处理系统中，只要对共享资源的争夺最小，吞吐量就可以接近于与可用处理器内核数呈线性关系的理想状态。例如，如果不同处理器内核上的多个线程试图同时执行对内存的大量访问，由于系统需要对访问资源的请求进行仲裁以便在多个竞争的线程间共享资源，所以性能将不可避免地降低。在这种情况下，**动态随机存取存储器**（DRAM）的多通道接口可以提高系统性能。

对称多处理系统是**多指令多数据**（Multiple Instruction，Multiple Data，MIMD）体系结构的一个例子。MIMD 是一种并行处理模式，其中每个处理器内核都在自己的数据集上执行独立的指令序列。而**单指令多数据**（Single Instruction，Multiple Data，SIMD）并行处理模式同时对多个数据元素执行相同的操作。

现代处理器采用 SIMD 指令对大型数据集（如图形图像和音频数据）执行并行处理。在当前的 PC 中，使用多核处理器可以实现 MIMD 模式的并行执行，而处理器中的专用指令则提供了一定程度的 SIMD 来实现并行执行。SIMD 处理将在第 8 章中进一步讨论。

处理器时钟频率已从最初 PC 的 4.77 MHz 增长到现代处理器的 4 GHz 以上，增长了近千倍。由于基本的物理限制，未来的处理器运行速度增长可能会受到很大的限制。为了补偿通过提升时钟频率来提升性能受到的限制，处理器行业已转向在 PC 系统和智能设备中强调各种形式的并行性。未来的趋势是在 PC、智能手机和其他数字设备中集成的可并行执行的处理器内核数目从数十个增加到数百个，最终增加到成千上万个。

5.7 总结

本章首先简单介绍了设备驱动程序，包括用于读写一个简单 I/O 设备（PC 的并行端口）

的驱动程序代码。接下来讨论了传统的 BIOS 和新型的 UEFI，它们提供了在 PC 上电时首先执行的代码，以执行设备测试、初始化以及操作系统的加载。

接着介绍了操作系统的一些基本元素，包括进程、线程和调度程序，并介绍了过去的计算机和当今系统中使用的各种调度算法，还研究了 Windows 和 Linux 中提供的有关运行进程信息的工具的输出。

本章最后讨论了多处理及其对当今计算机系统的性能影响，以及 MIMD 和 SIMD 并行处理对未来计算的影响。

下一章将介绍专用计算领域及其在实时计算、数字信号处理和**图形处理单元**（GPU）方面的独特处理要求。

5.8　习题

1. 重新启动计算机，然后进入 BIOS 或 UEFI 设置。检查此环境中可用的每个菜单。你的计算机使用的是 BIOS 还是 UEFI？主板是否支持超频？完成后，除非确定要进行更改，否则请选择不保存更改并退出。
2. 在计算机上运行相应的命令以显示当前正在运行的进程。用于运行此命令的进程的 PID 是什么？

专用计算领域

大多数用户都熟知（至少知道一些）个人计算机和智能数字设备的关键性能指标，如处理器速度和随机访问存储器的容量等。本章将介绍普通用户不太熟知的计算领域中的性能需求，这些计算领域包括实时系统、数字信号处理、以及图形处理单元。

本章将研究每个领域独有的计算特征，并介绍一些用于相应领域的现代设备的例子。

通过学习本章，你将了解实时计算的应用领域，并理解 DSP 在无线通信环境中如何支持实时计算。你还将了解现代 GPU 的基本体系结构，并熟悉现代专用计算领域中组件的一些高级实现。

本章涵盖以下主题：

- 实时计算
- 数字信号处理
- GPU 处理
- 专用体系结构的示例

6.1 实时计算

第 5 章根据系统对输入变化的响应能力，简要介绍了实时计算的要求。这些要求以时间期限的形式给出，即系统根据输入变化产生输出所需的时间。本节将更详细地研究这些时间规范，并介绍实时计算系统为满足时序要求而实现的专用功能。

实时计算系统可分为**软实时系统**和**硬实时系统**两类。软实时系统在大多数情况下（但不一定是所有情况下）都满足其期望的响应时间，例如，手机上的时钟显示就是软实时应用程序。在一些实现中，当打开时钟显示时会暂时显示上一次打开时所显示的时间，然后迅速更新为当前的正确时间。当然，用户希望时钟每次都能显示正确的时间，但是通常不会将此类瞬时的小故障视为严重问题。

然而，硬实时系统必须在其时间期限内及时响应，否则该硬实时系统是不合格的。硬实时系统一般应用于对安全要求极其严格的系统，如汽车中安全气囊控制器和商用飞机的飞行控制系统，这些系统对实时性都有严格的要求。硬实时系统的设计人员非常重视时序要求，确保实时处理器在任何情况下都能满足其时序要求。

图 6.1 给出了一个简单的实时系统的控制流。

图 6.1 表示了一个使用硬件定时器控制其操作顺序的实时计算系统，递减计数的定时器将循环执行以下步骤：

1. 将预定义的数值加载到计数寄存器中。

2. 计数器以固定的时钟频率递减。

3. 当计数器减到零时，通过设置寄存器中的一位或发出一个中断来产生一个事件。

图 6.1 实时系统控制流

4. 返回到步骤 1。

根据由石英晶体驱动的系统时钟的精度，定时器产生时间精确的周期性事件序列。在图 6.1 所示的系统中，每个循环从等待定时器事件开始以固定的时间间隔执行。

为了满足硬实时操作的要求，循环内的代码（图 6.1 中的"读取输入""计算输出"和"写输出"模块中包含的代码）的执行时间必须始终小于定时器的时间间隔。谨慎的系统开发人员会确保执行时间小于硬实时限制。一个保守的系统设计规则可能会规定循环内代码的执行时间一般不超过定时器间隔的 50%。

在这种配置下构建的实时系统可以运行主频为数十至数百 MHz 的 8 位、16 位或 32 位处理器。在此类系统的主循环中，用于产生事件的定时器的频率由开发人员决定，通常为 10Hz～1000Hz。

图 6.1 中的代码可直接运行于处理器硬件上，无须软件层干预。此配置不包含第 5 章中所述类型的操作系统。与简单的体系结构相比，一个复杂的实时应用程序通常具有更加广泛的需求，这将使实时操作系统更具吸引力。

实时操作系统

实时操作系统（Real-Time Operating System，RTOS）包含一些类似于第 5 章中讨论的通用操作系统的特征。然而，实时操作系统与通用操作系统在设计上有很大的区别，从内核到设备驱动程序再到系统服务，RTOS 的各个方面都致力于满足严格的实时要求。

大多数 RTOS 采用抢占式多线程，在 RTOS 术语中通常将多线程称为多任务。在 RTOS 中，任务和线程是同义词，因此为了保持一致性，我们用线程来表示 RTOS 任务。

复杂程度较低的 RTOS 设计通常在单个应用程序环境内支持多线程。这些简单的 RTOS 支持线程优先级，但通常缺少内存保护特征。

较复杂的 RTOS 架构提供多个线程优先级，还提供除优先级外的操作系统特征，如内存保护。这些 RTOS 允许多个进程同时处于运行态，且每个进程可能包含多个线程。在受保护的内存系统中，禁止应用程序访问内核内存空间，且应用程序也无法访问彼此的内存区域。许多 RTOS 都支持多核处理器体系结构。

RTOS 环境（无论其复杂程度如何）提供了多种数据结构和通信技术，旨在有效地在线程之间进行数据传输，并支持对共享资源的受控访问。这些特征包括：

- **互斥锁**（mutex，mutual exclusion 的缩写）：在该机制下，一个线程可以在不暂停其他线程执行的情况下访问共享资源。在最简单的实现方式中，互斥锁是一个所有线程均可访问的变量，当资源空闲时其值为 0，而在被占用时其值为 1。当一个线程要使用资源时会读取互斥锁变量的当前值，如果该值为 0，则将变量设置为 1 并使用该资源执行操作。完成该操作后，线程将互斥锁重新设置为 0。然而，互斥锁存在一些潜在的问题：

线程抢占：假设一个线程读取了互斥锁变量，并发现其值是 0。由于调度程序可以随时中断正在执行的线程，因此该线程可能会在将互斥锁设置为 1 之前被中断。由于此时互斥锁变量仍为 0，另一个线程可以开始执行，由于它看到互斥锁变量仍然为 0，所以占有该互斥资源。当原始线程恢复执行后，它将互斥锁设置为 1（尽管到目前为止，它已被设置为 1）。此时，两个线程都错误地认为自己对资源具有独占访问权，这可能会导致严重的问题。

为了避免这种情况，许多处理器都采用**测试并设置**（test-and-set）**指令**，该指令使用不可间断的操作（也成为**原子**操作）从内存地址中读取一个值，并设置该内存单元的值为 1。

在 x86 体系结构中，BTS（bit test and set）指令执行这样的原子操作。在没有测试并设置指令的处理器体系结构（例如 6502）中，为了消除被抢占的风险，可以通过在检查互斥锁变量的状态之前禁用中断，然后在将互斥锁设置为 1 之后重新启用中断。但这种方法也有缺点，禁用中断降低了实时响应能力。

优先级反转：当较高优先级线程尝试获得对资源的访问权，而相应的互斥锁被较低优先级的线程占有时，有可能会发生优先级反转。在这种情况下，RTOS 通常将高优先级线程置于阻塞状态，从而允许低优先级线程完成其操作并释放互斥锁。当优先级位于高低优先级之间的中优先级线程开始执行时就发生了优先级反转问题。在中优先级线程运行时，它阻止低优先级线程执行并释放互斥锁，这时高优先级线程必须等待，直到中优先级线程完成执行为止，从而破坏了整个线程的优先级方案。这可能会导致高优先级线程无法按时完成任务。

防止优先级反转的一种方法是**优先级继承**（priority inheritance）。在采用优先级继承的 RTOS 中，每当较高优先级线程（线程 2）请求由较低优先级线程（线程 1）占有的互斥锁时，线程 1 的优先级就会临时提升到线程 2 的级别。这消除了任何中优先级线程先于低优先级线程执行的可能。当线程 1 释放互斥锁时，RTOS 将恢复其原始优先级。

死锁：当多个线程尝试锁定多个互斥锁时，可能会发生死锁。如果线程 1 和线程 2 都需要互斥锁 1 和互斥锁 2，则可能出现以下情况：线程 1 已经锁定互斥锁 1 并尝试锁定互斥锁 2，与此同时，线程 2 已经锁定互斥锁 2 并尝试锁定互斥锁 1。那么这两个线程都不能从当前状态继续运行，因此称为死锁。一些 RTOS 实现会在尝试锁期间检查互斥锁的所有权，并在产生死锁时报告错误。在较简单的 RTOS 设计中，由系统开发人员确保不会发生死锁。

- **信号量**：信号量是互斥锁的泛化。有两种类型的信号量：二进制和计数。**二进制信号量**与互斥锁相似，不同之处在于，二进制信号量不用于控制对资源的访问，而是旨在由一个任务用来向另一个任务发送信号。如果线程 1 在信号量 1 不可用的情况下尝试获取信号量 1，则线程 1 将阻塞，直到另一个线程或中断服务程序释放信号量 1 为止。

计数信号量包含一个上限计数器，用于控制对多个可互换资源的访问。当线程获得计数信号量时，计数器将递增，线程继续执行。当计数器达到其上限时，再次试图获取信号量的线程将阻塞，直到另一个线程释放了信号量从而使计数器递减。

考虑一个系统，该系统支持数量有限的文件同时打开。计数信号量可用于管理文件打开和关闭操作。如果系统最多支持 10 个打开的文件，某个线程尝试打开第 11 个文件，则计数信号量（限制为 10）将阻止文件打开操作，直到关闭一个打开的文件并且该文件可用为止。

- **队列**：队列（也称为**消息队列**）是进程或线程之间的单向通信路径。发送线程将数据项放入队列，接收线程按顺序依次检索并读取这些数据项。RTOS 在发送方和接收方之间进行同步，因此接收器读取完整的数据项。队列通常使用固定大小的存储缓冲区来实现。如果发送线程产生数据项的速度快于接收线程读取数据项的速度，则缓冲区最终将被填满从而阻止新的数据项进入队列。

RTOS 消息队列为接收线程提供了一个编程接口，以检查队列中是否包含数据。许多队列还支持在数据可用时，通过发送信号量来通知被阻塞的接收线程。

- **临界区**：多个线程通常需要访问共享的数据结构。使用共享数据时，来自不同线程的读取和写入操作在时间上不能重叠。如果发生重叠，读取线程在另一个线程正在进行更新时访问数据结构，则可能会收到不一致的信息。互斥锁和信号量机制可用于控制对此类数据结构的访问。临界区是另外一种方法，该方法对访问共享数据结构的代码进行隔离，并且一次仅允许一个线程执行该代码序列。

实现临界区的一种简单方法是在进入临界区之前禁用中断，并在临界区完成后重新启用中断。这将阻止调度程序运行，并确保线程在访问数据结构时具有唯一的控制权，直到退出临界区为止。这种方法的缺点是，在禁用中断的情况下，阻止了包括线程调度在内的中断的响应，会降低实时响应能力。

一些 RTOS 提供了更复杂的临界区实现技术，包括使用临界区数据对象。临界区对象为向进入临界区的线程提供两种典型的操作，一种是进入阻塞态直到临界区可进入，另一种是不阻塞线程，不断测试临界区是否可用。用于测试临界区是否可用的选项允许线程在等待临界区空闲时执行其他工作。

本节简要介绍了 RTOS 中常见的一些通信和资源管理功能。当今实时计算系统计算机的数量要远远多于 PC 的数量。在每年生产的数字处理器中，通用计算机占比不到 1%。儿童玩具、数字温度计、电视、汽车、航天器等设备中通常含有一个到数十个嵌入式处理器，每个处理器都运行某种类型的 RTOS。

下一节将介绍用于处理模拟信号数字采样的处理体系结构。

6.2 数字信号处理

数字信号处理器（Digital Signal Processor，DSP）经过优化，可以对模拟信号的数字化表示进行计算。音频、视频、手机和雷达等现实世界中的信号本质上是**模拟**信号，这意味着处理的信息是电学传感器对连续变化电压的响应。在数字处理器开始处理模拟信号之前，必须先通过**模数转换器**（Analog-to-Digital Converter, ADC）将信号电压转换为数字表示形式。下面将介绍模数转换器和**数模转换器**（Digital-to-Analog Converter，DAC）。

6.2.1 模数转换器和数模转换器

ADC 测量模拟输入电压，并产生一个表示输入电压的数字输出字。ADC 在转换过程中通常使用内部的 DAC。DAC 执行 ADC 的反向操作，将数字值转换为模拟电压。

在 DAC 应用中可以使用多种电路体系结构，通常是为了降低成本并获得高速度和高精度。R-2R 梯形结构是最简单的 DAC 设计结构之一，此处以 4 位输入的配置显示，如图 6.2 所示。

图 6.2 R-2R 梯形 DAC

该 DAC 使用输入端 $d_0 \sim d_3$ 上的 4 位数据字来生成模拟电压 V_O。如果假设 4 位字 d 的每位以 0 V（逻辑 0）或 5 V（逻辑 1）驱动，则输出 V_O 就等于（$d / 2^4$）×5 V，其中 d 的范围为 0～15。输入为 0 对应的输出为 0 V，输入为 15 对应的输出为（15/16）×5V=4.6875V。

d 的中间值会以相同间隔产生等距的输出电压, 间隔为 (1/16) ×5V=0.3125V。

ADC 可以以这种方式使用内部的 DAC (通常位数更多, 电压分辨率也相应更高) 来确定与模拟输入电压等效的数字值。

由于模拟输入信号会随时间连续变化, 因此在转换过程中, ADC 电路通常通过**采样保持** (sample-and-hold) 电路保持恒定的模拟电压。采样保持电路是具有数字保持输入信号的模拟设备, 当保持输入无效时, 采样保持输出跟随输入电压的变化而变化; 当保持输入有效时, 采样保持电路将接到保持信号时的瞬时输入电压作为该电路的输出电压。

在输入保持恒定的情况下, ADC 通过内部的 DAC 确定与输入电压等效的数字值。ADC 会使用一个**比较器**对两对模拟电压进行比较, 并产生一个数字输出信号来指示哪个模拟电压值比较高。ADC 将采样保持输出电压反馈到比较器的一个输入, 将 DAC 输出反馈到另一个输入, 如图 6.3 所示, 其中 DAC 输入字为 n 位。

图 6.3　ADC 的体系结构

ADC 的工作是确定使比较器改变状态的 DAC 输入字的大小。一种简单的方法是从零开始向上计数, 将每个数字值写入 DAC 输入, 然后检查比较器输出以查看其状态是否改变。初次使比较器改变状态的 DAC 输出是大于采样保持输出电压的最小 DAC 输出电压。实际采样的模拟电压在此 DAC 输出电压和来自小一个数的数据字的 DAC 输出电压之间。这种 ADC 称为**计数器型 ADC**。

尽管在概念上很简单, 但计数器型 ADC 可能会非常慢, 尤其是在字长较大的情况下。一种更快的方法是从最高有效位开始依次比较 DAC 数据字中的每一位。在 4 位的示例中, 从数据字 1000b 开始, 第一个比较器的读数表明模拟输入电压是高于还是低于 DAC 的电压中点。这将确定 ADC 读数的位 d_3 是 0 还是 1。在 d_3 为已知值的情况下, 以同样的方式将 d_2 设置为 1 或 0, 以指示输入电压位于满量程范围的哪四分之一。重复该过程, 顺序地确定每个剩余位的值, 直到确定最低有效位。

这种 ADC 转换技术称为**逐次逼近**。逐次逼近型 ADC 的转换速度比计数器型 ADC 快得多。在这个示例中, 最大可能的比较次数从 16 下降到 4。在 12 位逐次逼近型 ADC 中, 潜在的比较次数从 4096 降至 12。逐次逼近型 ADC 的分辨率为 8 位~18 位, 最大转换速率高达几 MHz。

ADC 和 DAC 的主要性能指标是分辨率和最大转换速率。ADC 或 DAC 的分辨率取决于数据字中的位数。最大转换速率决定了 ADC 或 DAC 产生输出的速度。

为了处理实时数据, ADC 以周期性的时间间隔生成一系列测量值, 作为下一步处理的输入。分辨率和采样率的需求因特定的 DSP 应用程序而异。标准数字化模拟数据格式的一些示例如下：

- 光盘数字音频以 44.1 kHz 的频率进行双通道 16 位采样，两个通道分别对应左右扬声器。
- 摄像机测量二维阵列中每个像素的模拟光强度，并通常将其转换为 8 位宽的数字量。带有彩色滤光片的传感器可以对图像中的每个像素产生红色、绿色、蓝色的测量值。单个像素的完整数据由三个 8 位（总共 24 位）颜色值组成。一幅图像可以包含数千万个像素，摄像机通常每秒产生 30～60 帧。由于数字视频记录产生的数据量巨大，所以通常使用压缩算法来减少存储和传输的需求。
- 手机中包含一个射频收发器，该收发器将接收到的射频信号的频率降低为适合 ADC 的输入频率范围。手机中 ADC 的典型参数是 12 位的分辨率和 50 MHz 的采样率。
- 汽车雷达系统以 5 MHz 的频率对附近障碍物反射的射频能量进行采样，其分辨率为 16 位。

6.2.2　DSP 硬件特性

DSP 对数字化模拟信息的信号处理算法进行了优化。**点积**（dot product）是许多 DSP 算法中基本运算。如果 A 和 B 是两个等长向量（一个**向量**是一维数值数组），将 A 的每个元素与 B 的对应元素相乘，然后求和，就得到了 A 和 B 的点积。在数学上，如果每个向量的长度为 n（索引为 0 到 n-1），则向量的点积如下：

$$A \cdot B = \sum_{i=0}^{n-1} A_i B_i = A_0 B_0 + A_1 B_1 + A_2 B_2 + \cdots + A_{n-1} B_{n-1}$$

点积计算具有重复的性质，这为数字系统中的性能优化提供了途径。点积计算中执行的基本运算称为**乘积累加**（MAC）。

单个 MAC 包括将两个数字相乘并将乘积加到累加器中，在点积计算开始时必须将累加器初始化为零。DSP 芯片的数学性能通常以每秒执行的 MAC 数来衡量。许多 DSP 体系结构能够在每个指令时钟周期执行一次 MAC 运算。

为了在每个时钟周期上执行一次 MAC 运算，DSP 无法只使用一个时钟周期来完成从程序存储器中读取 MAC 指令、从数据存储器中读取每个要相乘的向量元素、计算乘积并将其加到累加器中这一完整过程。所有这些操作必须一步完成。

在第 1 章中介绍的冯·诺依曼体系结构使用单个存储器存储程序指令和数据。这种配置导致了冯·诺依曼结构只能从一个处理器 – 内存接口顺序地传送需要的指令和数据，这种局限性称为**冯·诺依曼瓶颈**。

将程序指令和数据存储分为两个独立的内存区域（每个都有自己的处理器接口）的体系结构可以减轻这种影响，该体系结构称为**哈佛体系结构**。在哈佛体系结构中，允许并行访问程序指令和数据内存，从而使指令能够以较少的时钟周期执行。

具有哈佛体系结构的 DSP 必须执行两次数据内存访问以获得在 MAC 运算中需要相乘的 A 向量和 B 向量中的元素。这通常需要两个时钟周期，无法满足每个时钟周期一次 MAC 的性能目标。**改进型哈佛体系结构**支持使用程序存储器来存储除指令之外的数据。在许多 DSP 应用程序中，点积所涉及的向量（假定为 A 向量）之一的值在编译应用程序时已知为常数值。在改进型哈佛体系结构中，A 向量的元素可以存储在程序存储器中，而 B 向量的元素（表示从 ADC 读取的输入数据）可以存储在数据存储器中。

为了在此体系结构中执行 MAC 运算，从程序存储器中读取 A 向量的一个元素，从数据存储器中读取 B 向量的一个元素，并将累加的乘积存储在内部处理器寄存器中。如果 DSP 中有用于保存程序指令的缓存内存，则一旦从内存中读取了第一个 MAC 运算的指令后，执行点积运算每一步的 MAC 指令将会从缓存中读取，从而避免后面的内存访问。一旦第一个 MAC 完成，此配置（具有程序指令缓存的哈佛体系结构）就可以对点积的所有迭代执行单周期 MAC 运算。由于实际点积计算中涉及的向量通常包含数百甚至数千个元素，所以点积运算的总体性能接近每个 DSP 时钟周期一次 MAC 的理想值。

DSP 可以分为定点体系结构和浮点体系结构。定点 DSP 使用有符号或无符号整数来执行 MAC 等数学运算。定点 DSP 通常比浮点 DSP 成本更低。但是，定点运算可能会出现溢出等问题，从而导致结果超出点积累加器所能表示的范围。

为了降低溢出的可能性，DSP 通常使用扩展的累加器，在 32 位的体系结构中，有时用 40 位宽来支持长向量上的点积。由于定点数学运算有溢出和相关的问题，所以对定点 DSP 进行编程需要考虑更多，以确保不会出现不可接受的性能下降。

浮点 DSP 通常使用 32 位宽的格式执行内部计算。一旦 DSP 接收到 ADC 读数，便使用浮点运算执行后续的运算。利用浮点运算可以大大减少发生溢出等问题的可能性，从而缩短软件开发周期。

与等效的定点实现方式相比，浮点运算还通过提高**信噪比**（Signal-to-Niose Ratio, SNR）来提高计算结果的保真度。定点运算在整数的最低有效位级别量化每个数学运算的结果。浮点运算通常会将每个运算的准确结果精度保持在相应定点最低有效位的一小部分。

6.2.3 信号处理算法

基于对 DSP 硬件及其支持的操作的了解，接下来我们将学习一些实际应用中的数字信号处理算法。

1. 卷积

卷积是在形式上与加法和乘法相同的数学运算。与加法和乘法进行数字运算不同，卷积对信号进行运算。在 DSP 中，信号是按相同时间间隔对随时间变化的输入进行采样得到的一系列数字值。卷积是数字信号处理领域中最基本的操作。

在许多实际应用程序中，卷积运算中涉及的一个信号是 DSP 存储器中的数字向量，另一个信号是源自 ADC 测量的一系列采样值。为了实现卷积运算，在接收到每个 ADC 测量值时，DSP 计算一个更新后的输出，该输出是固定的数据向量（假设该向量的长度为 n）与从 ADC 接收到的最新 n 个输入采样的点积。为了计算这些向量的卷积，DSP 每次接收到 ADC 样本时必须执行 n 次 MAC 运算。

在此示例中使用的固定向量为 h，称为**脉冲响应**。数字脉冲定义为理论上无限的样本序列，其中一个样本为 1，其前后的样本均为 0。使用此向量作为与向量 h 的卷积的输入，将产生与序列 h 相同的输出，前后由零包围。在连续迭代中，脉冲序列中的单个 1 值乘以 h 中的每个元素，而 h 中的所有其他元素乘以 0。

向量 h 中包含的特定值决定了卷积运算对输入数据序列的影响。数字滤波是卷积的一种常见应用。

2. 数字滤波

频率选择滤波器（frequency selective filter）是一种能够将输入信号在某一频率范围内的

分量不失真地传送到输出的电路或算法，在此过程中，将其他范围的频率分量消除或衰减到可接受的水平。

音频娱乐系统中对低音和高音的控制就是频率选择滤波器的应用示例。低音功能实现了可变增益**低通滤波器**，即对音频信号进行滤波以选择音频信号的低频部分，并将此滤波后的信号馈送到放大器，放大器根据低音控制的位置改变其输出功率。高音部分的实现类似，使用**高通滤波器**选择音频信号的高频部分。对这些放大器的输出进行合并，以产生发送到扬声器的信号。

频率选择滤波器可以采用模拟技术或数字信号处理技术来实现。简单的模拟滤波器很便宜，只包含几个电路元件。但是，这些滤波器的性能尚待提升。

频率选择滤波器的关键参数包括**阻带抑制**和**过渡带**宽度。阻带抑制表示滤波器消除输出中不相关频率的能力。通常，滤波器不会全部消除不相关的频率，但是出于实用性的目的，可以将这些频率消除到不影响结果的水平。滤波器的过渡带描述了通带和阻带之间的频率跨度。**通带**是要通过滤波器的频率范围，**阻带**是要被滤波器阻止的频率范围。通带和阻带之间没有完全清晰的边缘。通带和阻带之间需要一定的间隔，并且要使从通带到阻带的过渡带尽可能窄，这需要更复杂的滤波器。

可以使用一组精心选择的 h 向量值，通过卷积运算实现一个数字频率选择滤波器。通过适当选择 h 中的元素，可以设计高通、低通、带通和带阻滤波器。如前所述，高通和低通滤波器分别通过高频和低频信号，同时阻塞其他频率。**带通滤波器**仅允许通过指定范围内的频率，并阻止该范围外的所有其他频率。**带阻滤波器**通过除指定范围的频率之外的所有频率。

高性能频率选择滤波器的目标是使通带中的信号失真最小，在阻带中提供有效的频率阻塞，并使其过渡带尽可能窄。高性能模拟滤波器可能需要复杂的电路设计以及昂贵的精密组件。

另外，高性能数字滤波器仍然只是一种卷积运算。要实现具有最小通带失真和窄过渡带的高性能低通滤波器的数字电路，可能需要一个很长的 h 向量，该向量可能包含数百个甚至数千个元素。实现这样的数字滤波器需要高效的 DSP 资源，以及能够满足滤波器工作频率要求的 MAC 操作。

3. 快速傅里叶变换

傅里叶变换是以法国数学家让·巴蒂斯特·约瑟夫·傅里叶（Jean-Baptiste Joseph Fourier）命名的，将时域信号分解为频率和振幅不同的波和余弦波的集合。可以通过**逆傅里叶变换**过程将这些波叠加在一起来重建原始信号。

DSP 对以固定间隔采样的时域信号进行操作。因此，傅里叶变换的 DSP 实现称为**离散傅里叶变换**（DFT）。通常，DFT 将函数的 n 个等距时间样本序列转换为 n 个 DFT 样本序列，其频率间隔相等。每个 DFT 样本都是一个由实部和虚部组成的**复数**。**虚数**的平方为负数。

本书不深入研究虚数（也称为复数）的数学知识。查看表示 DFT 频率分量（称为**频率仓**，frequency bin）的复数的另一种方法是，将复数的实部视为在仓频率（bin frequency）处的余弦波的乘数，而将虚部视为在相同频率处的正弦波的乘数。对频率仓的余弦波分量和正弦波分量求和会产生该 DFT 频率仓的时域表示。

对于长度为 n 的序列，DFT 算法最简单的实现是两层嵌套循环，其中每个循环都迭代 n 次。如果需要增加 DFT 的长度，则数学运算的数量将增加 n 的平方次。例如，要对一个长度为 1000 个样本的信号进行离散傅里叶变换，则需要超过执行一百万次运算。

1965 年，IBM 的 James Cooley 和普林斯顿大学的 John Tukey 发表了一篇论文，给出了一种更高效的 DFT 算法实现，该算法后来被称为 FFT（快速傅里叶变法）。他们描述的算法最初是由德国数学家卡尔·弗里德里希·高斯（Carl Friedrich Gauss）于 1805 年前后发明的。

FFT 算法将 DFT 分解为较小的 DFT，较小的 DFT 的长度可以相乘在一起以形成原始 DFT 的长度。当 DFT 长度是 2 的幂时，FFT 算法是最高效的，因为这样通过 DFT 长度中的每个因子 2 进行递归分解。一个 1024 点 FFT 仅需要几千次运算，而两层嵌套循环的 DFT 实现则需要超过一百万次的运算。

当 FFT 与 DFT 的输入相同，并产生与 DFT 相同的输出时，FFT 的速度更快。

FFT 在信号处理的许多实际应用中使用。以下是一些应用示例。

- **频谱分析**：DFT 在时域信号上的输出是一组复数，代表在表示信号的频率范围内正弦波和余弦波的振幅。这些振幅直接表示哪些频率分量大量存在于信号中，哪些频率贡献较小，哪些频率是可以忽略的。

   频谱分析用于音频信号处理、图像处理和雷达信号处理等应用。**频谱分析仪**（实验室仪器）通常用于测试和监视射频系统，例如，无线电发射器和接收器。频谱分析仪会显示随周期更新的图像，该图像表示从其信号的 FFT 得出的输入信号的频率上下文。

- **滤波器组**：滤波器组是一系列单独的频率选择滤波器，每个滤波器包含一个单独的滤波频带。组中的全套滤波器覆盖了输入信号的整个频率范围。高保真音频应用程序中使用的**图形均衡器**就是一个滤波器组。

   基于 FFT 的滤波器组可用于分解具有多频率的数据通道，这些数据通道可由单个组合信号发送。在接收端，FFT 将接收到的信号分成多个频带，每个频带包含一个独立的数据通道。每个频带中包含的信号都经过进一步处理以提取其数据内容。

   基于 FFT 的滤波器组在宽带数字数据通信服务（如数字电视和 4G 移动通信）的无线电接收器中非常常见。

- **数据压缩**：可以通过执行 FFT 并丢弃不重要的频率分量来压缩信号，以减小其数据大小。余下的频率分量形成较小的数据集，可以使用标准化编码技术对其进行进一步压缩。

   因为输入信号中的某些信息会丢失，所以该方法称为**有损压缩**。与**无损压缩**相比，有损压缩通常具有更大的信号压缩率。在任何数据都不能丢失的情况下需要使用无损压缩算法，例如，压缩计算机数据文件。

- **离散余弦变换**（DCT）：DCT 在概念上与 DFT 相似，只是 DFT 将输入信号分解为一组正弦函数和余弦函数，而 DCT 将输入信号仅分解为余弦函数，每个余弦函数均乘以实数，可以通过与 FFT 相同的加速技术来加速 DCT 的计算。

在许多数据压缩应用程序中，DCT 具有非常好的属性，与其他算法（例如，DFT）相比，DCT 的大多数信号信息都以较小的 DCT 系数表示。这允许丢弃大量次要的频率分量，从而提高数据压缩率。

基于 DCT 的数据压缩应用于许多应用领域，例如，MP3 音频、**JPEG**（Joint Photographic Experts Group）图像和 **MPEG**（Moving Picture Experts Group）视频等用于计算机用户和音频 / 视频娱乐消费者日常交互的领域。

DSP 最常用于涉及一维和二维数据源的应用程序。音频信号和移动电话无线电收发器接收的射频信号是一维数据源。一维信号数据在每个时间点可能由几个输入通道中的采样值组成。

照片图像是二维数据，根据图像的宽度和高度（以像素为单位）及其像素位数来描述二维图像。图像中的每个像素都通过水平和垂直空间偏移与周围像素分开。图像中的每个像素都在同一时间点采样。

运动视频代表三维信息。定义视频片段的一种方法是将二维图像序列按固定的时间间隔顺序显示。尽管传统的 DSP 经过优化可用于单幅图像的二维数据处理，但它们在以高更新速率处理连续图像方面并不理想。下一节将介绍 GPU，GPU 是经过优化的处理器，用于处理视频合成和显示的计算要求。

6.3 GPU 处理

GPU 是经过优化的数字处理器，用于执行与屏幕上的图形图像相关的数学运算。GPU 的主要应用是播放视频记录和创建三维场景的合成图像。其性能根据屏幕分辨率（图像的像素宽度和高度）和图像更新速率（以每秒的帧数为单位）进行测量。视频回放和场景生成是硬实时过程，其中任何未能及时进行的更新都可能被用户视为不可接受的图形卡顿。

与摄像机一样，GPU 通常将每个像素表示为三个 8 位颜色值，分别表示红色、绿色和蓝色的强度。通过适当组合这三种颜色中每种颜色的值，可以生成任何颜色。在每个颜色通道中，0 表示无颜色，而 255 表示最大强度。黑色由三元色（红色，绿色，蓝色）=（0，0，0）表示，白色则由（255，255，255）表示。使用 24 位色彩数据，可以表示超过 1600 万种颜色。通常，相邻的 24 位颜色值之间的粒度比人眼所能分辨的还要细。

在现代 PC 中，GPU 功能可以通过多种配置使用：

- 可以在 PCIe 插槽中安装 GPU 卡。
- 系统可以使用 GPU 作为主处理器板上的一个或多个独立的集成电路。
- GPU 可以内置到主处理器的集成电路中。

最强大的消费类 GPU 以 PCIe 扩展卡实现。这些高端 GPU 包含专用图形内存以及与主系统处理器（通常为 PCIe x16）快速通信的路径，用于接收场景命令和数据。一些 GPU 设计在一个系统中支持使用多个相同的扩展卡来为单个图形显示生成场景。该技术通过一套高速通信总线将多个 GPU 进行互连。在系统中使用多个 GPU 可以有效地提高图形处理的并行度。

GPU 利用**数据并行性**对向量数据同时执行相同的计算，从而生成相应的输出向量。现代 GPU 支持数千个同时执行的线程，从而能够以每秒 60 帧（或超过 60 帧）的速度渲染包含数百万个像素的复杂三维图像。

典型 GPU 的体系结构由一个或多个多核处理器组成，每个处理器都支持数据并行算法的多线程执行。GPU 处理器和图形内存之间的接口经过优化，可以提供最大的数据吞吐量，而不是试图最大限度地减少访问延迟（这是主系统内存的设计目标）。GPU 可以牺牲一定程度的延迟性能来实现 GPU 与其专用内存之间的峰值流速率，因为最大化吞吐量可以实现最高的帧更新率。

在不需要极致的图形处理能力的计算机系统中，将一个低端 GPU 嵌入主处理器上形成一个芯片，是一种低成本并且更易于被接受的配置。然而与高端 GPU 相比，集成 GPU 能够播放流式视频，只能提供有限的三维场景渲染功能。

这些集成的 GPU 无须使用专用的图形内存，而是将系统内存的一部分用于图形渲染。这样会导致性能下降，但此类系统可以为大多数家庭和办公场景提供足够的图形性能。

便携式电话和平板电脑等智能设备中也包含 GPU，与大型的计算机系统一样，它们提供相同的视频播放和三维场景渲染功能。小物理尺寸和功耗约束必然会限制便携式设备 GPU 的性能。尽管如此，现代智能手机和平板电脑完全能够播放高清流视频并渲染复杂的游戏图形。

GPU 作为数据处理器

多年来，GPU 体系结构经过专门的设计，可以满足实时三维场景渲染的计算需求。最近几年，用户和 GPU 供应商越发意识到，这些设备实际上是适合在更广泛的应用程序中使用的小型超级计算机。现代 GPU 提供的浮点执行速度可以达到每秒数万亿次浮点运算（teraflops）。截至 2019 年，高端 GPU 配置提供了数十 teraflops 的浮点性能，在执行数据并行数学算法时比标准台式计算机快数百倍。

利用高端 GPU 的强大并行计算能力，供应商已经开始提供编程接口和扩展的硬件功能，以实现更通用的算法。当然，即使进行了增强以支持通用计算需求，GPU 也仅在加速能够开发数据并行的算法方面真正有效。

一些适合 GPU 加速的应用领域有：

- **大数据**：在气候建模、遗传图谱、业务分析和地震数据分析等应用中，共性问题是需要尽可能高效地分析大量数据，数据量通常是 TB 或 PB（1 PB 是 1024 TB）级别的。在许多场景中，这些分析算法会在大型数据集上进行迭代，以在最初似乎完全无关的样本中寻找变化趋势、相关性以及更复杂的联系。

    由于这种分析需要大量的执行时间，因此人们认为以通常的粒度分析这些数据集是不可行的。但是，如今许多大数据应用程序通过结合使用 GPU 处理，在包含多个互连 GPU 卡的机器上将问题分散到云环境中的多个计算机系统上，都在可接受的时间范围内得到了结果。与超级计算系统的历史成本相比，当今使多台计算机（每个计算机包含多个 GPU）在一个巨大的数据集中执行高度并行的算法的成本非常低。

- **深度学习**：深度学习是**人工智能**（Artificial Intelligence，AI）的一类，使用人工神经元的多层网络来模拟人脑的基本操作。生物**神经元**是处理信息的一种神经细胞。神经元通过**突触**相互连接，并使用电化学脉冲相互传递信息。在学习过程中，人脑会调整神经元之间的连接，对正在学习的信息进行编码供以后检索。人脑包含数百亿个神经元。

人工神经网络（Artificial Neural Network，ANN）使用神经元行为的软件模型来模仿人脑学习和检索过程。每个人工神经元都从许多其他神经元接收输入，并计算出一个数字输出。一些神经元直接由要处理的输入数据驱动，而其他一些神经元则产生输出，这些输出作为 ANN 的计算结果。神经元之间的每个通信路径都有一个与之相关的权重，它与沿该路径传播的信号强度相乘。神经元的数字输入是它接收到的输入信号的总和，每个信号都乘以相关路径对应的权重。

神经元使用**激活函数**来计算其输出。激活函数可以确定每个神经元被其输入"触发"的程度。

图 6.4 表示单个神经元的示例，该神经元将来自其他三个神经元（N_1-N_3）的输入乘以

权重（w_1-w_3）的结果相加。和（sum）传递到激活函数 F(x)，该函数产生神经元的输出信号。在此示例中，三个输入的使用是任意的。在实际应用中，每个神经元都可以从其他神经元接收输入。

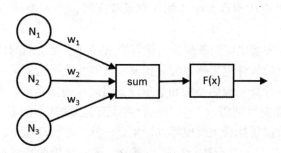

图 6.4　一个神经元从其他三个神经元接收输入

ANN 是按层组织的，其中第一层称为**输入层**，其后是一个或多个内部层（称为**隐藏层**），然后是**输出层**。一些 ANN 按照数据流顺序从输入层到输出层进行排列，称为**前馈网络**，也有 ANN 提供从某些神经元到前一层神经元的反馈，称为**循环网络**。

图 6.5 展示了一个简单的前馈网络示例，该网络具有三个输入神经元、四个神经元组成的隐藏层和两个输出神经元。此网络的神经元完全连接，这意味着输入层和隐藏层中的每个神经元都连接到下一层中所有神经元。此图中未显示连接权重。

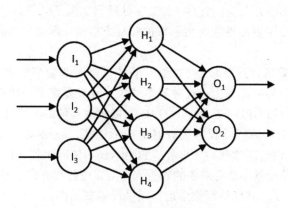

图 6.5　一个三层前馈网络

训练 ANN 包括调整神经元之间的加权连接，以便对一组特定的输入数据产生所需的输出。通过使用适当的学习算法，可以使用由大量输入数据对应的正确输出组成的数据集对 ANN 进行训练。

训练大型复杂的人工神经网络以执行驾驶汽车或下棋等复杂任务需要从非常大的数据集中进行大量的训练迭代。在训练过程中，每次迭代都会对网络中的权重进行微调，从而将网络缓慢地更新到收敛状态。一旦完全收敛，就可以认为该网络已训练好，可以对新的输入生成相应的输出。换句话说，网络将其在训练中学习到的信息进行提取，并应用于新场景。

ANN 的并行特性特别适合 GPU 处理。人脑实际上是具有数十亿个独立处理单元的大规模并行计算机。这种形式的并行性是在 ANN 训练阶段开发的，通过并行执行与多个人工神经元相关的计算来加速网络的收敛。

下一节我们将基于本章介绍的体系结构概念介绍一些计算机系统类型。

6.4 专用体系结构示例

本节研究了一些以应用程序为中心的计算系统配置，并着重介绍了每种设计的特殊要求。研究的配置如下：

- **云计算服务器**：许多供应商都提供可供客户通过互联网访问的计算平台。这些服务器允许用户将自己的软件应用程序加载到云服务器并执行任何类型的计算。通常，这些服务根据使用的计算资源的类型和数量以及时间长短向客户收费，不使用则不收费。

  面向更高端向性能需求，多台包含多个互连 GPU 卡的服务器可以组织在一起，协同对庞大的数据集执行大规模浮点密集型计算。在云环境中，将计算分解成在多个支持 GPU 的服务器上并行执行的较小部分，通常比较简单且成本低廉。组织（或者资金有限的个人）也可以使用云环境的计算能力。而直到几年前，只有政府、大型企业和研究型大学等部署计算设施的拥有者才能独享这类计算能力。

- **商务桌面计算机**：商务信息技术经理致力于以最低成本为员工提供完成工作所需的计算能力。尽管他们的计算机系统需要支持显示员工培训视频等的视频演示要求，但大多数办公室工作人员并不需要出色的图形性能或计算性能。

  对于企业用户而言，集成到现代处理器中的 GPU 通常绰绰有余。企业可以以合理的价格购买包含性能尚可、带有集成显卡的处理器的计算机系统。这些系统为现代操作系统和标准办公应用程序（如文字处理器、电子邮件和电子表格）提供全面支持。如果需要使用更高性能的图形来扩展系统功能，则在扩展插槽中安装 GPU 即可直接升级。

- **高性能游戏计算机**：运行最新 3D 游戏的计算机游戏爱好者需要极高的 GPU 性能，才可以达到以最高帧速率生成高分辨率场景。游戏爱好者一般都愿意购买功能强大、耗电且价格昂贵的 GPU（甚至多个 GPU），以实现最佳的图形性能。

  高性能游戏计算机不仅需要较好的图形性能，还必须具有快速的系统处理器。处理器和 GPU 通过高速接口（通常是 PCIe x16）协同工作，以确定场景观察者的位置和视角，以及场景中所有对象的数量、类型、位置和方向。系统处理器将这些几何信息传递给 GPU，GPU 执行数学运算以呈现逼真的图像。该过程必须以足够的速率重复进行，才可以流畅地呈现复杂、快速变化的场景。

- **高端智能手机**：智能手机结合了高性能计算和图形显示功能，并严格限制了产生的功耗和热量，用户希望在游戏和视频显示中能够呈现快速、流畅、生动的图像，但他们无法忍受以电池寿命过短或触摸起来很烫为代价来实现这些性能。

现代手机显示屏包含数百万个全彩色像素、高达 12 GB 的随机存取存储器，并支持高达 1 TB 的闪存。这些手机通常配有两个高分辨率摄像头（一个在前面，一个在后面），能够捕获静态图像，也可以录制视频。高端手机通常包含具有集成 GPU 的 64 位多核处理器，以及旨在实现节能与高性能的各种功能。

智能手机体系结构包含 DSP，以执行在电话呼叫期间对语音音频进行编码和解码的任务，或者处理各种无线电收发器中已接收和已发送的射频信号。典型的手机支持数字蜂窝服务、Wi-Fi、蓝牙和**近场通信**（Near-Field Communication，NFC）。现代智能手机是功能强大且连接良好的计算平台，并对电池供电进行了优化。

本节讨论了仅代表计算机技术当前和未来应用的部分计算机系统体系结构。无论是应用于办公、智能手机还是交通工具，计算机系统在系统设计和实现过程中都会应用同一套通用体系结构原理。

6.5 总结

本章研究了几个专用的计算领域，包括实时系统、数字信号处理和 GPU 处理。完成本章后，在现代计算机的游戏、语音通信、视频显示以及类似超级计算机的 GPU 等应用中，读者应该更加熟悉其中的实时操作、模拟信号处理以及图形处理等功能。这些功能是对中央处理器（无论是在云服务器、台式机还是智能手机中）执行核心计算任务的重要扩展。

下一章将更深入地研究现代处理器体系结构，特别是冯·诺依曼体系结构、哈佛体系结构和改进型哈佛体系结构。同时还将介绍分页虚拟存储器（PVM）的使用以及通用内存管理单元的功能和特性。

6.6 习题

1. **速率单调调度**（RMS）算法用于在周期性执行的抢占式、硬实时应用程序中为线程分配优先级。RMS 将最高优先级分配给执行周期时间最短的线程，将第二优先级分配给执行时间第二短的线程，以此类推。RMS 系统是可调度的，这意味着如果满足以下条件，则可以保证所有任务都按时完成（假设线程间没有交互或其他中断导致的延迟处理等事件）：

$$\sum_{k=1}^{n} \frac{C_i}{T_i} \leq n\left(2^{1/n} - 1\right)$$

该公式表示 n 个线程可以消耗的最大可用处理时间比例。在公式中，C_i 是线程 i 所需的最大执行时间，而 T_i 是线程 i 的执行周期。

由以下三个线程组成的系统是否可调度？

线 程	执行时间（C_i），ms	执行周期（T_i），ms
线程 1	50	100
线程 2	100	500
线程 3	120	1000

2. 一维离散余弦变换的常用公式如下：

$$X_k = \sum_{n=0}^{N-1} x_n cos\left[\frac{\pi}{N}\left(n + \frac{1}{2}\right)k\right]$$

在该公式中，DCT 系数索引 k 由 0 变化到 $N-1$。

编写一个计算以下序列 DCT 的程序：

$$x = \{0.5,\ 0.2,\ 0.7,\ -0.6,\ 0.4,\ -0.2,\ 1.0,\ -0.3\}$$

公式中的余弦项仅取决于索引 n 和 k，而与输入数据序列 x 无关，这意味着余弦项可以只计算一次并作为常量存储以备后面使用。使用该步骤作为准备工作，每个 DCT 系数的计算将简化为一系列 MAC 操作。

该公式表示未经优化的 DCT 计算形式，需要使用 MAC 运算进行 N^2 次迭代才能计算所有 N 个 DCT 系数。

3. 双曲正切函数通常在 ANN 中用作激活函数。双曲正切函数定义如下：

$$\tanh(x)=\frac{e^x-e^{-x}}{e^x+e^{+x}}$$

给定一个神经元，其输入来自前面的三个神经元，如图 6.4 所示，使用以下的神经元输出和权重，以双曲正切作为激活函数 F(x) 计算神经元的输出。

神经元	神经元输出	权　重
N₁	0.6	0.4
N₂	−0.3	0.8
N₃	0.5	−0.2

第二部分

Modern Computer Architecture and Organization

处理器体系结构和指令集

本部分将研究现代计算机处理器的体系结构和指令集，并详细介绍先进的 RISC-V 指令集体系结构。

本部分包括第 7~11 章。

Modern Computer Architecture and Organization

处理器和存储器体系结构

本章将更深入地研究现代处理器体系结构，特别是冯·诺依曼体系结构、哈佛体系结构、改进型哈佛体系结构，以及每种体系结构适用的计算领域。本章也会介绍在消费类应用、商业计算以及便携式智能设备中广泛使用的分页虚拟内存的概念和优点，还会在Windows NT 和更高版本的 Windows 等实际环境中研究内存管理的细节。最后将讨论内存管理单元的特性和功能。

通过学习本章，读者可以掌握现代处理器体系结构的关键特征、物理内存和虚拟内存的使用，还将理解内存分页的优点和内存管理单元的功能。

本章涵盖以下主题：

- 冯·诺依曼体系结构、哈佛体系结构、改进型哈佛体系结构
- 物理内存和虚拟内存
- 分页虚拟内存
- 内存管理单元

7.1 技术要求

习题答案可以通过访问以下网址获得：https://github.com/PacktPublishing/Modern-Computer-Architecture-and-Organization。

7.2 冯·诺依曼体系结构、哈佛体系结构、改进型哈佛体系结构

前面我们已经对冯·诺依曼体系结构、哈佛体系结构和改进型哈佛体系结构的历史和现代应用进行了简单介绍。本节将更加深入地研究这些体系结构，并介绍每种体系结构适用的计算领域。

7.2.1 冯·诺依曼体系结构

冯·诺依曼体系结构是约翰·冯·诺依曼于 1945 年提出的。这种处理器结构由一个控制单元、一个算术逻辑单元、一个寄存器集和一个包含程序指令和数据的存储器组成。冯·诺依曼体系结构和哈佛体系结构最主要的区别在于冯·诺依曼体系结构使用单个内存空间存放程序指令和数据，这对于程序员来说编程相对简单，对于电路设计者来说实现相对容易。

图 7.1 给出了冯·诺依曼体系结构。

虽然单一内存架构的方法简化了早期处理器和计算机的设计，但是程序和数据共享内存为系统性能以及近年来日益严重的安全问题带来了很大的挑战。下面是一些重要的问题。

- **冯·诺依曼瓶颈**：在处理器和主内存之间使用单一接口来频繁地访问指令和数据，通常需要多个内存周期才能获得一条指令及其所需的数据。因为在某些情况下，在一次内存访问中立即数与操作码一起被载入，所以对于立即数紧跟在其指令操作码之后的

情况，可能几乎不受存储瓶颈的影响。但是大多数程序会花费大量时间来处理在内存中与程序指令分开存储的数据。在这种情况下，需要多次内存访问操作才能获得操作码和需要的数据。

图 7.1　冯·诺依曼体系结构

我们在第 8 章中将详细介绍使用高速缓存存放程序指令和数据可以明显减少这一瓶颈的限制。但是当处理的代码和数据的量超过高速缓存大小时，缓存的优势就会降低。无法避免的事实是，将代码和数据放在同一内存中并且通过共享的通路连接到处理器，有时会限制系统性能。

- **冯·诺依曼安全考虑**：由于代码和数据使用单一的存储区域，聪明的程序员可以将指令作为 "数据" 存储在内存中，并引导处理器执行这些指令。可以将代码写入内存并执行的程序称为**自修改代码**。除了难以进行故障排除和调试以外（因为许多软件调试工具希望内存中的程序包含最初编译到其中的指令），这种功能已经被黑客利用了多年。

  缓冲区溢出是一种在操作系统、Web 服务器和数据库等常用软件工具中存在的常见缺陷。当程序请求输入并将该输入数据存储在固定长度的数据缓冲区中时，可能会发生缓冲区溢出。如果不仔细检查用户提供的输入长度，则用户可能输入比可用存储空间更长的输入序列。当这种情况发生时，多出的数据会覆盖其他内存。

  如果被覆盖的缓冲区位于堆栈中，用户就有可能通过一个足够长的输入序列覆盖当前堆栈上正在执行的函数的返回地址。攻击者通过仔细分析输入数据，可以控制正在执行的应用程序，并指示它执行任何需要的指令。为此，黑客必须准备一个超过输入缓冲区容量的输入序列，并用精心准备的不同地址去覆盖函数的返回地址，将从这个地址开始执行的一系列指令写入内存。当最初请求用户输入的函数返回时，黑客插入的指令就开始执行，并获得程序的控制权。这使得黑客可以 "掌控" 计算机。

自从 1988 年这类攻击首次发生以来，计算机安全研究人员花费了大量时间试图解决缓冲区溢出的问题，处理器供应商和操作系统开发人员已经实现了多种方法来对抗缓冲区溢出攻击。例如，**数据执行预防**（Data Execution Prevention，DEP）和**地址空间布局随机化**（Address Space Layout Randomization，ASLR）。

7.2.2 哈佛体系结构

哈佛体系结构最初于 1944 年在哈佛马克一号（Harvard Mark I）计算机上实现。标准的哈佛体系结构使用一个地址空间和内存总线来执行指令，使用另一个独立的地址空间和内存总线来存放数据。这种结构的直接好处是能同时访问指令和数据，从而实现并行。当然，这种好处是以增加地址线、数据线和控制信号的数量为代价的，这些用于访问两个内存区域的控制信号必须由处理器实现。

图 7.2 展示了哈佛体系结构。

图 7.2 哈佛体系结构

哈佛体系结构通过并行访问指令和数据获得了更高的性能。假定内存以可信的方式加载指令，只要指令存储器不能被程序指令修改，哈佛体系结构还可以消除恶意将数据作为指令来执行等安全问题。

随着逐渐了解冯·诺依曼体系结构带来的安全威胁，现在有理由怀疑，如果早日接受哈佛体系结构，将代码和数据存储区域完全分离，整个信息技术行业可能会更好，当然这也会造成成本问题。

实际上标准的哈佛体系结构很少用于现代计算机。哈佛体系结构的几种变体被普遍采用，称为改进型哈佛体系结构。

7.2.3 改进型哈佛体系结构

一般来说，采用改进型哈佛体系结构的计算机在程序指令和数据之间有一定程度的分隔，但这种分隔也不是绝对的。虽然采用改进型哈佛体系结构的系统拥有单独的程序指令和数据存储区域，但此类系统通常可以在指令存储器中存储数据，也可以在数据存储器中存储指令。

图 7.3 展示了一种典型的改进型哈佛体系结构，可以代表现实世界中的多种计算机系统。

图 7.3 改进型哈佛体系结构

如前所述，数字信号处理器（DSP）通过使用类似哈佛的体系结构获得了显著的好处。通过在指令存储器中存储一个数字向量，在数据存储器中存储第二个向量，DSP 可以在每个时钟周期执行一次乘累加（MAC）运算。在这些系统中，指令存储器及其包含的数据通常是只读的。在图 7.3 中，指令存储器指向处理器的箭头是单向的。因此，只有常数适合存储在指令存储器中。

除了 DSP 以外，大多数现代通用处理器都包含独立的指令和数据高速缓存，从而实现了哈佛体系结构的典型特征。当请求的数据或指令恰好位于一级缓存中时，x86 和 ARM 等处理器体系结构支持并行、独立地访问指令和数据。当片上缓存查找不到需要的指令或数据时，处理器必须通过冯·诺依曼体系结构中的共享总线访问主存，这将需要更长的时间。

实际上，在特定处理器的实现细节中，除了性能以外，体系结构对软件开发人员来说并不重要。程序员通常使用高级语言开发程序，由编译器或汇编器处理与数据和指令分配有关的细节。

7.3 物理内存和虚拟内存

计算机中的存储设备可以分为 RAM 和 ROM，顾名思义，前者可以随意读写，后者可以读但不能写。闪存和电可擦可编程只读存储器（Electrically Erasable Programmable Read-Only Memory，EEPROM）等介于它们之间的存储设备的数据可以改变，但不像标准的 RAM 那样简单、快速，内容能够更新的次数也远远少于标准的 RAM。

必须对计算机中的存储设备进行配置，确保每种存储设备（或器件）占用系统地址空间的唯一一段，使处理器能够通过地址线来访问不同的 RAM 或 ROM 设备。现代计算机系统通常根据存储设备占用的插槽自动进行地址空间分配。

在早期的计算机系统以及当今不太复杂的计算机或嵌入式处理器（如基于 6502 的系统）上运行的软件，使用指令中 RAM 和 ROM 设备的地址来执行读写操作。

例如，6502 的指令 JMP \$1000 指示处理器将十六进制值 \$1000 加载到指令指针，并从该内存地址处执行指令。在执行这条指令的过程中，6502 的控制单元把 \$1000 传给它的地址线，并从这个地址读取字节数据。读取的字节数据被当作下一条要执行指令的操作码。类似地，用 LDA \$0200 指令从内存加载一个字节，结果是将值 \$0200 传到地址线上，并将该地址处的字节数据复制到寄存器 A 中。

在使用物理寻址的系统中，指令中的内存地址是要访问的指令或数据的实际地址。这表明指令中的内存地址与真实用于访问存储器的地址相同。

虽然这种体系结构方法在处理器设计中易于实现，但在任何涉及多个同时执行的程序（指的是**多道程序设计**）的应用场景中，软件开发的负担可能会变得过重。如果多个程序中的每一个子程序都是独立开发的（比如，在有多个开发人员的情况下），在不干扰其他程序对内存使用的情况下，必须有方法将可用的 RAM 和 ROM 地址空间分配给各程序，以便多个程序可以在对其他应用程序内存不发生干扰的情况下同时处于运行状态（也许是在实时操作系统中）。

早期，在单个地址空间中支持多个程序同时执行的著名方法是 MS-DOS 的**终止和驻留**（Terminate and Stay Resident，TSR）程序概念。TSR 程序为多个程序分配内存并将它们的代码加载到内存中，然后将控制权返回给操作系统。用户可以继续正常地使用系统、加载和使用其他应用程序（一次只能加载一个），但也可以根据需要（通过键入特殊的组合键）访问

TSR。可以同时在内存中加载多个 TSR 程序，每个 TSR 程序都可以通过自己的组合键访问。激活 TSR 程序后，用户可以根据需要与其交互，然后执行 TSR 命令返回到当前运行的主应用程序。

虽然 TSR 程序在许多方面受到限制（包括早期 PC 中支持的最大 RAM 容量仅为 640 KB），但它有效地实现了在单个 RAM 地址空间中执行多个程序。

开发 TSR 应用程序是一项艰巨的任务，而在 20 世纪 80 年代和 90 年代推出的更先进的 TSR 程序实现了 MS-DOS 中未公开的特性，以便为用户提供最大的实用性。这种复杂性导致 TSR 程序会引起系统不稳定。显然需要不同的方法来支持多道程序设计。

虚拟内存克服了早期 PC 中不能广泛使用多道程序设计的最大挑战。**虚拟内存**是一种内存管理方法，它使每个应用程序都能在自己的内存空间中运行，与在同一系统上同时运行的其他应用程序互不影响。在具有虚拟内存管理的计算机中，操作系统负责将物理内存分配给系统进程和用户应用程序。内存管理硬件和软件将来自应用程序的虚拟内存环境中的内存请求转换为物理内存地址。

除了简化开发和能并发运行应用程序之外，虚拟内存还可以分配比计算机中实际内存更大的物理内存。这可以通过辅助存储器（通常是磁盘文件）来临时保存从物理内存中移出的部分内存副本，从而允许不同的程序（或同一程序的不同部分）在当前空闲的内存中运行。

在现代通用计算机中，内存段通常以固定大小的块（称为**页**）的倍数进行分配和移动。内存页通常为 4KB 或者更大。在虚拟内存系统中，在内存和辅存之间移动内存页称为**页面交换**。包含从内存中换出的页面的文件是**交换文件**。

在虚拟内存系统中，应用程序开发人员和代码本身都不需要关心有多少其他应用程序正在系统上运行，也不必担心物理内存的使用情况。当应用程序为数据数组分配内存和调用库例程（要求将这些例程的代码加载到内存中）时，操作系统将管理物理内存的使用，并采取必要的措施来确保每个应用程序根据请求获得内存 。在可用物理内存被全部填满，且交换文件也被填充到其极限的特殊情况下，系统对内存分配请求将强制返回失败代码。

虚拟内存除了减轻了程序员的负担外，还具有如下显著优势：

- 应用程序不仅可以忽略彼此的存在，还可以防止互相干扰。虚拟内存管理硬件负责确保每个应用程序只能访问分配给它的内存页。试图访问另一个进程的内存或其分配的内存空间之外的任何其他地址，都会导致**访问冲突**异常。

- 每个内存页都有一组属性，这些属性限制了该页面所支持的操作类型。如果一个页面被标记为只读，则无法将任何数据写入该页面。如果一个页面被标记为可执行，则意味着它包含能够被处理器执行的代码。如果一个页面被标记为可读写，则应用程序可以随意修改该页面。通过合理设置这些属性，可以提高操作系统稳定性。

- 可以将内存页标记为所需的最低权限级别，从而仅允许内核级代码访问该内存页。此限制可确保即使在应用程序运行异常的情况下，操作系统也可以正常运行。这样可以将系统内存映射到每个进程的地址空间，同时禁止应用程序代码与该内存直接交互。应用程序只能通过由系统函数调用组成的程序接口来间接地访问系统内存。

- 内存页可以标记为可在应用程序间共享，这意味着一个页面被明确授权为可以从多个进程进行访问。这实现了有效的进程间通信。

微软早期版本的 Windows 使用 80286 和 80386 处理器的内存分段功能实现内存虚拟化

的某些功能。在 Windows 的发展历程中，1993 年，随着 Windows NT 3.1 的引入，虚拟内存的使用应运而生。Windows NT 系统体系结构基于数字设备公司（DEC）于 20 世纪 70 年代开发的**虚拟地址扩展**（Virtual Address Extension，VAX）体系结构。VAX 体系结构实现了一个 32 位虚拟内存环境，在一个多道程序环境中运行的每个应用程序都可以使用 4GB 的虚拟地址空间。名为**虚拟内存系统**（Virtual Memory System，VMS）的 VAX 操作系统的核心架构师之一是 David Cutler，他后来领导了 Microsoft Windows NT 的开发。

Windows NT 具有扁平的 32 位内存组织，这意味着可以使用 32 位地址访问整个 32 位空间中的任何位置，而不需要程序员做额外工作来操作段寄存器。默认情况下，Windows NT 虚拟地址空间被分成两个大小相等的块：下半部分是一个 2GB 的用户地址空间，上半部分是一个 2GB 的内核空间。

下一节将详细讨论 Intel 处理器上 32 位 Windows NT 中分页虚拟内存的实现。虽然 Windows NT 并不能完全代表其他操作系统中虚拟内存的实现方式，但通常的设计原理适用于其他环境，即使它们在实现细节上有所不同。该简介将提供有关虚拟内存概念的背景知识，而与设计现代体系结构（例如，64 位处理器和操作系统）有关的其他细节详见后文。

7.4　分页虚拟内存

在 Intel 处理器上的 32 位 Windows NT 中，内存页大小为 4KB。这意味着寻址指定页面内的位置需要 12 个地址位（2^{12} = 4096）。32 位虚拟地址的其余 20 位用于虚拟地址到物理地址的转换。

在 Windows NT 中，程序中的所有内存地址（在源代码和已编译的可执行代码中）都是虚拟地址。程序中的内存地址都不与物理地址相关联，直到程序在内存管理单元的控制下运行。

Windows NT 物理内存中连续的 4KB 称为一个**页面**。页面是 Windows 虚拟内存系统管理的最小内存单元。每个页面都从 4KB 的边界开始，这意味着在任何页面基地址的低 12 位都是零。系统在页表中跟踪与页面有关的信息。

一个 Windows NT **页表**可以占用单个 4KB 的页。页表中的每个 4 字节项都可以将程序指令使用的 32 位虚拟地址转换为访问 RAM 或 ROM 中某个位置所需的物理地址。一个 4KB 页表包含 1024 个用于页地址转换的项。单个页表管理对 4MB 地址空间的访问：每个页表包含 1024 个页面（每页 4KB）。一个进程可能有多个相关的页表，所有页表都由页表目录进行管理。

页表目录是一个 4KB 的页，其中包含一系列用于访问页表的 4 字节信息。一个页表目录可以包含 1024 个页表信息。单个页表目录覆盖 32 位 Windows NT 的整个 4GB 地址空间（每个页表 4MB 乘以 1024 个页表引用）。

每个 Windows NT 进程都有自己的页表目录、页表集合和页面集合。进程页表适用于进程内的所有线程，因为进程的所有线程共享相同的地址空间和内存区域。当系统调度程序从一个进程切换到另一个进程时，使用调入进程的虚拟内存上下文替换调出进程的上下文。

Intel x86 处理器在 CR3 寄存器（也称为**页目录基址寄存器**（Page Directory Base Register，PDBR））中维护当前进程页表目录的地址。这是页表目录的唯一入口点，并且是页表的间接入口点，PDBR 使处理器能够将任何有效的虚拟地址转换为相应的物理地址。

在访问内存中的任意有效位置时，假设用于加速访问的信息尚未存储在高速缓存中，处理器先使用虚拟地址的高 10 位在页表目录中查找相关页表的物理地址。然后访问页表并使用接下来的次高 10 位地址来选择包含所请求数据的物理页。然后使用地址的低 12 位指定指令所请求的页面中的内存位置。

页面不代表物理内存中的实际划分

　　物理内存实际上并没有被划分为页面。页结构仅仅是系统用来跟踪将虚拟地址转换为物理内存地址所需信息的一种方法。

　　为了满足用户的性能需求，内存访问必须尽可能快速。在执行每一条指令时，为了取得操作码和数据，必须至少进行一次虚拟地址到物理地址的转换。由于这一过程不断重复，处理器设计者花费了大量的精力来确保虚拟地址转换过程尽可能高效地进行。

　　在现代处理器中，高速缓存内存保留了最近的虚拟内存转换过程中查找页表的结果。当有效实现这种方法时，大部分虚拟内存转换工作可以在处理器内部完成。相比处理器需要先从页表目录中查找页表地址，然后访问页表来确定访存的物理地址的方式，这种方法快了很多。

　　在用户权限级别运行的应用程序无法访问虚拟地址到物理地址转换中使用的数据结构。所有与地址转换相关的活动都发生在处理器硬件和内核模式的软件进程中。

　　为了帮助理解虚拟内存的使用，图 7.4 展示了 Windows 如何将 32 位虚拟地址转换为物理地址。

图 7.4 虚拟地址到物理地址的转换

　　我们将逐步说明图 7.4 中的转换过程。假设处理器使用 mov al, [ebx] 指令请求存储在虚拟地址 $00402003 处的 8 位数据值，其中 ebx 已经事先加载了数值 $00402003。假定此地址的转换信息尚未存储在处理器缓存中，并且该页驻留在主内存中。以下流程描述了转换过程：

1. 处理器试图执行 mov al, [ebx] 指令，因为无法立即将 ebx 寄存器中的虚拟地址转换为物理地址，所以该指令无法完成。这会引起**页面故障**[⊖]，将控制权转移到操作系统，以便解决地址转换问题。这里使用"故障"一词并不意味着发生了某种错误。页面错误是应用程序执行的一个常规部分。

2. 请求的虚拟地址被右移 22 位，保留 10 位目录偏移量，本例中的值为 1。

3. 目录偏移量左移 2 位（因为页目录中的每一项是 4 个字节），将移位结果与处理器寄存器 CR3（PDBR）的上下文相加，结果是包含相关页表基地址的页表目录项的地址。

4. 请求的虚拟地址被右移 12 位，并只保留 10 位页表偏移量，在本例中为 2。

5. 页表偏移量左移 2 位（因为该表中的每一项也是 4 个字节），并将移位结果与步骤 3 中所得的页表基地址相加，访问所得的地址读取的 32 位数据是包含所请求数据的页面的物理地址。

6. 处理器将该转换过程中虚拟页面和物理页面的对应关系存入转换缓存中，用于直接将虚拟地址的高 20 位转换为页面地址相应的高 20 位。

7. 使用高速缓存完成虚拟地址到物理地址的转换，将请求的数据字节成功移动到 al 寄存器中，完成指令的执行。在本例中值为 3 的虚拟地址的低 12 位（页面偏移量）与在步骤 5 中计算的页面地址相加得到最终的物理地址，从该地址访问请求的字节。

完成这些步骤后，请求的页面转换在处理器缓存中仍然可用。对同一虚拟地址或同一页面中其他位置的后续请求将立即执行，直到稍后执行的代码覆盖此页面的缓存项为止。

前面步骤中描述的页面故障[⊖]过程是一个**软故障**，它为处理器已经可以访问但不在转换缓存中的页面设置了虚拟地址到物理地址转换。

访问已交换到二级存储器的页面时发生的页面故障是**硬故障**。处理硬故障需要几个额外的步骤，包括在内存中分配页面来存放请求的页面、从二级存储器请求页面、用页的物理地址更新页表。由于硬故障涉及磁盘传输，所以这种类型的故障对应用程序的性能影响非常大。

虚 - 实地址转换过程将虚拟地址的高 20 位转换为物理地址的相应 20 位。每个页表项中剩余的 12 位用来存储页面的状态和配置信息。这些位的使用在下一节中介绍。

7.4.1 页面状态位

表 7.1 描述了 32 位 Windows NT 页表项中的 12 个状态位。

表 7.1 页面状态位

位	名 字	描 述
0	有效	1 表示该页表项可用于地址转换。如果位为 0，其余位可能具有不同的含义，由操作系统定义。在假设有效位为 1 的情况下，下面给出其余各位的描述
1	写入	1 表示该页可写入。0 表示该页只读
2	所有者	1 表示该页是用户模式。0 表示该页是内核模式

⊖ 译者认为这里不会发生"页面故障"，因为在 x86 处理器中，当页表项缓存信息不存在时，CPU 硬件完成页表目录及页表的访问，不需要将控制权交给操作系统。——译者注

⊖ 这里应没有页面故障发生，原文表述有误。——译者注

（续）

位	名　字	描　述
3	写穿	1 表示将页的更改直接更新到磁盘。0 表示将数据只写入 RAM
4	禁用缓存	1 表示该页不可被缓存。0 表示可以被缓存
5	已访问	1 表示已经对该页进行过读或写操作。0 表示还未对该页进行任何方式的访问
6	脏位	1 表示该页已经被写入过。0 表示还没有进行过写入操作
7	保留位	未使用
8	全局	1 表示该转换适用于所有进程。0 表示该转换只适用于一个进程
9	保留位	未使用
10	保留位	未使用
11	保留位	未使用

处理器使用页面状态位来维护状态信息，并控制系统和用户进程对每个页面的访问。所有者位标识一个页面为内核或用户所有。用户进程不能读写内核模式的任何页面。任何试图向标记为只读的页（页的写入位为 0）写入都会导致访问冲突异常。

系统使用页面状态位来尽可能高效地管理内存。如果已访问位为 0，则该页已被分配但从未使用过。当系统需要释放物理内存时，从未被访问过的页面是主要的换出对象，因为从内存中换出它们不需要保存它们的内容。同样，如果一个页面的脏位为 0，那么自从它进入内存后，它的内容就没有被修改过。内存管理器可以换出脏位为 0 的页面，再次需要该页面时，可以从其源位置（通常是磁盘文件）重新加载它来准确地进行恢复。

设置了脏位的页在从内存中换出时需要在交换文件中存储。当一个页面移动到交换文件时，页表项将以与表 7.1 不同的格式更新，以表明它不能进行转换（有效位为 0），并将其位置存储在交换文件中。

有效页表项的格式由处理器体系结构定义，在本例中由 Intel x86 系列处理器定义。处理器硬件直接访问页表项来执行虚拟地址到物理地址的转换，并在处理器全速运行时进行页保护。

除了管理每个进程使用的内存外，系统还必须跟踪计算机中的所有 RAM 和 ROM 页面，无论页面是否正在被进程使用。系统在名为内存池的列表中维护这些信息，如下所述。

7.4.2　内存池

Windows NT 将内存池分为两种类型：非分页池和分页池。

- **非分页池**：非分页池包含始终驻留在内存中的所有页面。出于系统性能的原因，中断服务例程、设备驱动程序和内存管理器本身的代码必须始终可被处理器直接访问，只有内存管理器常驻内存，系统才能正常工作。非分页虚拟地址位于进程的虚拟地址空间的系统部分。
- **分页池**：分页池包含可以根据需要临时交换出物理内存的虚拟内存页。

系统使用**页面号**（Page Frame Number，PFN）来跟踪物理内存中每个页面的状态。PFN 是页面物理基址的高 20 位。根据当前和以往的使用情况，每个页面可以处于几种状态之一。下面是一些关键的页面状态。

- **活动**（Active）：页面是系统或用户进程工作集的一部分。**工作集**是当前存在于物理内存中的进程的虚拟地址空间的一部分。
- **备用**（Standby）：备用页已从进程工作集中移出，并且尚未被修改。
- **已修改**（Modified）：已从进程工作集中移出并已被修改的页。这些页必须先写入磁盘，然后才能重新使用它们的页面。
- **空闲**（Free）：空闲页未使用，但仍包含其在工作集中最后拥有者的数据。出于安全原因，只有在数据内容被零覆盖之后，用户进程才能使用这些页面。
- **归零**（Zeroed）：归零的页面是可用的，并且已被零覆盖。这些页可供用户进程分配。
- **坏**（Bad）：坏页在处理器访问期间引起硬件中断。坏页在 PFN 数据库中被跟踪，操作系统不会使用它们。

当系统服务和应用程序启动、运行和关闭时，页面在系统控制下进行状态之间的转换。在 Windows NT 中，系统任务在空闲期间运行，并通过用零覆盖空闲页来将空闲页转换为零页。

本节讨论的重点是 Windows NT 下的 x86 处理器体系结构中虚拟内存的实现。其他处理器体系结构和操作系统使用类似的概念实现虚拟内存。

控制内存分配、地址转换和保护功能的处理器组件称为内存管理单元。下一节将内存管理单元作为一个通用的计算机系统组件进行研究。

7.5 内存管理单元

支持分页虚拟内存的处理器体系结构要么在处理器内部实现**内存管理单元**（MMU）功能，要么（尤其是在早期的设计中）将 MMU 作为一个单独的集成电路来实现。在 MMU 中，处理器的虚拟地址空间被划分为页面大小的分配单元。

页面可以有固定大小（如 Windows NT 示例中所示），也可以有多种大小。包括下一代 x86 处理器在内的现代处理器通常支持两种页面大小，一种是小页面，一种是大页面。小页面通常只有几 KB，而大页面可能有几 MB。支持大页面避免了在处理大数据对象时分配大量小页面所带来的效率低下问题。

之前讨论过，MMU 通常包含一个高速缓存，通过避免在每次内存访问期间遍历页表目录和执行页表查找来提高内存访问速度。虽然使用高速缓存来提升性能是第 8 章的一个主题，但本章将在这里介绍虚拟地址到物理地址的转换缓存，因为这是大多数 MMU 设计的核心功能。

MMU 中存储以前使用的虚拟地址到物理地址转换关系的缓存组件称为**转换后备缓冲器**（Translation Lookaside Buffer，TLB，也成为"快表"）。理论上，每次访存操作首先在页表目录中查找页表，然后访问页表查找物理页面，为了加速该访问过程，TLB 将虚拟地址和查询产生的页面之间的转换存储在称为**相联存储器**（associative memory）的硬件结构中。

每次处理器需要访问物理内存的时候（在一条指令的执行过程中可能多次发生），它首先检查 TLB 的相联存储器，以确定转换信息是否驻留在 TLB 中。如果在的话，指令会立即使用 TLB 中存储的信息来访问物理内存。如果 TLB 不包含所请求的转换，则发生 TLB 缺失，处理器必须遍历页表目录和页表以确定转换的地址，前提是引用的页还驻留在内存中。

图 7.5 显示了 TLB 的操作。

图 7.5   TLB 的操作

　　每次访问内存时，处理器都会提取虚拟地址的高 20 位来标识虚拟页号。在本例中页号是 $10000，用于在 TLB 中搜索匹配的项。TLB 硬件将请求的虚拟页号与 TLB 中驻留的所有虚拟页号同时进行比较。如果找到匹配项，则会立即提供相应的物理页号，以供访问物理内存时使用。

　　TLB 包含有限数量的项，通常为 64 个或更少。处理器必须管理保留哪些 TLB 项，以及在处理不同内存位置的地址请求时丢弃哪些 TLB 项。当 TLB 已满时，MMU 决定现有TLB 项中的哪一个被新信息覆盖。MMU 可以随机选择一个 TLB 项来替换，或者根据历史信息来替换最近最长时间内未被使用的 TLB 项。

　　除了执行虚拟地址到物理地址的转换之外，MMU 通常还执行以下功能。

- **将虚拟内存分为内核空间和用户空间**：内核空间保留给操作系统和相关组件（如设备驱动程序）使用。用户空间可供应用程序使用，也可以用于用户启动的其他操作。例如，处理输入到命令提示符窗口中的命令。用户级代码不能直接访问系统内存，必须调用系统函数来请求内存分配等服务。

- **进程内存的隔离**：每个进程都有自己的地址空间，这是允许它访问的唯一内存。除非在进程之间设置系统授权的内存共享区域，否则每个进程都禁止访问另一个进程正在使用的内存。一个进程不能错误地或有意地修改另一个进程专用的内存。

- **页级访问限制**：除了保护系统页不被用户访问和保护进程专用页不被其他进程访问之外，进程还可以对其拥有的各个页设置保护。页可以标记为只读，从而禁止修改其内容。在某些体系结构中，标记为不可执行（no-execute）的页禁止读取和写入。包含可执行代码的页可以标记为只读，以防止无意或有意地修改内存中的指令。

- **软件问题的检测**：在某些编程语言（特别是 C 语言）中，很常见的一个问题是尝试使用包含无效地址的指针（**指针**是一个变量，其中包含另一个变量的地址）。在这种情况下，最常见的无效地址是 0，因为变量经常初始化为 0。这个问题很常见，因此系统对它的响应有自己的名称：**空指针异常**。当 C 程序试图访问不在程序有效虚拟地址范围内的内存位置（如地址 $00000000）时，MMU 会触发一个异常，除非由程序处理，否则通常会导致程序崩溃，并将错误消息打印到控制台窗口。在没有虚拟内存的系统中，访问错误位置可能是在没有报告任何错误信息的情况下对指定的地址进行读写操作，从而导致应用程序或整个系统出现错误操作。如果没有立即发现问题，那么在没有 MMU 的系统中，这样的 bug 极难修复。

运行 Linux、Windows 和大多数智能设备操作系统的现代处理器通常要求其主机系统使用虚拟内存管理，并提供页面保护机制。

执行操作飞机控制器或管理汽车安全气囊操作等高安全性任务的实时嵌入式处理器可能支持（也可能不支持）MMU 的完整功能集。在实时系统中使用虚拟内存的一个缺点是，由于需要处理软故障和（如果实现了页面交换）硬故障，会导致可变时间延迟。在许多实时系统中必须严格控制执行时间，因此它们的设计者不使用虚拟内存。这样的系统不包含 MMU，但它们通常会实现 MMU 提供的许多其他功能，例如，系统内存的硬件保护和 RAM 区域的访问控制

7.6 总结

本章研究了现代处理器体系结构的主要类别，包括冯·诺依曼体系结构、哈佛体系结构和改进型哈佛体系结构，以及它们在不同计算领域的应用。同时还研究了分页虚拟内存的概念，包括在 Windows NT 中的 x86 处理器上实现分页虚拟内存的一些细节。

本章讨论了内存管理单元的一般结构，重点讨论了 TLB 作为虚拟地址到物理地址转换性能优化技术的应用。

下一章将进一步研究广泛使用的处理器加速方法，包括高速缓存、指令流水线和指令并行。

7.7 习题

1. 一个 16 位嵌入式处理器有独立的代码存储区和数据存储区。代码存储在闪存中，可修改的数据存储在 RAM 中。一些数据的值（比如 RAM 数据项中的常量和初始值）与程序指令存储在同一个闪存区域中。RAM 和 ROM 在同一个地址空间中。本章讨论的哪种处理器体系结构最适合该处理器？

2. 习题 1 中的处理器能够防止修改程序指令内存区域来实现代码安全性。处理器使用物理地址访问指令和数据。这个处理器包含内存管理单元（MMU）吗？

3. 大型数据结构中顺序元素的访问顺序可能会对处理速度产生明显的影响，例如 TLB 项的重用。顺序访问数组中间隔较远的元素（也就是与先前访问的元素不在同一页面中的元素）会导致 TLB 项被频繁地换入换出。

   编写一个程序，创建一个容量巨大的二维数组，例如，10 000 行乘 10 000 列。按列优先对数组进行迭代，将每个元素赋值为其行索引和列索引之和。列优先表示列索引增量变化最快。换句话说，列索引在内循环中递增。精确计算此过程所需的时间。需要注意的是，如果以后不使用数组产生的结果，则可能需要采取多个步骤确保编程语言不会优化整个计算⊖在计算完成时，可以根据需要打印其中一个数组值，或者执行其他一些操作，如对所有数组元素求和并打印结果。

   重复这个过程，包括计时，正如前面所解释的那样，只是将内部循环更改为迭代行索引，将外部循环更改为迭代列索引，从而访问行优先序列。

   因为通用计算机在运行代码时也会执行许多其他任务，所以需要多次执行这两个过程才能得到有效的结果。可以先从运行这个实验 10 次开始，然后求列优先和行优先的平均访问时间。

   你能得出一个最好的数组访问方法吗？在选定语言的系统上哪个顺序最快？列优先访问和行优先访问之间的差异可能不会太大，或许只有百分之几。

⊖ 如果在完成计算之后直到程序结束，计算的结果没有被使用，则编译器有可能会将计算的过程优化掉。——译者注

性能提升技术

根据前面讨论的处理器和内存体系结构的基本内容，我们能够设计出一个完整且实用的计算机系统。然而，如果不提高指令执行速度，与大多数现代处理器相比，这种系统的性能将很差。

我们通常在处理器和系统设计中采用几种性能提升技术，使实际计算机系统达到最高执行速度。这些技术不会改变处理器在程序执行和数据处理方面的功能，只是加速这一过程。

通过学习本章，你将了解多级缓存在计算机体系结构中的意义，以及与指令流水线相关的优势和挑战。你还将了解同时多线程处理带来的性能改进，以及单指令多数据处理的目标和应用。

本章涵盖以下主题：
- 高速缓存
- 指令流水线
- 同时多线程
- SIMD 处理

8.1 高速缓存

高速缓存是一个存储区域，用来存放以备未来使用的程序指令或数据，通常是最近访问过的指令或数据。高速缓存的主要目的是提高重复访问同一内存位置或邻近内存位置的速度。为了达到效果，访问高速缓存中的数据必须比访问原始源数据（称为**后备存储**）快得多。

当使用高速缓存时，每次访问内存都会从搜索高速缓存开始。如果数据在缓存中，处理器会立即获取数据并进行使用，这称为**高速缓存命中**（cache hit）。如果高速缓存搜索不成功（**高速缓存未命中**，cache miss），则必须从后备存储中取回数据。在取回请求数据的过程中，将副本添加到高速缓存中，以备将来使用。

高速缓存在计算机系统中有多种用途。下面是一些高速缓存的应用示例。

- **快表**（TLB）：如第 7 章中所述，快表是支持分页虚拟内存的一种缓存形式。TLB 包含一个虚拟地址到物理地址转换的集合，这些地址转换信息可以加快访问物理内存页。当指令执行时，每次主存访问都需要进行虚拟地址到物理地址的转换。与 TLB 未命中后的页表查找过程相比，TLB 命中会使指令执行速度更快。TLB 是 MMU 的一部分，与本节后面讨论的各种处理器高速缓存没有直接关系。

- **磁盘驱动缓存**：读写磁盘要比访问 DRAM 设备慢几个数量级。磁盘驱动器通常采用高速缓存来存储读操作的输出，并临时保存数据以备写入。驱动器控制器通常将比原始请求数量更多的数据读入内部高速缓存，以备读取与原始请求的数据相邻的数据。如果事实证明这是正确的假设（通常是这样），则驱动器将通过缓存来立即满足第二个请求，而不会引入与访问磁盘相关的延迟。

- **Web 浏览器缓存**：Web 浏览器通常将最近访问过的网页的副本存储在内存中，以便用户单击"后退"按钮返回到以前浏览过的页面。发生这种情况时,浏览器可以从其本地缓存中获取部分或全部页面内容,并立即重新显示页面,而无须访问远程 Web 服务器来再次获取相同的信息。

- **处理器指令和数据缓存**:接下来各节将详细介绍处理器的缓存结构。与访问 DRAM 模块时产生的延迟相比,这些缓存的目的是提高对指令和数据的访问速度。

因为操作系统和应用程序执行的很多算法都显示出访问局部性,所以高速缓存提高了计算机性能。访问局部性是指重用最近访问过的数据(称为**时间局部性**),以及访问与以前访问过的数据物理上接近的数据(称为**空间局部性**)。

以 TLB 的结构为例,通过在最初访问特定页面之后,将该虚拟 – 物理地址转换信息在 TLB 中存储一段时间来利用时间局部性。在随后的指令中,对同一页面的任何访问都可以快速进行虚拟 – 物理地址转换,直到该页面的虚拟 – 物理地址转换信息被其他页面的相关信息替换为止。

TLB 通过使用单个 TLB 项利用整个页面的空间局部性。后续对同一页面上不同地址的任何访问都将受益于首次访问该页面时产生的 TLB 项。

一般来说,与后备存储器相比,高速缓存容量较小。设计高速缓存是为了获得最高速度,这通常意味着它们比后备存储中使用的数据存储技术更复杂,且每位的成本更高。由于其容量有限,高速缓存设备往往会快速填充。当高速缓存没有可用的位置来存储新数据时,必须丢弃旧数据。高速缓存控制器使用**缓存替换策略**来选择哪个缓存项将被新数据覆盖。

处理器高速缓存的目标是提升高速缓存的命中率,从而提供最高的指令执行率。为此,缓存逻辑必须确定哪些指令和数据将被放入缓存中并保留以备将来使用。

一般而言,处理器的缓存逻辑并不能保证缓存的数据项放入缓存后会再次被使用。缓存逻辑依赖于这样一种可能性:由于时间局部性和空间局部性,缓存的数据很有可能在不久的将来被访问。在现代处理器上的实际实现中,内存访问中的高速缓存命中率通常为 95%~97%。高速缓存的延迟比 DRAM 低,与没有缓存的设计相比,高缓存命中率可显著提高性能。

接下来将讨论现代处理器的多级缓存技术以及一些常用的缓存替换策略。

8.1.1 多级处理器缓存

自从出现 PC 以来,处理器的指令处理速度大幅提高。现代 Intel 和 AMD 处理器的内部时钟比第一台 IBM 电脑中使用的 8088 处理器快将近 1000 倍。相比之下,DRAM 的速度提升要慢得多。考虑到这两种趋势,如果现代处理器直接访问 DRAM 以获取其所有指令和数据,那么将花费大量时间等待 DRAM 对每一条指令和数据请求做出响应。

为了通过数据更加直观地讨论本主题,考虑一种现代处理器,它能够在 1 纳秒内从处理器寄存器访问 32 位数据。从 DRAM 访问相同的数据可能需要 100ns。如果每条指令都需要对内存进行一次访问,并且每条指令的执行时间都由内存访问时间决定,那么对于同一个算法而言,从寄存器获取数据比从内存获取数据快 100 倍。

现在,假设向系统添加了一个访问时间为 4ns 的缓存。通过利用高速缓存,算法中每条指令在第一次访问 DRAM 中给定地址时的延迟为 100 ns,但随后对相同地址和邻近地址的访问将以 4ns 的缓存速度进行。虽然访问高速缓存的时长是访问寄存器的 4 倍,但比访问 DRAM 快 25 倍。这个例子表示在现代处理器中,有效地使用高速缓存可以加快执行速度。

高性能处理器通常采用多级缓存以达到最高的指令执行率。处理器缓存硬件在尺寸和性能方面受到半导体技术经济性的限制。在达到最终用户可接受的价格点的同时，选择处理器缓存类型和大小的最佳组合是处理器设计者的一个关键目标。

常用作主存储器和处理器内部存储器的两种类型的 RAM 电路是**动态 RAM**（DRAM）和**静态 RAM**。DRAM 价格低廉，但访问速度相对较慢，这主要是由于在读写操作期间对位单元电容器进行充放电需要时间。静态 RAM 比 DRAM 快得多，但价格昂贵，因此在性能至关重要的应用程序中，只能使用少量的静态 RAM。DRAM 设计针对密度进行了优化，从而使单个 DRAM 集成电路中存储的位数达到最大。静态 RAM 设计针对速度进行了优化，最大限度地减少了读写时间。处理器缓存通常使用静态 RAM 实现。

8.1.2 静态 RAM

尽管电路更加复杂，但静态 RAM（SRAM）的访问速度比 DRAM 快得多。与能够存储等量数据的 DRAM 单元相比，SRAM 位单元在集成电路芯片上所占的空间要大得多。正如第 4 章中所述，单个 DRAM 位单元仅由一个 MOSFET 晶体管和一个电容器组成。

一个 SRAM 位单元的标准电路包含 6 个 MOSFET 晶体管。其中 4 个晶体管用来形成两个非门。这些门基于图 4.3 所示的 CMOS 电路。该电路基于 MOSFET 器件部分，这些门在图 8.1 中标记为 G_1 和 G_2：

图 8.1 SRAM 电路图

每一个非门的输出连接到另一个非门的输入，形成一个触发器。字线在大多数时间处于低电平，使得晶体管开关 T_1 和 T_2 处于关闭状态，从而隔离这对非门。当字线为低电平时，只要加电，非门就会保持在以下两种状态之一。

- 存储位是 0：G_1 的输入为低电平，输出为高电平。
- 存储位是 1：G_1 的输入为高电平，输出为低电平。

晶体管（T_1 和 T_2）作为开关将位线连接到单元以进行读写操作。与 DRAM 一样，将字线驱动为高电平可以通过将每个晶体管两端的电阻降低到非常小从而访问该位单元。为了读取单元内容，读出电路会测量位线和位线（上划线表示非操作）对之间的电压。两个位线信号总是相反，形成一个有差异的位线对。测量两个信号之间的电压差的符号可以确定单元存储的是 0 还是 1。

要对一个单元进行写操作，需要驱动该位单元的字线为高电平，并且位线和位线的信号电平与要写入的所需值（0 或 1）的电平相反。将数据写入位线的晶体管必须具有比位单元非门晶体管更大的驱动能力，这样才可以将所需的值写入单元，即使触发器状态必须被强制改变以便切换到要写入的状态。

与 DRAM 类似，SRAM 组排列在矩形阵列中。字线允许访问一行中的所有 SRAM 位单元。位线连接到位单元阵列中的所有列。

需要注意的是，与 DRAM 不同，SRAM 不需要定期刷新来保留其数据内容。这就是为什么它被称为静态 RAM。

8.1.3 一级缓存

在多级缓存体系结构中，缓存级别从 1 开始编号。一级缓存（也称为 **L1 缓存**）是处理器从内存请求指令或数据项时搜索的第一个缓存。因为是缓存搜索中的第一站，所以一级缓存通常使用最快的 SRAM 技术进行构建，并且物理位置尽可能靠近处理器的逻辑电路。对速度的强调使一级缓存成本高且功耗大，这意味着其容量必须相对较小，特别是在成本敏感的应用程序中。即使它的容量很小，与不使用缓存的同等处理器相比，一个高速一级缓存也能带来显著的性能提升。

处理器（或 MMU，如果存在的话）在 DRAM 和缓存之间以固定大小的数据块（称为**高速缓存线**）传送数据。使用 DDR DRAM 模块的计算机通常使用大小为 64 字节的缓存线。所有缓存中通常使用相同大小的缓存线。

现代处理器经常将一级缓存分成两个大小相等的部分，一部分用于指令，另一部分用于数据。该配置称为**独立缓存**。在独立缓存中一级指令缓存称为 L1 I-cache，一级数据缓存称为 L1 D-cache。处理器使用独立的总线分别访问每个缓存，从而实现了哈佛体系结构的一个重要特征。假设两个一级缓存都命中，通过并行访问指令缓存和数据缓存可以加快指令执行速度。

现代处理器采用多种策略来组织高速缓存阵列并控制其操作。最简单的缓存配置是直接映射，将在下一节中介绍。

8.1.4 直接映射缓存

直接映射缓存是将一块存储阵列组织成以**缓存组**（cache set）为元素的一维数组，主存中的每个地址都映射到缓存的一个组中。每个缓存组包含以下内容（注：在直接映射缓存中，缓存组和缓存块及缓存行可以认为是同一个概念）：

- 一个缓存行，其中包含从主存中读取的数据块。
- 一个标识值，指明缓存数据在主存中相应的位置。
- 一个有效位，指明缓存组中是否包含有效数据。

有时缓存中没有任何数据，比如处理器刚启动时。每个缓存组的有效位最开始被清空来表示该缓存组中没有数据。当有效位被清空时，该块将不可使用。一旦数据加载到缓存组中，硬件将对有效位进行设置。

以使用 512 字节的小型一级指令缓存为例，因为这是一个只读指令缓存，所以它不需要支持对内存的写操作。缓存行的大小为 64 字节，将 512 字节按 64 字节分成 8 个缓存组。每组的 64 个字节也就是 2^6 个字节，这意味着使用内存地址的低 6 位来选中缓存行内的位置。需要内存地址的另外 3 位来决定 8 个缓存组的位置。

图 8.2 显示了将 32 位物理内存地址划分为标识、组号和字节偏移。

标识	组号	字节偏移
23 位	3 位	6 位

图 8.2   一个 32 位物理内存地址的组成

处理器每次从 DRAM 读取一条指令（当指令不在缓存中时必须这样做）时，内存管理单元就会读取内存地址对应的 64 字节存储块，并将其存储在由图 8.2 的三位缓存组号确定的一级指令缓存组中。地址的高 23 位存储在缓存组的标识位中，如果有效位尚未置位，则对有效位进行置位。

当处理器读取每条后续指令时，控制单元用指令地址中的三位组号来选择一个缓存组进行比较。硬件将执行指令地址的高 23 位与存储在选定缓存组的标识值进行比较。如果二者匹配，则缓存命中，接着处理器从缓存线读取指令。如果缓存未命中，内存管理单元将从 DRAM 读取相应的数据块并放入缓存，并向控制单元提供要执行的指令。

图 8.3 显示了 512 字节缓存的组织结构及其与 32 位指令地址中的三个字段的关系。

图 8.3   32 位物理地址与缓存的映射关系

为了说明直接映射缓存可以实现高命中率的原因，可以假设运行的程序包含一个从物理内存地址 8000h 开始的循环（为了简单起见，忽略 32 位地址的高 16 位），该循环包括 256 字节的代码。循环从 256 字节的开始到结束依次执行指令，然后执行分支指令返回循环的顶部以执行下一轮循环。

地址 8000h 的组号字段为 000b，所以如图 8.3 所示，该地址映射到第一个缓存块。在第一轮循环中，内存管理单元在 DRAM 中找到组号 000b 对应的 64 字节，并将其存储在第一个缓存组中。当执行存储在同一个 64 字节块中的其他指令时，这些指令都直接从缓存中读取。当执行到第二个 64 字节时，需要从 DRAM 中再次读取。当本轮循环结束时，000b 到 011b 的块将被循环中的 256 字节代码填充。对于余下的循环，假设线程运行时不出现中断，处理器将达到 100% 的缓存命中率，从而实现最大的执行速度。

相反，如果循环中的指令占用大量内存，则缓存的优势将降低。假设循环的指令占用 1024 个字节，是缓存大小的两倍。循环按自上而下的顺序执行。当指令地址到达循环的中

点时，缓存已被前 512 个字节的指令完全填满。在超过中点的下一个缓存线的开头，地址
将是 8000h 加 512，即 8200h。8200h 与 8000h 具有相同的组号，这会导致地址为 8000h 的
缓存线被地址为 8200h 的缓存线覆盖。在执行循环代码的后半部分时，每个缓存线都将被
覆盖。

即使所有的缓存区域在每轮循环中都被覆盖，缓存结构仍然有明显的优势，因为该 64
字节的行从 DRAM 中读取之后就会保留在缓存中，可用作其指令执行使用。缺点是缓存未
命中的概率增加了。这表示有更大的开销，因为从 DRAM 访问一条指令的时长可能是从一
级指令缓存访问同一条指令时长的 25 倍。

> **缓存中的虚拟地址标识和物理地址标识**
>
> 　　本节中的示例假设高速缓存使用物理内存地址来标识缓存块。这意味着缓存查找中
> 使用的地址是分页虚拟内存系统中虚拟地址转换后的物理地址。到底是使用虚拟地址还
> 是物理地址来查找缓存取决于处理器设计者的选择。
>
> 　　在现代处理器的缓存中，在一级或多级缓存中使用虚拟地址标识而在其余缓存中
> 使用物理地址标识的情况并不少见，因为在缓存访问时不需要进行虚拟地址到物理地址
> 的转换，所以使用虚拟地址标识的一个优点是速度快。虚拟地址到物理地址的转换需要
> TLB 查找，并且可能在 TLB 未命中的情况下进行页表访问。但是使用虚拟地址标识会
> 引入其他问题，例如，当同一虚拟地址指向不同的物理地址时会产生**别名问题**。这需要
> 在设计缓存系统时进行权衡。

通过假设指令从循环的顶部到底部顺序执行简化了本示例。而在实际代码中，经常会调
用应用程序内存不同区域中的函数和系统提供的库。除此之外，其他系统活动（如中断处理
和线程切换）也经常会覆盖缓存中的信息，从而增加缓存未命中的概率。主程序的执行顺序
改变之后必须执行额外的 DRAM 访问来重新加载缓存，这会导致缓存覆盖，从而影响应用
程序的性能。

一个减少非顺序代码影响的方法是设置两个并行运行的缓存，称之为两路组相联映射缓
存，下面进行讨论。

8.1.5　组相联映射缓存

在两路组相联映射缓存中，存储阵列被分成两个大小相等的缓存区域，二者的缓存项数
都是直接映射缓存的一半。硬件每次访问内存时都会并行地查询这两个缓存区域，任何一个
都可能命中。图 8.4 比较了 32 位地址标识与两个一级指令缓存中包含的标识。

此处的缓存块与图 8.3 的缓存块大小相同（64 字节），但每个缓存区域的缓存块数只有
原来的一半。缓存的大小与前面示例中一样的情况下：每块 64 字节乘以 4 行乘以 2 个缓存
区域等于 512 字节。因为每个区域一共 4 块，所以物理地址的组号字段减少到 2 位，标识字
段增加到 24 位。每组都由两个缓存块组成。

当缓存未命中时，内存管理逻辑必须从两个缓存表（即缓存的两个区域）中选择一个
作为从 DRAM 中取回的数据的目标缓存块。一种常见的方法是跟踪并确定两个表中哪个
相关的缓存块未被访问的时间最长，然后覆盖该缓存块。这一替换策略称为**最近最少使用**
（LRU），需要硬件支持来确定哪个缓存块处于空闲状态的时间最长。LRU 策略受时间局部性

的启发，即长时间内未被访问的数据在近期内不太可能再次被访问。

图 8.4   组相联映射缓存操作

在两个表之间进行选择的另一个方法是，在连续插入某个缓存组时，插入的目标块在该组的两个块之间来回切换。此替换策略比 LRU 在硬件上的实现更简单，但是任意选择要被替换的缓存块使其无效可能会影响性能。缓存替换策略的选择是在增加硬件复杂度与提高性能之间的权衡。

在两路组相联映射缓存中，假设两个缓存块都有效，则来自不同物理位置且具有匹配组号字段的两个缓存块同时存在。同时，与总大小相同的直接映射缓存相比，每个两路组相联映射缓存的组数是直接映射缓存的一半。这是另一种缓存设计时进行的权衡。

与直接映射相比，两路组相联映射缓存中组号数的值减少了，但是可以同时缓存多个具有相同组号字段的缓存块。能够提供最佳系统整体性能的缓存配置模式取决于系统中程序的访存特征。

组相联映射缓存包含的缓存区域可以不止两个。现代处理器通常有 4 个、8 个或 16 个并行访问的缓存区域，分别称为 4 路、8 路或 16 路组相联映射缓存。这些缓存称为组相联映射缓存是因为地址的标识字段同时与所有缓存块相联映射。直接映射缓存实现了一路组相联映射缓存。

与直接映射缓存相比，多路组相联映射缓存的优势在于它往往具有更高的缓存命中率，从而在大多数实际应用程序中提供比直接映射缓存更好的系统性能。如果多路组相联映射缓存提供比一路直接映射缓存更好的性能，为什么不进一步增加相联的缓存块呢？因为增加到极限就成为全相联映射缓存。

8.1.6   全相联映射缓存

假定缓存中的块数是 2 的次方，重复将整个内存划分为更多较小的并行缓存区域，直到每个缓存区域仅包含一个缓存块为止，就会得到一个**全相联映射缓存**。在示例的 512 字节缓存中，每个缓存块有 64 个字节，这是 8 个并行的缓存区域，每个缓存区域只有一块。

在全相联映射缓存中，每次访问内存都会同时与所有缓存块的标识字段进行比较。虽然在电路复杂度和集成电路芯片面积方面付出了很大的代价，但是使用有效的替换策略（如 LRU）的全相联映射缓存有非常高的缓存命中率。在功耗敏感的应用程序（如电池供电的移动设备）中，全相联映射缓存的电路复杂性将导致电池能耗增加。在台式计算机和云服务器中，必须将处理器功耗降到最低来避免额外的冷却需求，并且将拥有数千台服务器的云服务提供商的电费降到最低。由于这些成本问题，在现代处理器中很少使用全相联映射缓存作为指令缓存和数据缓存。

全相联映射缓存的概念听起来可能很熟悉，因为它与第 7 章中介绍的 TLB 中使用的概念相同。TLB 通常是包含虚拟地址到物理地址转换的全相联映射缓存。尽管在 TLB 中使用全相联映射缓存会导致电路复杂度增加、芯片面积增大和功耗升高，但是 TLB 提供的性能优势非常显著，以至于几乎所有实现分页虚拟内存的高性能处理器都使用了全相联映射。

本节关于缓存的讨论主要集中在指令缓存上，指令缓存通常是只读操作。数据缓存的功能要求与指令缓存类似，但是数据缓存除了从内存读取数据之外，处理器还必须能够写入数据。

8.1.7 处理器缓存写策略

在具有分离缓存的处理器中，除了要求电路必须允许处理器对缓存进行读写操作以外，L1 D-cache 在结构上也与 L1 I-cache 相似。处理器每次将数值写入内存时，都必须更新包含该数据的 L1 D-cache 块，并且有时还必须更新包含该缓存块的物理内存中的 DRAM 位置。与写入 L1 D-cache 的速度相比，对 DRAM 进行读写的速度很慢。

现代处理器中最常见的缓存写策略如下：

- **写穿**：处理器每次将数据写入缓存时都会立即更新 DRAM。
- **写回**：该策略将修改后的数据仅保存在缓存中，直到该缓存块需要从缓存中移出。写回策略的缓存必须为每个缓存块提供额外的状态位，指示数据从 DRAM 读取后是否已被修改。该位称为**脏位**。如果脏位为 1，就表示该缓存块中的数据已被修改，系统必须先将缓存块中的数据写入 DRAM，然后才能覆盖缓存块中的数据。

因为写回策略允许处理器对同一缓存块执行多次写入操作，且不需要在每次写入时都访问主存，所以通常有更好的系统性能。在多核或者多处理器的系统中，因为写入某个内核的 L1 D-cache 后，其内容将与相应 DRAM 以及其他处理器或核中的缓存内容不同，所以使用写回策略增加了复杂性。在缓存块写入 DRAM 并刷新其他处理器的缓存之前，不同处理器相应的缓存块的内容将一直保持不一致的状态。

当访问同一内存位置时，不同的处理器得到不同的值通常是不能接受的，因此必须提供一种解决方案来确保所有处理器得到相同的数据。在多个处理器之间保持内存相同的挑战称为**缓存一致性**（cache coherence）问题。

多核处理器可以通过在所有内核之间共享相同的 L1 D-cache 来解决这个问题，但是现代多核处理器通常为每个内核实现一个单独的 L1 D-cache 来提升访问速度。在具有共享主存的多处理器系统中，处理器位于不同的集成电路上，而在不共享一级缓存的多核处理器中，问题会更复杂。

一些多处理器通过**窥探**（snooping）来保证缓存一致性。窥探指每个处理器监视其他处理器执行的内存写操作。当某个处理器发现其他处理器要对内存执行写操作，且该内存块存在于自己的缓存中时，将采取两种操作之一：通过将有效位设置为 0 来使其缓存块无效，或者使用其他处理器写入的数据更新其缓存块。如果缓存块无效，下一次访问该缓存块之前需要先访问 DRAM，从而得到其他处理器修改的数据。

窥探在处理器数量有限的系统中很有效，但在包含几十个或几百个处理器的系统中，因为每个处理器必须一直监视其余所有处理器的写入行为，所以它的性能并不好。在具有大量处理器的系统中可以使用更复杂的协议来实现缓存一致性。

8.1.8 二级缓存和三级缓存

关于缓存的讨论集中在一级指令缓存和数据缓存上。在设计上，一级缓存应该追求高速度，但是由于缓存电路的复杂性和功耗要求，过于追求速度限制了它们的容量。由于一级缓存和 DRAM 在性能上存在巨大差异，所以可以考虑在一级缓存和 DRAM 之间增加多级缓存。

现代高性能处理器通常包含大量的片上二级缓存。与一级缓存不同，二级缓存通常是数据和指令混合存放的，它使用冯·诺依曼体系结构，而一级缓存使用的是哈佛体系结构。二级缓存通常比一级缓存慢，但仍然比直接访问 DRAM 快得多。虽然二级缓存使用 SRAM 位单元，其基本电路结构如图 8.1 所示，但二级缓存的电路设计相对于一级缓存更加强调减少芯片面积和功耗。这些修改使得二级缓存比一级缓存大得多，但与此同时速度也会变慢。

一个典型的二级缓存的容量可能是一级数据缓存和一级指令缓存之和的 4 倍或者 8 倍，访问时间是一级缓存的 2~3 倍。二级缓存可能包含（也可能不包含）一级缓存，具体取决于处理器设计。**包含型二级缓存**总是包含一级缓存中的缓存块。

处理器每次访问内存时，首先查询一级缓存。如果一级缓存未命中，再检索二级缓存。因为二级缓存比一级缓存大，所以很可能在二级缓存中找到数据。如果在二级缓存块中也找不到数据，则需要访问 DRAM。处理器通常并行执行其中的一些步骤，以确保缓存未命中时获取所需的数据不会耗费过多的时间。

一级缓存和二级缓存的每一次同时未命中，都会导致读取 DRAM 并更新一级缓存和二级缓存中相应的缓存块（假设二级缓存包含一级缓存）。处理器每次写入内存时，一级缓存和二级缓存最终都会更新。一级数据缓存实现缓存写策略（通常是写穿或写回）以决定何时必须更新二级缓存。类似地，二级缓存实现自己的写策略，决定何时将脏位有效的缓存块写入 DRAM。

如果使用二级缓存有助于提高性能，为什么不继续增加缓存的级数呢？事实上，大多数现代高性能处理器实现了三级及以上的片上缓存。与从一级缓存到二级缓存的转换类似，从二级缓存到三级缓存转换时缓存容量变得更大的同时访问速度也变得更慢。三级缓存与二级缓存类似，通常将指令和数据放在同一个缓存存储区中。在消费级电脑的处理器上，三级缓存通常由几兆字节的 SRAM 组成，访问时间比二级缓存多 3~4 倍。

程序员对缓存的看法

虽然软件开发人员不需要采取任何措施来利用缓存，但了解软件运行的执行环境可以提高在多级缓存的处理器上运行的代码的性能。在灵活性允许的情况下，将数据结构和代码内部的循环调整到一级、二级、三级缓存的容量范围内，可能显著提高执行速度。

因为任何一段代码的性能都受到许多与处理器体系结构和系统软件有关的因素的影响，因此在多个可行方案中确定最优的算法就是要仔细衡量每一个方案的性能。

与不使用缓存的相同规模的系统相比，现代处理器中多级缓存层次结构显著提高了性能。缓存允许最快的处理器以最小的 DRAM 访问延迟运行。虽然缓存增加了处理器设计的

复杂性并且显著增加了芯片面积和功耗，但是处理器供应商已经确定使用多级缓存结构是值得的。

　　缓存通过减少获取指令的时间和获取这些指令所需数据时的存储器访问延迟来加速指令的执行。下一个提升性能的方法是通过处理器内部的优化来提高指令的执行速度流水线技术。

8.2　指令流水线

　　在介绍流水线之前，首先将一条处理器指令的执行分解为一系列步骤：

- **取指**：处理器控制单元访问要执行的下一条指令的内存地址，其中指令的地址通常由上一条指令确定，在系统上电时取程序计数器预先设定的初始值，在响应中断时取与中断类型相关的给定值。控制单元将从该地址读取的指令码加载到处理器的内部指令寄存器中。
- **译码**：控制单元决定在指令执行过程中要采取的动作。这可能涉及 ALU，还可能需要对寄存器或内存位置进行读写访问。
- **执行**：控制单元执行请求的操作，如果需要的话可以执行 ALU 操作。
- **写回**：控制单元将指令执行的结果写入寄存器或存储器，程序计数器更新为下一条要执行的指令的地址。

　　从通电到关机，处理器重复地执行取指、译码、执行、写回这一循环。在 6502 这种相对简单的处理器中，处理器将这些步骤的每一步作为独立的、顺序的操作来执行。在程序员看来，每一条指令都在下一条指令开始之前完成这些步骤。每条指令的所有结果和对寄存器、内存和处理器标志中产生的影响都可供接下来的指令立刻使用。这是一个简单的执行模型，汇编语言程序可以认为当下一条指令开始执行时，上一条指令的所有结果都已产生。

　　图 8.5 是一个在处理器中执行指令的例子，指令的取指、译码、执行和写回等每一个步骤都是一个时钟周期。请注意图中的每一步都由其首字母 F（取指）、D（译码）、E（执行）或 W（写回）进行表示。

图 8.5　顺序指令执行

　　每条指令需要 4 个时钟周期才能完成。在硬件层面，图 8.5 所示的处理器由 4 个执行子系统组成，每一个子系统在 4 个指令时钟周期中的其中一个周期内处于活动状态。与每个步骤相关联的处理逻辑从存储器和寄存器读取输入信息，并将中间结果存储在锁存器中，方便之后在执行阶段使用。每一条指令完成后，下一条指令立即开始执行。

　　每时钟周期完成的指令数（IPC）以相对于处理器时钟速度（时钟周期时间）的指令执行快慢作为性能指标。图 8.5 中的处理器中每条指令需要 4 个时钟周期，所以 IPC 为 0.25。

　　由于完成每个步骤的电路在其余三个步骤执行时都是空闲的，所以本示例的性能还有可以提升。假设一旦取指硬件完成一条指令的取指，它就会立即开始取下一条指令。图 8.6 显示了指令的这种执行过程，在每个时钟周期，每个执行过程涉及的硬件将从一条指令的处理转向下一条指令的处理。

图 8.6   流水线指令执行

因为指令从开始到完成，就像液体在物理流水线中移动，所以这一执行过程称为**流水线**。处理器流水线同时包含处于不同执行阶段的多条指令。这种工作模式的处理器每个时钟周期完成一条指令，IPC 为 1.0，是图 8.5 的非流水线模型执行速度的 4 倍。在实际中使用流水线可以实现类似的性能提升。

除了通过流水线重叠顺序指令的执行之外，可能还有其他机会有效地利用空闲的处理器子系统。处理器指令根据执行时所需电路的不同分为几个不同的类别。例如：

- **分支指令**：有条件分支指令和无条件分支指令通过控制程序计数器来设置下一条要执行的指令的地址。
- **整数指令**：涉及整数运算和位操作的指令访问 ALU 的整数部分。
- **浮点指令**：在为浮点运算提供硬件支持的处理器上执行，浮点运算一般使用与整数 ALU 不同的电路。

通过增加处理器指令调度逻辑的复杂度，如果两条指令碰巧使用不同的处理资源，则可以在同一时钟周期开始执行这两条指令。例如，处理器通常会将浮点指令分派到**浮点单元**（FPU），同时在主处理器内核上执行非浮点指令。

事实上，许多现代处理器包含某些子系统的多个拷贝来支持多条指令同时执行，例如包含多个整数 ALU。在这种体系结构中，处理器同时开始执行多条指令，称为**多发射**处理。图 8.7 描述了在每个处理器时钟周期启动两条指令的多发射处理情况。

图 8.7   多发射流水线指令执行

这一执行模型使图 8.6 的一条流水线中每个时钟周期完成的指令数加倍，从而其 IPC 为 2.0。这是**超标量处理器**（superscalar processor）的一个例子，它可以在每个时钟周期发射（也就是开始执行）多条指令。相比之下，**标量处理器**在每个时钟周期只发射一条指令。需要说明的是，图 8.5 和图 8.6 都表示标量处理器的行为，而图 8.7 表示的是超标量处理器。超标量处理器通过实现**指令级并行**（Instruction-Level Parallelism，ILP）来提高执行速度。事实上所有现代高性能通用处理器都是超标量处理器。

8.2.1　超流水线

回顾图 8.5 中的标量非流水线处理模型，可以考虑如何选择处理器的时钟速度。在不考虑功耗和散热的情况下，通常希望处理器时钟尽可能快。图 8.5 中处理器时钟速度的上限由四级流水线中最长的流水线决定。不同的指令可能有完全不同的执行时间要求。例如，清除处理器标志的指令只需要很短的执行时间，而 32 位除法指令可能需要很长的执行时间。

根据单条指令最坏情况的耗时对整个系统的执行速度进行限制非常低效。相反，处理器设计者一直在设法将复杂指令的执行分解成更多的顺序步骤。这种方法称为**超流水线**，它通过将复杂阶段分解为多个简单阶段来增加流水线级数。超流水线从本质上讲是一个具有很多级的处理器流水线。除了超标量以外，现代高性能处理器通常也采用超流水线技术。

将流水线分解为许多级超流水线可以简化每一级，从而减少执行每级流水线所需的时间。可以通过加快每一级流水线来提高处理器的时钟速率。只要可以维持指令发射速率，超流水线就代表指令执行速率随着处理器时钟速率的增加而按比例增加。

RISC 处理器指令集一般都支持高效流水线。大多数 RISC 指令执行的都是简单操作，例如，在寄存器和内存之间移动数据或对两个寄存器的内容求和。与 CISC 处理器相比，RISC 处理器的流水线通常更短。CISC 处理器及其丰富且复杂的指令集都会受益于将长指令分解为包含一系列连续执行级的流水线。

对基于 x86 等传统指令集的处理器来说，实现高效流水线有一个很大的挑战：指令集最初设计时没有充分考虑之后出现的超标量和超流水线技术。因此，现代 x86 兼容处理器将很大一部分芯片面积用于实现这些性能提升所需的复杂逻辑。

如果将一条流水线分成十几个流水级可以极大地提高性能，那么为什么不继续将指令流水线分成几百甚至上千个更小的流水级来获得更好的性能呢？答案是：这会导致流水线冒险。

8.2.2　流水线冒险

在通用处理器中实现流水线并不是那么简单。如果一条指令的结果依赖于前一条指令产生的结果，那么当前指令必须等到上一条指令的结果可用时才能继续执行。如下为 x86 的代码：

假设在一个处理器上执行这两条指令的情况如图 8.6 所示（单发射流水线）。第一条指令使 eax 寄存器递增，第二条指令将递增后的 eax 值到 ebx 寄存器中。add 指令在上一条指令的运算结果可用之前无法执行加法运算。如果第二条指令的执行阶段（在图 8.6 中为

"2:E")在第一条指令的写回阶段完成（在图 8.6 中为 "1:W"）之前无法执行，那么 "2:E" 阶段除了等待 "1:W" 阶段完成以外别无选择。由于缺少相关信息，流水线无法执行指令下一流水级的情况称为**流水线冒险**。

实现旁路是解决流水线冒险的一种方法。在第一条指令的执行阶段完成（在图 8.6 中为 "1:E"）时，eax 寄存器递增后的值已经计算出来，但尚未写入 eax 寄存器。第二条指令的执行阶段（在图 8.6 中为 "2:E"）需要 eax 寄存器增加后的值作为输入。如果流水线逻辑使 "1:E" 阶段的结果可以直接用于 "2:E" 阶段，而不必先写入 eax 寄存器，那么第二条指令可以在没有延迟的情况下完成执行。在源指令和目标指令之间快速传递数据而无须等待源指令执行完成的方式称为**旁路**（bypass）。旁路在现代处理器设计中广泛使用，保证流水线尽可能高效地工作。

因为目标指令准备使用所需的操作数时，该操作数作为源指令的结果，有可能还没有计算出来，所以在某些情况下旁路不可能解决问题。在这种情况下，目标指令的执行必须暂停并等待源指令的结果。这会导致流水线执行阶段的暂停，并通过流水线传给余下的阶段，使得其他阶段暂停。这种传播延迟称为**流水线气泡**，类似于气泡通过液体流水线传递。气泡的存在降低了流水线的效率。

因为气泡对性能的负面影响，所以流水线处理器设计人员要尽可能地避免气泡。一种方法是**乱序指令执行**（Out Of Order instruction execution，OOO）。我们在前面的示例中列出了两条指令，现在增加第三条指令：

第三条指令不依赖于前面指令的结果。处理器可以使用乱序指令执行来避免流水线气泡，而不是使用旁路来避免延迟。最终的指令序列如下所示：

这样执行这三条指令的最终结果是一样的，但是第一条指令和第三条指令之间的时间间隔增加后，降低了产生流水线气泡的可能性，即使出现气泡，其持续时间也会缩短。

乱序指令执行需要检测指令之间的依赖（相关）性，并对它们重新进行排序，虽然改变了指令最初的执行顺序，但是最终的结果都是相同的。有些处理器在程序执行期间实时改变指令顺序，其他体系结构则依赖于编译器在软件创建过程中对指令进行重新排序来减少流水线气泡。第一种方法需要在处理逻辑和相应的芯片上大量投入，以便进行重新排序。第二种方法简化了处理器逻辑，但使汇编语言程序员的工作更加复杂，他们现在必须承担起确保流水线气泡不会过度影响性能的责任。

8.2.3　微操作和寄存器重命名

x86 指令集体系结构对处理器设计者提出了一个特殊的挑战。尽管 x86 体系结构已有几十年的历史，但它仍然是个人计算和商业计算的主流。指令流水线技术在只有 8 个寄存器的 CISC 体系结构（32 位 x86）中相比于使用大量寄存器的 RISC 体系结构的优势要小得多。

为了利用 RISC 方法的优点，x86 处理器设计者将 x86 指令作为微操作序列来实现。**微操作**缩写为 μop，是处理器指令的一个子步骤。简单的 x86 指令可以分解为 1～3 个微操作，而复杂的指令需要大量的微操作。将指令分解为微操作可以更细粒度地评估指令对其他微操作结果的依赖性，并且支持执行并行度的提升。

随着微操作的使用，现代处理器通常会提供额外的几十个甚至几百个内部寄存器，用于保存微操作的中间结果。这些寄存器保存部分计算结果，目的是在指令的微操作全部完成之后分配给处理器的物理寄存器。这些内部寄存器的使用称为**寄存器重命名**（register renaming）。每个重命名的寄存器都有一个标记值来指示它最终将更新（占用）的物理寄存器。通过增加重命名寄存器的数量，指令并行的可能性得到了提升。

多个微操作可能在同一时间处于不同的执行阶段。一条指令对前一条指令结果的依赖性将阻止微操作的执行，直到通过旁路机制使其所需的输入可用为止。一旦所有必需的输入都可用，就调度微操作执行。这种操作模式代表**数据流处理**模型。当数据依赖项被消除时，数据流处理允许通过触发微操作的执行，在超标量体系结构中实现并行操作。

高性能处理器在完成取指之后将指令译码成微操作。在一些芯片设计中，译码的结果保存在处理器和一级指令缓存之间的零级指令缓存中。零级指令缓存提供了对预译码的微操作进行最快访问，从而以最快的速度执行代码的内部循环。通过缓存译码的微操作，处理器可以避免在随后访问相同的指令时重新执行指令译码。

除了指令间的数据依赖项导致的冒险外，流水线冒险的第二个重要来源是下一节中要讨论的条件分支。

8.2.4 条件分支

条件分支在流水线执行过程中引入了大量的不确定性。条件分支指令的下一条指令的地址在分支条件确定之前不能被确认。有两种可能：如果分支条件不满足，则处理器将执行条件分支指令之后的指令；如果分支条件满足，则下一条指令位于条件分支指令指定的地址处。

有多种技术可以处理流水线处理器中条件分支所带来的挑战。其中一些技术如下：

- 尽可能避免分支。软件开发人员可以设计具有内部循环的算法，使得条件代码最少甚至完全消除。优化编译器可以对操作序列进行重新排序和简化，以减少条件分支的负面影响。
- 处理器可以延迟取入下一条指令，直到计算出分支目标为止。这通常会在流水线中引入气泡，降低性能。
- 处理器可以在流水线中尽可能早地计算分支条件。这将更快地确定正确的分支，从而以最小的延迟继续执行。
- 一些处理器试图猜测分支条件的结果，并沿着该路径执行指令，这称为**分支预测**。如果猜测结果不正确，处理器必须从流水线中清除错误执行路径的结果（称为"**清洗流水线**"），然后从正确的路径重新开始执行。虽然错误的猜测会严重影响性能，但是正确地猜测分支方向可以使执行毫无延迟地继续进行。一些执行分支预测的处理器会跟踪以前分支指令的执行结果，并在重新执行相同指令时使用这些信息来提高将来猜测的准确性。

- 遇到条件分支指令时，处理器可以使用其超标量功能沿着两条分支路径开始执行指令。这称为 eager execution 一旦确定了分支条件，沿着错误路径执行的结果将被丢弃。只有在指令能够避免做出无法丢弃的更改时，才能以这种方式继续执行。向主内存或输出设备写入数据就是一个不易撤销更改的例子，因此，如果在推测路径上执行时发生此类操作，则此类执行将暂停。

现代高性能处理器的很大一部分逻辑资源用于支持各种处理条件下流水线的高效执行。多核、超标量和超流水线处理等是最近几代复杂处理器体系结构性能提升的关键技术。通过执行指令流水线和以超标量执行指令，在原先非面向并行开发的代码中引入了并行执行的特性。

在同时多线程单核处理器上引入多线程并行执行，可以进一步提高处理性能。

8.3 同时多线程

如前所述，每个执行进程都包含一个或多个执行线程。在单核处理器上使用时间切片方法执行多线程处理时，任何时候都只有一个线程处于运行态。通过在多个准备执行的线程之间快速切换，处理器产生了（从用户的角度来看）多个程序同时运行的现象。

本章介绍了超标量处理，它提供了一个能够在每个时钟周期内发射多条指令的单处理器内核。由于超标量处理器具有多种执行单元，如果指令的执行序列不能与这些执行单元很好地匹配，则处理器的性能提升会受到限制。例如，在一个给定的指令序列中，整数处理单元可能被大量使用（导致流水线气泡），而地址计算单元大多保持空闲。

提高处理器超标量功能利用率的一种方法是在每个时钟周期内从多个线程发出指令，称为**同时多线程**。通过同时执行来自不同线程的指令，指令序列更有可能依赖于处理器内不同的功能，从而增加指令执行的并行度。

支持同时多线程的处理器必须为每个线程提供一组单独的寄存器以及一套重命名的内部寄存器，从而为充分利用处理器的超标量功能提供更多的机会。

许多现代高性能处理器支持同时执行两个线程，还有一些处理器最多支持 8 个线程。与本章中讨论的大多数其他性能提升技术一样，由于同时多线程争夺共享资源，所以当处理器内核中支持的并发线程数量增加到某个点时，继续增加并发线程的数量会使得性能逐渐下降。

同时多线程、多核处理器与多处理

同时多线程是指处理器内核具有在同一时钟周期内，在相同的流水级执行来自不同线程的指令的能力。多核处理器是指在一块硅片上的多个处理器内核各自独立地执行指令，内核间的相互通信通过某一级缓存进行。

多处理计算机包含多处理器集成电路，每个集成电路通常单独封装。或者将多处理器封装在一个管壳中实现多处理器芯片。

这里讨论的性能优化技术试图提高标量数据的处理性能，这意味着每个指令序列只对少量的数据值进行操作。无论是否采用通过同时多线程实现的超标量处理，也只是尝试加快一次能对一个或两个寄存器大小的数据项进行操作的指令的执行。

向量数据处理是同时对一组数据元素执行相同的数学运算。下一节将讨论提高向量处理操作的执行并行性的处理器体系结构特性。

8.4　SIMD 处理

　　每个时钟周期发射一条仅能够处理一两个数据项的指令的处理器称为标量处理器。能够在每个时钟周期内发出多条指令但不能显式地执行向量处理指令的处理器称为超标量处理器。有些算法能够从显式向量化执行中获益，显式向量化执行是指对多个数据项同时执行相同的操作。为这类任务量身打造的处理器指令称为**单指令多数据**（SIMD）指令。

　　超标量处理器同时发射的指令通常对不同的数据执行不同的任务，代表了一种**多指令多数据**（MIMD）的并行处理系统。一些处理操作（如第 6 章中介绍的数字信号处理中使用的点积运算）对一组数据执行相同的数学运算。

　　在第 6 章中介绍 MAC 运算时，按顺序对每对向量元素执行标量数学运算，也可以用处理器硬件和指令来实现同时对多组数据执行类似运算。

　　在现代处理器中，SIMD 指令可用于执行数值数组的数学运算、图形数据的运算以及在字符串中搜索子字符串等任务。

　　Intel 在 1999 年推出的 Pentium III 处理器中实现了**流式 SIMD 扩展**（Streaming SIMD Extension, SSE）指令，提供了一组能够同时对 128 位数据数组执行运算的处理器指令和工具。数组中的数据元素可以是整数或浮点数。第二代 SSE（**SSE2**）指令可以并行处理以下数据类型：

- 2 个 64 位浮点数
- 4 个 32 位浮点数
- 2 个 64 位整数
- 4 个 32 位整数
- 8 个 16 位整数
- 16 个 8 位整数

SSE2 提供了常见的浮点加、减、乘和除运算指令，还支持直接使用指令来计算平方根、倒数平方根、倒数以及求数组的最大元素等。SSE2 整数指令包括比较操作、位操作、数据重排和数据类型转换。

　　后续的 SSE 指令集增加了数据宽度和操作类型。最新版 SSE 的处理能力（截至 2019 年）见 AVX-512 指令。**AVX** 代表**高级向量扩展**（Advanced Vector Extension），提供 512 位的寄存器宽度。除了其他基本特性外，AVX-512 还包含了支持神经网络算法优化的指令。

　　阻碍不同代 SSE 和 AVX 指令广泛应用的一个障碍是，为了让最终用户能够有效地使用，这些指令必须在处理器中实现，操作系统必须支持这些指令，最终用户使用的编译器和其他分析工具必须能够利用 SSE 特性。从历史上看，从引入新的处理器指令开始到最终用户能够方便地利用它们的优势，往往要花费数年的时间。

　　现代处理器中的 SIMD 指令在科学计算领域发挥了巨大作用。对于运行复杂模拟、机器学习算法或复杂数学分析的研究人员，使用 SSE 和 AVX 指令可以使数学运算、符号处理和其他面向向量的任务等的代码获得很高的性能提升。

8.5　总结

　　大多数 32 位和 64 处现代处理器综合使用了本章介绍的大部分或全部性能提升技术。典型的消费级个人计算机或智能手机包含一个四核主处理器集成电路,每个内核都支持两个线程以同时多线程方式执行。这种处理器是超标量、超级流水线,并包含三级缓存。处理器将指令译码成微操作并执行复杂的分支预测。

虽然本章中介绍的技术看起来过于复杂和神秘,但事实上,每个用户日常都在使用它们,并且每次与任何类型的计算设备交互时都会享受到这些技术带来的性能优势。虽然实现流水线和超标量操作所需的处理逻辑确实很复杂,但半导体制造商努力实现这些提升功能的原因很简单:达到用户期待的产品性能和价值是非常划算的。

本章介绍了处理器和计算机体系结构中使用的主要性能提升技术,以使实际的计算系统达到最高的执行速度。这些技术不会改变处理器的任何输出,只是更快地完成处理过程。本章研究了提高系统性能最重要的技术,包括使用高速缓存、指令流水线、同时多线程和SIMD 处理。

第 9 章将重点讨论通常在处理器指令集级实现的扩展,以支持超出一般计算要求之外系统需求。第 9 章中讨论的扩展包括处理器的特权模式、浮点数运算、功耗管理和系统安全管理。

8.6 习题

1. 考虑一个容量为 32 KB 的直接映射一级指令缓存。每个缓存块大小为 64 字节,系统地址空间为 4GB。缓存中的标识有多少位?它们在地址字中(位 0 是最低有效位)是哪些位?

2. 考虑一个容量为 256KB、8 路组相联、数据和指令混合的二级缓存,每个缓存块大小为 64 个字节。这个缓存有多少组?

3. 一个 4 级流水线处理器,其 1~4 级的最大延迟分别为 0.8 纳秒、0.4 纳秒、0.6 纳秒和 0.3 纳秒。如果将第一级用最大延迟分别为 0.5 纳秒和 0.3 纳秒的两个流水级替换,处理器的时钟速率将增加多少?

专用处理器扩展

前文详细讲述了通用计算机体系结构以及旨在解决一些特定领域需求的专用体系结构。本章将重点介绍在处理器指令级进行扩展，以实现通用计算需求之外的功能。

通过学习本章，你将了解处理器的特权模式以及它们在多处理和多用户环境中的运行方式。你还会了解浮点处理器和浮点指令集的概念、电池供电设备中的功耗管理技术，以及旨在增强系统安全的处理器特性。

本章涵盖以下主题：

- 处理器的特权模式
- 浮点数运算
- 功耗管理
- 系统安全管理

9.1 技术要求

本章相关的资料（包括习题答案）可访问以下网址获得：https://github.com/PacktPublishing/Modern-Computer-Architecture-and-Organization。

9.2 处理器的特权模式

大多数运行在 32 位和 64 位处理器上的操作系统使用特权级别控制对系统资源的访问，从而提高系统的稳定性，防止对系统硬件资源和数据进行未经授权的访问。

基于特权的执行只允许可信代码执行指令，从而无限制地访问处理器配置寄存器和 I/O 设备等资源，提高了系统的稳定性。操作系统内核和包括设备驱动程序在内的操作系统模块需要访问特权才能完成执行的功能。任何内核进程或设备驱动程序的崩溃都可能会使整个系统立即停止运行，所以这些软件组件在发布之前通常会经过精心的设计和严格的测试。

在特权模式下运行操作系统可以防止未经授权的应用程序访问系统管理的页表、中断向量表等数据结构。无论是出于偶然还是出于恶意，用户应用程序都有可能尝试访问系统内存中的数据或内存中其他用户的数据。系统会停止运行程序来阻止此类访问，并通过启动异常将违例情况发送给发生越权访问的应用程序，这通常会导致程序崩溃并显示错误消息。

我们在第 3 章中介绍了与中断相关的概念以及中断处理流程。在介绍处理器的特权模式的具体细节之前，我们首先将更详细地介绍中断和异常处理。

9.2.1 中断和异常处理

硬件中断允许处理器对来自外围设备的服务请求做出迅速的响应。硬件中断会通知处理器要采取一些措施，这些措施通常与外部设备的数据输入和输出相关。

异常与中断类似，两者的关键区别在于异常通常是对处理器内部出现的一些意外状况做出响应。例如，除零错误就是一个内部异常。

用户代码也有可能故意产生异常。实际上，在操作系统内核和设备驱动程序中，这是非特权代码请求由特权代码提供系统服务的一个标准方法。

中断和**异常**之间的区别并没有精确的定义。中断处理和异常处理通常都依赖相同或者相似的处理器硬件资源，并且其操作方式也基本相同。实际上，在 x86 体系结构中，用于启动软件中断（或异常）的指令助记符是 int，它是 interrupt 的缩写。

异常包括在软件执行期间发生的错误情况（例如，被零除）和非错误情况（例如，页面错误）。如果中断或异常不会导致终止应用程序的剧烈响应，那么中断服务例程或异常处理程序将处理该事件，并将控制权交回给系统调度程序，系统调度程序完成对中断或异常的响应后，被中断的线程随即恢复执行。

当中断或异常发生时，处理器以如下方式把控制权交给相应的处理程序：

- 当中断发生时，处理器允许完成当前正在执行的指令，然后将控制权交给**中断服务例程**（Interrupt Service Routine, ISR），而无须知道中断发生时可能正在执行的任何线程。

- 响应异常时，处理器将控制权交给类似于 ISR 的异常处理例程。指令执行期间可能会出现异常，阻止执行指令。如果指令的执行被异常打断，则在异常处理程序执行完毕并恢复线程执行后，会重新执行发生异常的指令。有了这种机制，在程序执行期间的任何时候发生页面错误，都不会影响程序的结果（除了处理页面错误引入的延迟）。

每个中断或异常类型都有一个向量编号，用于访问系统中断向量表中的一行。当发生中断或异常时，处理器硬件将查询**中断向量表**（Interrupt Vector Table, IVT）以确定合适的响应。使用 IVT 向量编号访问的行包含该向量的处理程序的地址。

在处理中断或异常时，处理器将所有必需的上下文信息压入堆栈，并将控制权交给处理程序。在发生中断的情况下，处理程序将为设备提供服务并清除其中断请求。在处理完中断或异常后，处理程序将控制权交回给操作系统。表 9.1 总结了 x86 处理器在保护模式下可用的一些中断和异常类型。

表 9.1 x86 IVT

向　　量	类　　型	原　　因
0	除法错误	div 或 idiv 指令试图对一个整数进行除零操作
2	不可屏蔽中断请求	NMI 硬件信号被断言
3	断点	执行 int 3 指令
6	无效操作码	试图执行保留的操作码
13	一般保护	试图对内存或系统资源进行越权访问
14	页面错误	MMU 发出从外存中调页的请求
32-255	用户自定义	这些向量可用于硬件中断或 int 指令

以下是与表 9.1 中列出的中断和异常相关的一些详细信息。

- 由 NMI 输入引起的向量 2 的操作类似于第 3 章中提到的 6502 处理器对 $\overline{\text{NMI}}$ 输入的响应。

- 尽管现代处理器提供了复杂的、非入侵式的断点功能，但 x86 体系结构仍保留了早期

8086 处理器中 int 3 指令提供的断点功能。正如第 3 章所述，6502 软件调试器在指定的地址中断程序执行的机制是，用 6502 BRK 操作码临时替换中断位置的操作码。当执行到该位置时，BRK 处理程序获得控制权，允许用户与系统进行交互。x86 体系结构中的 int 3 指令以相同的方式执行。实际上，与 x86 int 指令中使用其他任何向量编号不同，int 3 指令为单字节指令，其值为 CCh。而 int 32 等使用其他向量的软件中断是两字节指令，int 3 指令通过用值 CCh 替换单个字节的代码来实现断点插入。

- 向量 13 对应通用保护异常处理程序，在应用程序尝试访问未分配给其使用的内存或系统资源时激活。在 32 位和 64 位操作系统中，默认情况下由系统为该向量提供的处理程序将终止正在运行的应用程序，并显示错误信息。

- 向量 14 对应页面错误处理程序，当应用程序尝试访问物理内存中不存在的页面时激活。处理程序尝试找到要使用的页面（该页面可能位于磁盘文件中或系统的交换文件中），将页面加载到内存中，更新虚拟 – 物理转换表（即页表），然后重新启动引发异常的指令。

总之，硬件中断由需要数据传输或其他类型服务的 I/O 设备发出。当出现必须暂停执行程序以处理页面错误或越权访问等情况时，就会发生系统异常。

虽然相同的代码在相同的数据上执行时，软件产生的异常行为通常是可重复的，但是硬件中断和系统异常往往是随机发生的。

尽管某些异常（例如，一般性保护错误）会终止导致异常的进程，但大多数中断和异常会在相应的处理程序完成处理后恢复执行。

编程语言异常

许多编程语言提供了在应用程序内处理异常的工具。编程语言异常与处理器处理的异常类型有很大的不同，理解这一点很重要。与处理器硬件处理的异常相比，编程语言异常涉及的错误条件通常具有更高的级别。

例如，当内存分配请求失败时，C++ 将生成（用 C++ 术语 throw 表示）一个异常，这种异常与在处理器中处理的系统异常的类型不同。注意不要混淆高级编程语言中的异常与处理器直接处理的异常。

9.2.2 保护环

现代处理器和操作系统采用的保护策略与中世纪城堡设计中采用的防御措施相似。城堡通常有高墙环绕，有时还使用护城河来加强防御。外墙具有少量防卫良好的出入点，每个出入点都通过吊桥和全天候警卫来加强防御。在城堡大院内，城堡本身有坚固的墙和防卫良好的少量出入口，进一步加强了敏感区域的防御。

城堡层次结构中最高权限的成员可以自由出入城堡和外墙。权限较低的成员有权向内通过外墙，但禁止进入城堡。当地居民中权限最低的成员在大多数情况下都禁止进入城堡，即使获得进入城堡的权限，他们的行动也会受到限制，例如只能进入特定的公共区域。

这种保护策略可以使用同心圆表示，如图 9.1 所示，最高权限能够访问图中最内层的环，越往外需要的权限越低。

该保护策略包含三个权限级别，规定了系统中每个用户可用的访问类型。环 0 要求最高的特权级别，而环 2 则不需要特殊的权限。

现代处理器和运行在处理器上的操作系统使用一种相似的方式来防止对关键资源进行未经授权的访问，但也可以授权非特权用户能够访问可以使用的系统功能。

尽管原则上可以在最高权限环与最低权限环之间设置多个中间级，但是大多数现代计算机体系结构仅实现两个环：一个命名为内核或管理员的特权环和一个非特权用户环。一些操作系统将设备驱动程序在中间环实现，在与 I/O 交互时，它只负责授权访问被请求的资源，但这个内核环本身不能通过系统调用自由访问。

Windows 和 Linux 等操作系统仅支持两个权限环是因为这些系统的设计目标支持跨不同处理器体系结构的可移植性。有些处理器仅支持两个权限环，而有的则支持更多的环。如果任何底层处理器体系结构不支持所需数量的环，则可移植的操作系统不能实现两个以上的权限环。例如，x86 体系结构最多支持 4 个环，但是其中只有两个被 Windows 和 Linux 使用（环 0 的权限最高，环 3 的权限最低）。

图 9.2 代表了大多数在 x86 体系结构上运行的环。

图 9.1   保护环的示例   图 9.2   x86 处理器的保护环

这种基于环的权限管理系统是 20 世纪 90 年代著名的 Windows"蓝屏死机"的主要原因，该现象在最近版本的 Windows 中很少出现。Web 浏览器、电子邮件客户端和文字处理器等用户应用程序有时会遇到导致程序崩溃的问题。由于 Windows、Linux、macOS 和 Android 等操作系统提供了特权强化机制，所以操作系统能够容忍单个应用程序的崩溃，从而防止操作系统本身或系统上正在运行的任何其他程序崩溃（至少这些程序的执行不依赖于崩溃的程序）。

应用程序崩溃后，操作系统将回收并清除崩溃的程序正在使用的所有资源，包括分配的内存页和打开的文件。在 Web 服务器主机等计算机系统中，尽管其上运行的软件应用程序偶尔会崩溃和重新启动，但它们仍然能够连续运行数百天。

除了防止应用程序崩溃，基于环的权限控制机制还提供了大量的安全机制以对抗恶意攻击。黑客经常使用的一种攻击类型是将一些代码插入运行在环 0 的系统模块中。这种代码插入可能发生在磁盘上的可执行文件中，或者当内核代码在内存中运行时修改内核代码。如果攻击成功，由于恶意代码在环 0 运行，所以攻击者可以使用此代码访问系统中任何数据。

因为这种类型的攻击有可能成功，所以现代处理器和操作系统已采用了一系列安全措施，并修复了早期版本操作系统中发现的许多漏洞。如果系统管理员和用户能够充分利用现代计算机系统中可用的基于环的安全措施，则攻击者的攻击行为几乎不会成功。事实上，在大多数情况下，黑客成功入侵的关键原因是攻击者利用了与用户相关的安全漏洞。

9.2.3 监控模式和用户模式

在两层保护环中，正在执行线程的特权级别通常使用寄存器中的一位来表示。在环 0 上运行时，**监控模式**（supervisor mode）位为 1，在**用户模式**（x86 上的环 3）运行时，监控模式位为 0。监控模式位只能被运行在监控模式下的代码修改。

监控模式位的状态决定了线程可以执行哪些指令。可能干扰系统操作的指令在用户模式下无法执行，例如，x86 中暂停处理器执行的 hlt 指令。如果试图执行被禁止执行的指令则会导致一个一般保护故障。在用户模式下，禁止用户应用程序访问系统内存区域和分配给其他用户的内存。在监控模式下，可以执行所有指令，也可以访问所有内存区域。

以城堡为例，监控模式位表示提供给城堡卫士进行检查的标识，该标识允许访问城堡外的场地和城堡本身。置位时，监控模式位提供了访问王国的钥匙。

9.2.4 系统调用

属于内核和设备驱动程序的所有代码始终在环 0 中运行。所有用户代码始终在环 3 中运行，即使对于具有更高操作系统特权的用户（例如，系统管理员）也是如此。在环 3 中运行的代码受到系统严格控制，无法直接执行任何涉及分配内存、打开文件、在屏幕上显示信息或与 I/O 设备进行交互的操作。环 3 的用户代码必须向内核发出服务请求，才能访问这些系统功能。

内核服务请求必须首先通过一个门（正如访客进入城堡一样），门的作用是在允许执行操作之前对请求的操作类型以及所有的相关参数进行仔细检查和验证。执行请求操作的代码在监控模式下在环 0 中运行，运行完成后，将控制权交回给环 3 中用户模式下的调用例程。

在早期的 Windows 版本（Windows XP 之前的版本）中，应用程序使用了软件中断机制的 2eh 向量来请求系统服务。系统调用协议将请求的服务所需的参数放入处理器寄存器中，然后执行 int 2eh 指令，触发软件中断。处理程序将以监控模式运行，从而导致从环 3 到环 0 的特权级切换。处理程序完成后，系统运行 int 2eh 之后的指令并返回环 3。

使用 int 2eh 机制请求内核服务的一个问题是效率不高。实际上，从执行 int 2eh 指令到开始真正执行内核代码来处理异常，通常有 1000 个以上的处理器时钟周期延迟。负载较重的系统可能会每秒请求数千次内核服务。

为了解决效率问题，在 x86 体系结构中，从 1997 年的 Pentium II 处理器开始，Intel 实现了 sysenter 和 sysexit 指令。这两条指令加快了从环 3 到环 0 的调用过程以及随后返回环 3 的过程。通过使用这些指令代替 int 2eh，进入和退出内核模式的速度大约提高了三倍。

几乎与 Intel 开始使用 sysenter 和 sysexit 指令的同时，AMD 在其处理器体系结构中发布了 syscall 和 sysret 指令，它们具有与 Intel 指令相同的性能目标。不幸的是，Intel 和 AMD 处理器体系结构不兼容，导致了当使用加速内核调用的指令时，需要操作系统能够在不同的体系结构之间进行区分。

接下来我们将研究与浮点数处理相关的数据格式和运算。

9.3 浮点数运算

现代处理器通常支持 8、16、32 和 64 位的整数数据类型。一些较小的嵌入式处理器可能不直接支持 64 位或 32 位整数，而更复杂的设备可能支持 128 位整数。尽管整数数据类型应用广泛，但是许多计算领域，尤其是科学计算、工程计算和导航领域，都要求能够支持高精度小数表示。

我们以计算 5 除以 3 为例来说明整数运算的局限性。在只能使用整数的计算机上，使用 C++ 完成表达式的整数计算如下：

```cpp
#include <iostream>

int main(void)
{
    int a = 5;
    int b = 3;
    int c = a / b;
    std::cout << "c = " << c << std::endl;

    return 0;
}
```

该程序输出以下结果：

```
c = 1
```

如果把该表达式输入小型计算器，得到的输出结果（约为 1.6667）与实际结果不太接近。在需要采用实数进行精确计算的应用程序中，浮点数提供了一种有效的解决方案。

在数学上，实数集由数轴上从负无穷到正无穷之间的所有数组成，包括所有整数和小数。在实数中，整数部分和小数部分的位数没有限制。

即使是最大的计算机，其存储空间也是有限的，在计算机程序中显然不可能将整个实数范围都表示出来。如果要用一种有效的方式来表示实数，就需要一种折中方式。普遍采用的折中方式是用尾数和指数来表示实数。

极大或极小的数通常以尾数和指数表示。例如，物理学中的万有引力常数 $G=6.674\times 10^{-11}\frac{m^3}{kgs^2}$。在这种格式中，**尾数**代表数字的非零位，这些非零位使用乘法操作缩放到合适的表示范围内。**指数**部分给出了这个缩放因子，尾数必须与指数部分相乘才能得到实际的数值。

在本例中，尾数为 6.674，尾数的基数为 10，指数为 –11。指数为 –11 表示需要将小数点向左移动 11 位，得到的等效数字为 0.000 000 000 066 74。浮点数表示法更紧凑，不易出错。

数轴上的任何数字都可以用浮点数表示。如果要准确地表示所有实数，就不能限制尾数或指数的位数。

在浮点数的计算机表示中，尾数和指数都受限于预先定义的位宽。这些范围的选择依据是为了给各种应用程序提供充足的尾数和指数数量的同时，将浮点数和标准数据的宽度（通常为 32 或 64 位）进行匹配。

增加尾数位数会提高浮点数的精度，增加指数位数则会扩大可表示数字的范围。由于尾数和指数的长度是有限的，所以浮点计算的结果并不是实际的结果，但已经非常接近实际结果了。

现代处理器通常支持 32 位和 64 位的浮点数表示。在计算机的浮点数表示中，尾数的基数为 2。计算机浮点数的一般格式为：符号 × 尾数 × $2^{指数}$

符号是 +1 或 −1。在二进制表示形式中，正数的符号位为 0，负数的符号位为 1。将符号与数字的其余部分分开后，其余值为非负数。对于零以外的任何值（0 被作为特殊情况处理），可以使用乘以 2 的次方的方法把该数字缩放到大于等于 1 且小于 2 的范围内。

以重力常数为例，因为符号为 +1，所以去掉符号后值不变，仍为 6.674×10^{-11}。该数字的尾数可以通过乘以 2^{34} 来缩放到（1≤m<2）这个范围，其中 m 表示尾数。此缩放的结果是：$G = +1 \times 1.1465845 \times 2^{-34}$。

将原始数字乘以 2^{34}，以使尾数达到所需范围，因此必须将数字的浮点表示乘以 2^{-34}，才能抵消缩放操作。

由于计算机使用二进制数进行操作，所以必须将尾数转换为二进制表示形式。在浮点处理中用无符号整数表示 1 到 2 之间的范围。

例如，如果假设二进制尾数是 16 位，那么尾数 1.0 用 0000h 表示，略低于 2.0（实际值是 1.999 984 74）的值用 FFFFh 表示。使用表达式 $1 + m \times 2^{-16}$ 将十进制尾数 m 转换为 16 位二进制的尾数，并将结果舍入到最接近的整数。16 位二进制尾数 m 可以用表达式 $(m-1) \times 2^{16}$ 转换为十进制。

在该示例中，十进制尾数 1.146 584 5 转换为 16 位二进制尾数 0010010110000111b 或 2587h。

使用上一节描述的缩放时，浮点数可以用二进制形式表示，尾数和指数具有任何所需的位宽。为了兼容，定义能够适用于多种应用场合的有限数量的二进制浮点数格式，并在工业中进行广泛应用是非常有意义的。

因此，1985 年推出了 IEEE 754 标准用于计算机的浮点数表示。在了解该标准之前，我们先探讨 Intel 8087 浮点协处理器的设计，IEEE 754 标准中的很多概念来源于该协处理器。

9.3.1 8087 浮点协处理器

具有浮点硬件的现代处理器通常实现一组浮点计算指令，并在专用功能单元中执行这些指令。在超标量处理器中，**在浮点单元**（FPU）执行浮点运算的同时，主处理器内核继续执行其他类型的指令。

回顾第 1 章，1981 年发布的 IBM PC 有一个 8087 浮点协处理器的插槽。8087 在硬件中执行浮点运算的速度比主机处理器在软件上的实现快大约 100 倍。由于 8087 的安装是可选的，因此大多数希望利用其功能的 PC 软件应用程序会首先测试 8087 是否存在，如果找不到，则使用一个速度慢得多的浮点代码库。

8087 支持以下数据类型的计算：

- 16 位二进制补码整数
- 32 位二进制补码整数
- 64 位二进制补码整数

- 18 位有符号压缩二进制编码十进制（BCD）
- 32 位有符号短实数，24 位尾数和 8 位指数
- 64 位有符号长实数，53 位尾数和 11 位指数
- 80 位带符号临时实数，64 位尾数和 15 位指数

每种数据类型都以连续字节形式存储在内存中。实数类型的格式如图 9.3 所示。

图 9.3 8087 协处理器浮点数格式

短实数格式和长实数格式使用隐含的 1 位作为尾数的最高有效位，并且二进制表示形式中不包含此位。作为一种特殊情况，零值是通过将尾数和指数都设置为 0 来表示的。

8087 内部使用临时实数格式来存储中间结果。与长实数格式相比，这种格式具有更高的精度，以尽量减少舍入误差在一系列计算中的传递。

每种实数格式都可以表示为 $(-1)^S(2^{E-bias})(m)$，其中 S 是符号位，E 是指数，m 是尾数。在短实数格式中，偏阶（bias）为 127；在长实数格式中，偏阶为 1023；在临时实数格式中，偏阶为 16 383。偏阶将存储在指数字段中的无符号整数转换为有符号值。

重力常数 G 的十进制尾数为 1.146 5845，二进制缩放因子为 2^{-34}，它的符号位为 0，指数为（-34 +127）= 5Dh，尾数为 $(1.1465845-1) \times 2^{23}$=12C348h。将三个组成部分组合在一起，$6.674 \times 10^{-11}$ 以 32 位表示为：（符号位 = 0）$\times 2^{31}$+ 基于偏阶的阶码域 = $5Dh \times 2^{23}$+（尾数 = 12C348h）。

8087 在 8086/8088 指令集中增加了 68 个操作码助记符，以执行算术、三角、指数和对数等运算。在使用 8087 的 PC 程序中，代码由 8088 和 8087 的单个流指令组成，该指令流由 8088 主处理器以通常的顺序进行检索。当主机处理器执行指令时，8087 会监控地址总线和数据总线，并且仅在出现 8087 操作码时才进入执行指令的状态。8088 将 8087 指令视为空操作（nop）指令并将其忽略。

当 8087 开始执行指令时，它可以控制主机总线，使用 DMA 周期在其内部寄存器和系统内存之间传送数据。8087 和 8088 不会在它们之间直接传送数据，只能通过将数据存储在内存中供其他处理器共享。8087 指令执行继续独立于 8088，使配备 8087 的 PC 成了真正的并行处理系统。8087 具有 BUSY 输出信号供 8088 主处理器使用，以确定 8087 当前是否正在执行指令。

当 8088 需要 8087 操作的结果时，8088 必须等待 8087 的 BUSY 信号无效，此时 8088 才可以自由访问存放 8087 指令输出的内存位置。

9.3.2 IEEE 754 浮点数标准

在现代计算机系统中，最常用的浮点数格式是 IEEE 754 标准中定义的格式。IEEE 发布

了与电力、电子和计算相关的各种标准。IEEE 754 标准的最初版本于 1985 年推出，主要基于 Intel 8087 的数据类型和数学运算。

8087 并不完全符合最初的 IEEE 754 标准，该标准是在 8087 推出几年后发布的。Intel 浮点协处理器从 1987 年的 80387 开始才完全符合该标准。当今的 32 位和 64 位处理器通常将符合 IEEE 754 标准的浮点协处理器与主处理器集成在同一块芯片上。

IEEE 754 标准在 2008 年和 2019 年进行了更新。当前版本是 IEEE 754-2019，包含 16、32、64、128 和 256 位的基 -2 浮点数格式的定义，还包含 32、64 和 128 位的基 -10 浮点数格式。具有浮点运算的编程语言通常支持 32 位和 64 位的基 -2 浮点格式。处理器、编程语言和操作系统对其余 IEEE 754 数据类型的支持比较有限且并不标准。

下一节将介绍现代处理器体系结构中的功耗管理功能。

9.4　功耗管理

对于使用便携式电池供电的设备（例如，智能手机、平板电脑和笔记本电脑）的用户而言，设备的续航能力是一项十分重要的指标。为了增加设备的续航能力，设计人员使用了如下技术：

- 使空闲的子系统处于低功耗状态，或者完全关闭它们。对于必须对输入请求随时进行响应的外围设备（例如，网络接口），此解决方案可能无法实现。
- 在执行速度不是关键因素的时间段内降低集成电路电源电压和 CPU 的主频。
- 在可能的情况下，保存系统状态信息并完全关闭处理器电源。便携式计算机用户比较熟悉系统空闲时降低功耗的两种选项：待机和休眠。在待机模式下，系统 RAM 继续供电，其余部分关闭。当用户恢复使用系统时，待机模式可实现非常快速的启动。但是这种模式也是有代价的：保持 RAM 供电会有较大功耗。在休眠模式下，会把整个系统状态写入磁盘，并且系统完全断电。休眠模式基本上是零功耗，但是通常要比待机模式花费更多时间才能恢复使用。
- 当需要周期性处理时（例如，在实时应用程序中），每次处理完成后将处理器置于低功耗状态。处理器保持该状态，直到定时器中断将处理器唤醒以进行下一次迭代。许多嵌入式处理器提供了一种低功耗的空闲模式，在该模式下，指令流水线暂停，但当发生中断时，立即恢复执行以响应中断。在一些 RTOS 中，当所有任务由于等待中断或其他事件而被阻塞时，通过使处理器处于空闲状态来支持这种方式。

智能手机和其他电池供电设备通过使用以上方法将电池使用量降至最低，同时保持对用户输入和外部输入（如来电和社交媒体通知）的即时响应。

高性能计算机和嵌入式设备中的现代处理器通常支持在代码执行期间调整 CPU 主频的能力，在某些情况下还具有改变处理器电源电压的能力。下一节将讨论这种电源管理技术。

动态电压和频率缩放

对处理器的时钟频率和电源电压进行优化，使得功耗最小的技术称为**动态电压和频率缩放**（Dynamic Voltage Frequency Scaling，DVFS）。执行 DVFS 时，处理器会定期评估其当前工作状态的性能要求，在保持其性能处于一个可接受水平的同时，调整处理器的时钟频率和电源电压以尽量减少功耗。

在包含大量晶体管的 CMOS 芯片中，使用 $P = \sum_{i=1}^{N} C_i v_i^2 f_i$ 来估算功耗。在该表达式中，P

表示包含 N 个 MOS 晶体管的芯片的总功耗，C_i 是第 i 个晶体管驱动的电容，v_i 是晶体管的电源电压，f_i 是其工作频率。

通过这个公式，可以看到电路功耗与电源电压的平方成正比、与电容和工作频率成正比。由于电路中的电容在功耗中起重要作用，因此采用减小电路门尺寸，从而将电容保持在最小水平的制造工艺来实现该器件。这是当集成电路制造工艺转向较小特征尺寸时，器件功耗降低的原因之一。

DVFS 试图通过尽可能降低电源电压和 CPU 的时钟频率来最大限度地降低总功耗。

虽然降低电源电压可以大大降低功耗，但是与此同时必须精心调整 CPU 的时钟频率。当电源电压降低时，CMOS 晶体管的开关速度会更慢。这是因为每个晶体管驱动的电容保持不变，但是用来驱动电容充放电的电压降低会导致充放电速率降低。随着系统电压的降低，必须同时降低 CPU 的时钟频率，电路才能正常工作。

与第 2 章中的液压系统类似，降低 CMOS 的电源电压等同于降低对气球充水的水管水压：在降低系统压力的情况下，气球充水会更慢。

降低处理器的电源电压也会降低电路的抗干扰能力。此时，外界干扰（例如，家用电器中启动的电动机产生的电场）会更容易破坏处理器的内部运行。为了确保处理器持续可靠地运行，必须对降低的电压数值做出一定的限制。

降低 CPU 的时钟频率（除了供电电压降低导致的时钟频率降低）几乎可以等比例降低功耗。因为降低频率可以使得每个门有更长的时间进行状态转换、并传输至下一级门进行锁存，所以降低频率能够提高系统可靠性。

对于智能手机这样的复杂嵌入式设备，因为有多种不同的输入（用户操作、定时器触发的事件以及通过无线传输到达的信息）可能触发其工作，所以可能需要在高功耗状态和低功耗状态之间进行快速转换。随着环境的变化，系统可以灵活地在低功耗模式和高功耗模式之间切换，然而，由于功耗模式之间的切换也会消耗一些功率，所以有必要限制这种切换发生的速度。

用户希望其计算机和其他复杂数字设备的功耗较低，同时也希望这些系统是安全的。下一节介绍系统安全管理的关键因素。

9.5 系统安全管理

前面已经讨论了内核模式和用户模式使用不同的特权级将一个应用程序与其他应用程序和系统进程进行有效的分离。这代表了执行软件的安全级别。正常情况下这种方法已经很好了，但是，当不可信用户获得了对系统的不受限制的访问权限时，如何保持系统安全呢？这就必须在硬件级别实现其他措施，以防止好奇或恶意的用户访问受保护的代码、数据和硬件资源。

在详细地介绍硬件安全功能之前，我们先列出一些数字系统中必须进行保护的信息和其他资源：

- **个人信息**：诸如政府识别号、账户密码、联系人列表、电子邮件和文本消息等信息，即使保存这些信息的便携式设备丢失或被盗，信息也必须受到保护。
- **商业信息**：商业秘密、客户清单、研究产品和战略计划都是机密商业数据，可能在竞争者或犯罪分子手中具有巨大价值。企业还收集了大量有关其客户的个人信息，需要采取有效的措施来确保这些信息的安全。

- **政府信息**：政府组织保留公民的大量个人信息，必须确保这些信息的安全。各国政府还有大量与国家安全有关的信息，这些信息需要大量的安全协议。

除了将敏感信息存储在一个坚固的、访问受控的且具有有效的报警系统的场所外，还可以采取多种措施来确保系统免受各种攻击的影响。

以智能手机为例。具有技术能力的个人或组织能够拆解手机并获得电路级硬件的访问权。如果此人能够监控处理器的外部电信号及其与系统中其他部件通信的链路，那他可能会收集到哪些信息？答案取决于系统设计中实现的硬件安全性策略的类型和数量。

安全系统设计的第一步是避免在开发过程中引入安全漏洞。在开发有嵌入式处理器的系统时，提供硬件调试器接口非常有用。**硬件调试器**通过专用电缆接口将 PC 连接到设备。使用此连接，开发人员可以重新对闪存编程、在代码中设置断点、显示寄存器和变量的值，以及单步执行代码。如果在设计的发行版中，调试器的连接仍保留在电路板上，则用户可以将自己的调试器连接到系统，以与开发人员相同的方式使用它。

对于任何旨在安全运行的系统来说，这都是不希望出现的。因为即使在产品发布后，连接调试器的能力仍然非常有用，所以开发人员有时会尝试将调试器信号保留在电路中，但会以某种方式伪装它以使其功能不那么明显。尽管这种方法在某种程度上可能有效，但是专业的黑客已经证明了能够找出最隐蔽的调试接口，并利用这些接口访问处理器内部。在发布的产品中保留可访问的硬件调试器接口是一个严重的安全漏洞。

许多处理器供应商已经开始实现安全功能以保护处理器。系统开发人员必须在其系统设计中启用并充分利用这些功能。安全技术的一些例子如下：

- **受密码保护的硬件调试器接口**：某些处理器支持向标准硬件调试接口添加密码。在这些系统中，在处理器启用调试功能之前，所连接的系统必须提供一个很强的密码（例如，256 位数字）来完成握手。这是一种有效的方法，可以在产品发布后保留对出现的问题进行安全故障排除的功能。

- **具有密钥存储的内部加密引擎**：某些处理器提供加密功能和解密功能，并存储在操作期间使用的密钥。密钥必须在系统制造期间存储在处理器中，并且存储之后不能从外部访问。这种加密引擎和存储密钥相结合的方式允许与授权的外部设备进行安全通信。使用基于硬件的高速加密功能和解密功能，可以在物理上分离的子系统（例如，汽车内的子系统）之间进行安全的全速通信。

- **设备内存保护**：许多处理器提供了几种保护内存区域的选项。例如，可以在编程后锁定包含代码的 ROM 模块，以确保以后无法对其进行重新编程。还可以阻止从代码区域读取数据，同时仍然允许执行访问。缺少完整的内存管理单元的处理器通常具有一个名为**内存保护单元**（Memory Protection Unit，MPU）的子系统，用于管理各种处理器内存区域的安全需求。

仅靠设计一套标准的安全功能集来防御黑客是不够的。在标准安全技术之外，我们还可以考虑如下方面：

- **功耗、时序和发射分析**：通过对系统功耗、外部信号活动的时序甚至算法执行过程中产生的射频发射进行细粒度的监控，可以反推出处理器内正在进行的活动。例如，基于这些方法的攻击已成功地在密码算法执行过程中提取了加密密钥。

- **电源干扰**：在系统通电或运行过程中，故意引起电源电压波动或电压下降，会使其中一些安全功能不起作用，从而使许多系统处于易受攻击的状态。无论这种行为是自然的还是有意的，一个健壮的系统设计必须能够应对这样的行为，在电源没有达到既定参数时，恢复到一个安全的、可靠的状态。

- **物理更改**：攻击者可能会替换系统中的某些组件以试图获得控制权。例如，更换 ROM 设备可能使系统正常运行，同时也使攻击者可以使用替换 ROM 中的代码获得不受限制的内部访问权限。越来越多的处理器支持使用数字签名来验证 ROM 代码的真实性。为了检查 ROM 中的内容，处理器运行一个**哈希算法**，该算法完成对 ROM 数据的一个复杂数学计算。在执行 ROM 代码之前，哈希算法的结果（签名）必须与处理器中预加载的签名匹配。哈希算法使得在基本上不改变 ROM 内容的情况下仍能产生预期的签名。此外，ROM 数据内容也可以加密，这可以防止攻击者分析其中的代码。

本节列出了实现数字设备安全的一些基本方法，并简要分析了一些已被专业攻击者利用的更深层的安全漏洞。安全系统设计必须从坚实的安全基础开始，但也需要一些独创性的手段来防止专业的攻击者使用各种方法来破坏系统安全性。

9.6　总结

本章建立在前几章的基础之上，重点介绍了在处理器指令集级别实现的扩展，提供了超出一般计算需求的额外系统能力。

你现在应该很好地理解了处理器的特权模式以及它们如何在多处理和多用户环境中使用，你应该也理解了浮点处理器和指令集的概念、电池驱动设备中的功耗管理技术以及旨在增强系统安全性的处理器特性。

下一章我们将介绍目前在个人计算、商业计算和智能便携式设备中使用的最流行的处理器体系结构和指令集。这些体系结构是 x86、x64 以及 ARM 的 32 位和 64 位变体。

9.7　习题

1. 使用支持访问浮点数据类型的编程语言（如 C 或 C++）编写一个接受 32 位单精度值作为输入的函数。从浮点值的字节中提取符号、指数和尾数并显示它们。在显示其值之前，从指数中去除偏阶，并将尾数显示为小数。使用值 0、−0、1、−1、6.674e-11、1.0e38、1.0e39、1.0e-38 和 1.0e-39 对程序进行测试。这里列出的包含 e 的数值是使用 C/ C++ 文本表示的浮点数。例如，6.674e-11 表示 6.674×10^{-11}。

2. 修改习题 1 中的程序，使其也可以接受双精度浮点值，并从值中打印符号、指数（去除偏阶）和尾数。使用习题 1 中的输入值以及 1.0e308、1.0e309、1.0e-308 和 1.0e-309 进行测试。

3. 在网上搜索有关 NXP Semiconductors i.MX RT1060 处理器系列的信息。下载产品系列数据表，并回答有关这些处理器的以下问题。

4. i.MX RT1060 处理器是否支持在监控模式下执行指令？并说明原因。

5. i.MX RT1060 处理器是否支持分页虚拟内存？并说明原因。

6. i.MX RT1060 处理器是否支持硬件中的浮点数运算？并说明原因。

7. i.MX RT1060 处理器支持哪些功耗管理功能？

8. i.MX RT1060 处理器支持哪些安全功能？

现代处理器体系结构与指令集

大多数现代个人计算机都包含支持 Intel 或 AMD 的 x86 32 位或 x64 64 位体系结构处理器。另外，几乎所有的智能手机、智能手表、平板电脑和许多嵌入式系统都包含 ARM 32 位或 64 位处理器。本章详细介绍了这些处理器系列的寄存器和指令集。

通过学习本章，你将了解 x86、x64、32 位 ARM 和 64 位 ARM 处理器的顶层体系结构、独特属性、指令集、汇编语言以及这些体系结构中支持传统功能的关键技术。

本章涵盖以下主题：

- x86 体系结构与指令集
- x64 体系结构与指令集
- 32 位 ARM 体系结构与指令集
- 64 位 ARM 体系结构与指令集

10.1 技术要求

本章相关的资料（包括习题答案）可以访问网站 https://github.com/PacktPublishing/Modern-Computer-Architecture-and-Organization 获得。

10.2 x86 体系结构与指令集

在本章中，术语 x86 是指 1978 年推出的 Intel 8086 系列处理器中的 16 位和 32 位指令集体系结构。1979 年发布的 8088 在功能上与 8086 非常相似，只是 8088 的数据总线是 8 位，而 8086 的数据总线是 16 位。8088 是早期 IBM PC 中的中央处理器。

该处理器系列的后续几代被命名为 80186、80286、80386 和 80486，因此该系列简称为 x86。后来的几代放弃了数字命名约定，取名为 Pentium、Core、i 系列、Celeron 和 Xeon。

与 Intel 竞争的半导体制造公司 AMD 自 1982 年以来一直在生产 x86 兼容的处理器。最近几代 AMD x86 处理器被命名为 Ryzen、Opteron、Athlon、Turion、Phenom 和 Sempron。

大多数情况下，Intel 和 AMD 处理器之间的兼容性很好。这两家厂商的处理器也有一些关键的区别，包括芯片引脚配置和芯片组兼容性等。一般来说，Intel 处理器只能在为 Intel 芯片设计的主板和芯片组上工作，AMD 处理器只能在为 AMD 芯片设计的主板和芯片组上工作。本节后面将介绍 Intel 和 AMD 处理器之间的其他差异。

尽管 8088 是 8 位数据总线，但 8086 和 8088 都是 16 位处理器。这些处理器的内部寄存器是 16 位的，指令集对 16 位数据值进行操作。8088 透明地执行两个总线周期以在处理器和内存之间传输每个 16 位值。

8086 和 8088 不支持现代处理器具有的更复杂的功能，例如，分页虚拟内存和保护环。这些早期的处理器也只有 20 条地址线，将可寻址内存容量限制为 1MB。因为 20 位的地址不能直接放进 16 位寄存器中，所以有必要使用一个稍复杂的段寄存器和偏移量来访问完整的 1MB 地址空间。

1985 年，Intel 发布了 80386，并对其进行了改进以减轻这些限制。80386 引入了如下功能：

- **32 位体系结构**：地址、寄存器和 ALU 都是 32 位宽，并且指令在 32 位宽的操作数上进行操作。
- **保护模式**：该模式支持多级特权机制，包括从 0 到 3 的环数。在 Windows 和 Linux 中，环 0 是内核模式，环 3 是用户模式。在这些操作系统中不使用环 1 和环 2。
- **片上 MMU**：80386 MMU 支持扁平内存模型，允许使用 32 位地址访问 4GB 空间中的任何位置。不再需要操作段寄存器和偏移量。MMU 支持分页虚拟内存。
- **三级指令流水线**：如第 8 章所述，流水线加速了指令执行。
- **硬件调试寄存器**：调试寄存器支持设置多达 4 个断点，当发生地址访问并且满足指定的条件时，代码将在指定的地址处停止执行。可用的中断条件为代码执行、数据写入和数据读写。这些寄存器仅适用于在环 0 中运行的代码。

现代 x86 处理器启动时进入 8086 的 16 位操作模式，现在称为**实模式**。该模式与为 8086/8088 环境编写的软件（如 MS-DOS 操作系统）保持兼容。在大多数运行在 x86 处理器上的现代系统中，在系统启动期间转换到保护模式。从进入保护模式直到计算机关机，操作系统通常一直保持在保护模式。

现代 PC 上的 MS-DOS

虽然现代 PC 中的 x86 处理器在指令级与早期的 8088 兼容，但在现代计算机系统上运行一个旧版的 MS-DOS 并不简单。这是因为现代 PC 的外围设备及其接口与 20 世纪 80 年代的 PC 接口不兼容，例如，MS-DOS 需要一个驱动程序与连接到现代主板的 USB 连接键盘进行交互。

当今，x86 处理器中的 16 位模式主要用于引导和加载保护模式操作系统。由于大多数计算设备及其软件开发人员不太可能参与实现这种功能，因此本章中剩余的有关 x86 的讨论将集中在保护模式和与之相关的 32 位扁平内存模型上。

x86 体系结构支持无符号和有符号二进制补码整数，宽度为 8、16、32、64 和 128 位。分配给这些数据类型的名称具体如下：

- **字节**：8 位
- **字**：16 位
- **双字**：32 位
- **四字**：64 位
- **双四字**：128 位

在大多数情况下，x86 体系结构不强制将这些数据类型存储在自然边界。数据类型的**自然边界**是任何可以被数据类型的大小（以字节为单位）整除的地址。

虽然允许在未对齐的边界存储任何多字节类型，但是一般不建议这样做，因为它会降低性能：操作未对齐的数据指令需要额外的时钟周期。一些操作双四字运算的指令需要自然对齐的存储数据，而且尝试未对齐的访问将产生一般的保护故障。

x86 原生地支持 16、32、64 和 80 位宽度的浮点数据类型。其中 32 位、64 位和 80 位格式在第 9 章中介绍过。16 位格式称为**半精度浮点**，有 11 位尾数（隐含的前导 1）和 5 位指数。半精度浮点格式在 GPU 处理中广泛使用。

10.2.1　x86 寄存器集

在保护模式下，x86 体系结构有 8 个 32 位宽的通用寄存器、一个标志寄存器和一个指令指针。还有 6 个段寄存器和与处理器型号相关的配置寄存器。段寄存器和与型号相关的寄存器由系统软件在启动过程中配置，通常与应用程序和设备驱动程序的开发人员无关。基于这些原因，我们不再进一步讨论段寄存器和与型号相关的寄存器。

在最初的 8086 体系结构中，16 位通用寄存器被命名为 AX、CX、DX、BX、SP、BP、SI 和 DI。如此排序是因为 pushad（压入所有寄存器）指令按该顺序将这 8 个寄存器压入堆栈。

在转向 80386 的 32 位体系结构时，每个寄存器增长到 32 位。寄存器名称的 32 位版本以字母"E"作为前缀来表示这种扩展。

可以以较小的位宽访问 32 位寄存器的一部分。例如，32 位 EAX 寄存器的低 16 位为 AX。可以使用名称 AH（高位字节）和 AL（低位字节）进一步访问 AX 寄存器。图 10.1 显示了每个寄存器的名称及其子集。

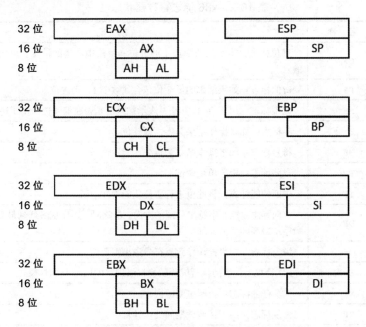

图 10.1　寄存器名称和子集

对 32 位寄存器（例如，寄存器 AL）的一部分进行写操作只影响该部分中的位。将一个 8 位数加载到 AL 时，只会修改 EAX 的最低 8 位，而其他 24 位不受影响。

为了与 x86 的**复杂指令集计算机**（Complexed Instruction Set Computer, CISC）体系结构保持一致，与各种指令相关联的几个功能被绑定到特定的寄存器上。表 10.1 给出了与每个 x86 通用寄存器关联的功能说明。

表 10.1　x86 通用寄存器和相关功能

寄存器	名　称	功　能
EAX	累加器	算术运算
ECX	计数器	循环计数器和移位 / 循环移位计数器
EDX	数据	算术运算和 I/O 操作

（续）

寄存器	名　称	功　能
EBX	基址	数据指针
ESP	栈指针	栈顶指针
EBP	基指针	函数中指向栈底的指针
ESI	源索引	数组操作中指向源位置的指针
EDI	目标索引	数组操作中指向目标位置的指针

这些寄存器指定的功能与许多精简指令集计算机（Reduced Instruction Set Computer, RISC）处理器的体系结构形成鲜明对比，后者倾向于提供更多的通用寄存器。RISC 处理器中的寄存器在很大程度上是相互等价的。

x86 标志寄存器 EFLAGS 包含表 10.2 中描述的处理器状态位。

表 10.2　x86 标志寄存器状态位

位	名　称	功　能
0	CF	进位标志：指示加法中产生的进位和减法中产生的借位。可用作加法和减法的输入
2	PF	奇偶标志：如果结果的低 8 位包含偶数个 1，则置位
4	AF	调整标志：用于 BCD 算法，表示加减法是否在低 4 位产生了进位或借位
6	ZF	零标志：如果操作结果为零，则置位
7	SF	符号标志：如果操作结果为负数，则置位
8	TF	自陷标志：用于单步调试
9	IF	中断使能标志：将此位进行置位使能硬件中断
10	DF	方向标志：控制字符串处理的方向。清除时，顺序从最低到最高地址。置位时，顺序从最高到最低地址
11	OF	溢出标志：如果操作导致有符号溢出则置位
12-13	IOPL	I/O 特权级：当前执行线程的特权级别。IOPL 0 是内核模式，3 是用户模式
14	NT	嵌套任务标志：控制中断的嵌套
16	RF	恢复标志：用于在调试期间处理异常
17	VM	虚拟 8086 模式标志：如果置位，则激活 8086 兼容模式。此模式允许在保护模式操作系统的上下文中运行某些 MS-DOS 应用程序
18	AC	对齐检查标志：置位，则在内存访问时检查访问是否对齐。例如，如果置位了 AC 标志，则将 16 位值存储到奇数地址会引起对齐检查异常。x86 处理器可以在未置位此标志时执行未对齐内存访问，但所需的指令周期数可能会增加
19	VIF	虚拟中断标志：虚拟 8086 模式下 IF 标志的虚拟版本
20	VIP	虚拟中断挂起标志：在虚拟 8086 模式下，如果中断被挂起则置位
21	ID	ID 标志：如果该位置位，则支持 cpuid 指令。cpuid 指令返回处理器标识和特征信息

EFLAGS 寄存器中未在上表中列出的所有位都被保留。

32 位指令指针 EIP 包含下一条要执行的指令的地址（除了当前指令是分支指令并且分支指令执行）。

x86 体系结构是小端模式，这意味着当多字节值存储在内存中时，最低有效字节位于最低地址，最高有效字节位于最高地址。

10.2.2　x86 寻址方式

作为 CISC 体系结构的优势，x86 支持多种寻址方式。x86 必须遵循与源操作数和目标操作数寻址相关的几条规则才能生成有效的指令。例如，mov 指令的源操作数和目标操作数的大小必须相等。汇编器将尝试为大小不明确的操作数（例如，立即数 7）选择合适的大小，来与目标位置（例如，32 位寄存器 EAX）的宽度进行匹配。在无法推断操作数大小的情况下，必须使用类似于 byte ptr 等指明操作数大小的关键字。

这些示例中的汇编语言使用 Intel 语法，它将操作数按"目标 – 源"的顺序排列。Intel 语法主要用于 Windows 和 MS-DOS 的上下文中。另一种表示法称为 AT&T 语法，将操作数按"源 – 目标"的顺序排列。AT&T 语法用于基于 UNIX 的操作系统。本书中的所有示例都将使用 Intel 语法。

下面将介绍 x86 体系结构支持的多种寻址方式。

隐含寻址

寄存器由指令操作码隐含：

```
clc ; Clear the carry flag (This is CF in the EFLAGS register)
```

寄存器寻址

源寄存器和目标寄存器的一个或全部在指令中进行编码：

```
mov eax, ecx ; Copy the contents of register ECX to EAX
```

可以使用寄存器作为第一个操作数、第二个操作数或全部操作数。

立即数寻址

立即数作为指令操作数：

```
mov eax, 7 ; Move the 32-bit value 7 into EAX
mov ax, 7 ; Move the 16-bit value 7 into AX (the lower 16 bits
of EAX)
```

当使用 Intel 语法时，不需要在立即数前面加字符 #。

直接寻址

使用指令的一个操作数给出地址值：

```
mov eax, [078bch] ; Copy the 32-bit value at hex address 78BC
to EAX
```

在 x86 汇编代码中，使用中括号括起来的表达式表示地址。如果对中括号括起来的数据进行移动（mov）或其他操作，操作的对象是存储器中给定地址处存放的数据。该规则的一个例外是 LEA（加载有效地址）指令，该指令将在后面介绍。

寄存器间接寻址

操作数字段的寄存器中存放的是操作数的地址：

```
mov eax, [esi] ; Copy the 32-bit value at the address contained
in ESI to EAX
```

该模式与在 C 或 C++ 中使用指针访问变量类似。

变址寻址

操作数表示寄存器加偏移量，用于计算数据值的地址：

```
mov eax, [esi + 0bh] ; Copy the 32-bit value at the address
(ESI + 0bh) to EAX
```

此模式对于访问数据结构的元素非常有用。在本例中，ESI 寄存器包含结构的起始地址，添加的常量是元素从结构开始处的字节偏移量。

基址变址寻址

操作数表示一个基址寄存器、一个变址寄存器和一个偏移量，它们进行相加来计算数据的地址：

```
mov eax, [ebx + esi + 10] ; Copy the 32-bit value starting at
the address (EBX + ESI + 10) to EAX
```

此模式对于访问结构阵列中的单个数据元素非常有用。在本例中，EBX 寄存器包含结构阵列的起始地址，ESI 包含阵列中引用结构的偏移量，常量值（10）是所需元素从所选结构开始的偏移量。

具有比例因子的基址变址寻址

操作数由一个基址寄存器、一个乘以比例因子的变址寄存器和一个偏移量组成，对这些值进行相加来计算数据的地址：

```
mov eax, [ebx + esi*4 + 10] ; Copy the 32-bit value starting at
the address (EBX + ESI*4 + 10) to EAX
```

在这种模式下，变址寄存器中的值可以乘以 1（默认）、2、4 或 8，然后再与操作数地址的其他部分相加。使用比例因子不会导致性能降低。当对元素大小为 2、4 或 8 字节的数组进行迭代处理时，此特性非常有用。

在这种寻址方式中，大多数通用寄存器都可以用作基址寄存器或变址寄存器。图 10.2 显示了可能组合。

图 10.2   基于寻址方式

8 个通用寄存器都可用作基址寄存器。在这 8 个寄存器中，只有 ESP 不能用作变址寄存器。

10.2.3　x86 指令类别

x86 指令集是随 Intel 8086 一起推出的，多年来已经扩展了多次。一些最重要的变化与架构从 16 位扩展到 32 位有关，增加了保护模式和分页虚拟内存。在几乎所有情况下，新功能都是在保持完全向后兼容的情况下添加的。

x86 指令集包含几百条指令，在这里不会对全部指令进行讨论。本节将简要总结适用于用户模式应用程序和设备驱动程序的比较重要和常用的指令。x86 指令子集可分为几个常用类别：数据移动、堆栈、算术和逻辑、转换、控制流、字符串和标志操作、输入 / 输出和保护模式。还有一些不属于任何特定类别的杂项指令。

数据移动

数据移动指令不影响处理器标志。以下指令执行数据移动：

- mov：将第二个操作数指明的数据值复制到第一个操作数指定的位置。
- cmovcc：如果 cc 条件为真，则将第二个操作数的数据移动到第一个操作数指定的寄存器中。条件由一个或多个处理器标志确定：CF、ZF、SF、OF 和 PF。条件代码为 e（等于）、ne（不等于）、g（大于）、ge（大于或等于）、a（高于）、ae（高于或等于）、l（小于）、le（小于或等于）、b（低于）、be（低于或等于）、o（溢出）、no（无溢出）、z（零）、nz（非零）、s（SF=1）、ns（SF=0）、cxz（寄存器 CX 为零）和 ecxz（寄存器 ECX 为零）。
- movsx、movzx：分别对源操作数执行符号扩展和零扩展。源操作数的大小必须小于目标操作数。
- lea：计算第二个操作数提供的地址并将其存储在第一个操作数指定的位置。第二个操作数用方括号括住。与其他数据移动指令不同，该指令将计算出的地址存入目的地，而不是使用该地址中的数值。

堆栈操作

堆栈操作指令不影响处理器标志。这些指令如下：

- push：将 ESP 递减 4，然后将 32 位操作数放入 ESP 指向的堆栈位置。
- pop：将 ESP 指向的 32 位数据值复制到操作数位置（寄存器或内存地址），然后将 ESP 递增 4。
- pushfd、popfd：将 EFLAGS 寄存器压入堆栈或从堆栈弹出。
- pushad、popad：按顺序将 EAX、ECX、EDX、EBX、ESP、EBP、ESI 和 EDI 寄存器压入堆栈或从堆栈弹出。

算术和逻辑

算术指令和逻辑指令会修改处理器标志。以下指令执行算术和逻辑运算：

- add、sub：执行整数加法或减法。执行减法时，从第一个操作数中减去第二个操作数。两个操作数可以都在寄存器中，或者一个操作数在内存中，另一个操作数在寄存器中。一个操作数可以是常量。
- adc、sbb：使用 CF 标志作为进位输入（用于加法）或作为借位输入（用于减法）执行整数加减运算。
- cmp：减去两个操作数并丢弃结果，同时根据结果更新 OF、SF、ZF、AF、PF 和 CF 标志。

- neg：对操作数求反。
- inc、dec：对操作数递增 1 或递减 1。
- mul：执行无符号整数乘法。乘积的大小取决于操作数的大小。字节操作数乘以 AL，结果放入 AX。字操作数乘以 AX，结果放入 DX:AX，其中高 16 位放入 DX。双字操作数乘以 EAX，结果放入 EDX:EAX。
- imul：执行有符号整数乘法。第一个操作数必须是寄存器并存放运算结果。总共可能有两个或三个操作数。在双操作数形式中，第一个操作数乘以第二个操作数，结果存储在第一个操作数（寄存器）中。在三操作数形式中，第二个操作数乘以第三个操作数，结果存储在第一个操作数寄存器中。在三操作数形式中，第三个操作数必须是立即数。
- div、idiv：执行无符号（div）或有符号（idiv）除法。结果的大小取决于操作数的大小。AX 除以一个字节操作数，商放入 AL，余数放入 AH。DX:AX 除以一个字操作数，商放入 AX，余数放入 DX。EDX:EAX 除以一个双字操作数，商放入 EAX，余数放入 EDX。
- and、or、xor：对两个操作数执行相应的逻辑运算，并将结果存储到目标操作数位置。
- not：对单个操作数执行逻辑 not（位反转）运算。
- sal、shl、sar、shr：对字节、字或双字操作数进行算术左移（sal）、逻辑左移（shl）、算术右移（sar）或逻辑右移（shr），移位次数可以为 1～31。sal 和 shl 将最后移出的位放入进位标志中，并在空出的最低有效位中插入 0。shr 将最后一个移出的位放入进位标志，并在空出的最高有效位中插入 0。sar 与 shr 的不同之处在于将符号位传播到空出的最高有效位。
- rol、rcl、ror、rcr：可选择通过进位标志执行 0～31 位的向左或向右的循环移位。rcl 和 rcr 通过进位标志进行循环，而 rol 和 ror 的循环不需要通过进位标志。
- bts、btr、btc：将第一个操作数内指定位号（作为第二个操作数提供）的值读入进位标志，然后对选中的位进行置位（bts）、清零（btr）或补码（btc）。这些指令前面可以加上 lock 关键字，使操作成为原子操作。
- test：对两个操作数执行逻辑"与"且不保存结果，根据运算结果更新 SF、ZF 和 PF 标志。

转换

转换指令将较小的数据扩展为较大的数据。这些指令如下：

- cbw：将字节（寄存器 AL）转换为字（AX）。
- cwd：将字（寄存器 AX）转换为双字（DX:AX）。
- cwde：将字（寄存器 AX）转换为双字（EAX）。
- cdq：将双字（寄存器 AX）转换为四字（EDX:EAX）。

控制流

控制流指令有条件或无条件地将执行转移到一个地址。控制流指令如下：

- jmp：将控制权转移到操作数指定的地址处的指令。
- jcc：如果条件 cc 为真，则将控制权转移到操作数指定的地址处的指令。条件代码已在前面的 cmovcc 指令说明中描述过。条件由一个或多个处理器标志确定：CF、ZF、SF、OF 和 PF。

- call: 将 EIP 的当前值压入堆栈，并将控制权转移到操作数指定的地址处的指令。
- ret: 弹出堆栈顶的值并将其存储在 EIP 中。如果提供了一个操作数，它将从堆栈中弹出给定的字节数以清除参数。
- loop: 使 ECX 中的 loop 计数器递减，如果不为零，则将控制权转移到操作数指定的地址处的指令。

字符串操作

字符串操作指令可以使用 rep 关键字作为前缀，重复执行操作，重复次数由 ECX 寄存器给定，根据 DF 标志的状态，在每次迭代中源地址和目标地址进行递增或递减。每次迭代处理的操作数大小可以是字节、字或双字。每个字符串元素的源地址由 ESI 寄存器给定，目标地址由 EDI 寄存器给定。这些指令如下：

- movs: 移动字符串元素。
- cmps: 比较两个字符串中相应位置的元素。
- scas: 根据操作数大小，将字符串元素与 EAX、AX 或 AL 中的值进行比较。
- lods: 根据操作数大小，将字符串加载到 EAX、AX 或 AL 中。
- stos: 根据操作数大小，将 EAX、AX 或 AL 中的值存储到 EDI 指定的存储单元中。

标志操作

标志操作指令会修改 EFLAGS 寄存器中的位。标志操作说明如下：

- stc、clc、cmc: 置位、清除或补码进位标志 CF。
- std、cld: 置位或清除方向标志 DF。
- sti、cli: 置位或清除中断标志 IF。

输入 / 输出

输入 / 输出指令从外部设备读取或向外部设备写入数据。输入 / 输出指令如下：

- in、out: 根据操作数大小，在 EAX、AX 或 AL 与 I/O 端口之间移动 1、2 或 4 个字节。
- ins、outs: 以与字符串指令相同的方式在内存和 I/O 端口之间移动数据元素。
- rep ins、rep outs: 以与字符串指令相同的方式在内存和 I/O 端口之间移动数据块。

保护模式

以下指令访问保护模式的功能：

- sysenter、sysexit: 在 Intel 处理器中，将控制权从环 3 转移到环 0（sysenter）或从环 0 转移到环 3（sysexit）。
- syscall、sysret: 在 AMD 处理器中，将控制权从环 3 转移到环 0（syscall）或从环 0 转移到环 3（sysret）。在 x86（32 位）模式下，AMD 处理器还支持 sysenter 和 sysexit。

杂项指令

这些指令不属于前面列出的类别：

- int: 启动软件中断。操作数是中断向量号。
- nop: 空操作。
- cpuid: 提供有关处理器型号及其功能的信息。

其他指令类别

本节列出的指令是一些在 x86 应用程序和设备驱动程序中常见的通用指令。x86 体系结构包含以下多种指令类别：

- **浮点指令**：这些指令由 x87 浮点单元执行。
- **SIMD 指令**：此类指令包括 MMX、SSE、SSE2、SSE3、SSE4、AVX、AVX2 和 AVX-512 指令。
- **AES 指令**：这些指令支持使用**高级加密标准**（Advanced Encryption Standard, AES）进行加密和解密。
- **MPX 指令**：**内存保护扩展**（Memory Protection Extension, MPX）通过防止缓冲区溢出等错误来增强内存完整性。
- **SMX 指令**：当用户进入可信模式时，**安全模式扩展**（Safer Mode Extension，SMX）提高了系统的安全性。
- **TSX 指令**：**事务同步扩展**（Transactional Synchronization Extension, TSX）使用共享资源提高多线程执行的性能。
- **VMX 指令**：**虚拟机扩展**（Virtual Machine Extension，VMX）支持虚拟化操作系统的安全和高效执行。

x86 提供了额外的处理器寄存器供浮点和 SIMD 指令使用。

还有其他种类的 x86 指令，其中一些已经在后来的体系结构中失效。

通用指令模式

下面的示例是在编译代码中经常遇到的指令使用模式。这些示例中使用的技术可以用最短的代码最快地产生正确的结果：

```
xor reg, reg ; Set reg to zero
test reg, reg ; Test if reg contains zero
add reg, reg ; Shift reg left by one bit
```

10.2.4　x86 指令格式

单个 x86 指令的长度是可变的，大小为 1～15 字节。单个指令的组成部分（包括任何可选字节）按以下顺序排列在内存中：

- **前缀字节**：一个或多个可选的前缀字节提供辅助操作码执行信息。例如，lock 前缀在多处理器系统中执行总线锁定，以启用原子"测试并设置"（test-and-set）类型操作。rep 和相关前缀实现的字符串指令能够在单个指令中对字符串元素执行重复操作。其他前缀可用于提供条件分支指令的提示，或改变地址 / 操作数的默认大小。
- **操作码字节**：任何前缀字节后面都有一个 1 到 3 个字节的 x86 操作码。对于某些操作码，在操作码后面的 ModR/M 字节中会编码一个额外的 3 位操作码。
- **Mod R/M 字节**：并非所有指令都需要该字节。ModR/M 字节包含三个信息字段，提供地址模式和操作数寄存器信息。该字节的高两位（Mod 字段）和低三位（R/M 字段）组合形成一个 5 位字段，可以编码 32 个值。其中，8 个值标识寄存器操作数，另外 24 个值指定寻址方式。剩余的 3 位（reg/opcode 字段）根据指令，要么指示寄存器，要么提供三个额外的操作码。
- **地址移位字节**：使用 0、1、2 或 4 字节来提供用于计算操作数地址的地址偏移量。
- **立即数字节**：如果指令包含立即数，则它位于指令的最后 1、2 或 4 字节中。

x86 指令的可变长度特性使得指令译码过程相当复杂。对于调试工具来说，以相反的顺序反汇编一系列指令，或者显示指向断点的代码也很困难。之所以会出现这种困难，是因为在一条长指令中，后面几个字节有可能形成一条完整、有效的指令。这种复杂性与 RISC 体系结构中使用的更规整的指令格式明显不同。

10.2.5　x86 汇编语言

用汇编语言可以开发任何复杂程度的程序。然而，大多数现代应用程序大部分或全部是用高级语言开发的。汇编语言倾向于在需要使用专门指令的情况下使用，或者需要进行的优化无法使用优化编译器实现时使用。

不管在应用程序开发中使用什么语言，所有代码最终都必须以处理器指令执行。为了完全理解代码在计算机系统上是如何执行的，在执行每条单独的指令之后，必须检查系统状态。编写一些汇编代码是学习如何在这种环境中操作的一个好方法。

下面给出的 x86 汇编语言示例是一个完整的 x86 应用程序，它在 Windows 命令控制台中运行，打印文本字符串，然后退出：

```
.386
.model FLAT,C
.stack 400h
.code
includelib libcmt.lib
includelib legacy_stdio_definitions.lib

extern printf:near
extern exit:near

public main
main proc
    ; Print the message
    push    offset message
    call    printf

    ; Exit the program with status 0
    push    0
    call    exit
main endp

.data
message db "Hello, Computer Architect!",0

end
```

汇编语言文件的内容说明如下：
- .386 指令表示本文件中的指令应解释为适用于 80386 及更新版本的处理器。
- .model FLAT，C 指令指定 32 位扁平内存模型和使用 C 语言函数调用约定。
- .stack 400h 指令指定的堆栈大小为 400h（1024）字节。
- .code 指令指示可执行代码的开始。
- includelib 和 extern 指示符指出程序使用的系统库和函数。
- public 指示符表明函数名 main 是一个外部可见的符号。
- main proc 和 main endp 之间的代码行是组成 main 函数的汇编语言指令。

- .data 指示符指示数据内存的开始。message db 语句将消息字符串定义为一个字节序列，后跟一个零字节。
- end 指示符标志着程序的结束。

该文件名为 hello_x86.asm，使用以下命令进行汇编和链接，以形成可执行的 hello_x86.exe 程序来运行 Microsoft 宏汇编程序：

```
ml /Fl /Zi /Zd hello_x86.asm
```

此命令的组成部分如下：
- ml 运行汇编程序。
- /Fl 创建一个列表文件。
- /Zi 在可执行文件中包含符号调试信息。
- /Zd 在可执行文件中包含行号调试信息。
- hello_x86.asm 是汇编语言源文件的名称。

下面是由汇编程序生成的 hello_x86.lst 列表文件的一部分：

```
                                    .386
                                    .model FLAT,C
                                    .stack 400h

 00000000                           .code
                                    includelib libcmt.lib
                                    includelib legacy_stdio_
definitions.lib

                                    extern printf:near
                                    extern exit:near

                                    public main
 00000000                           main proc
                                       ; Print the message
 00000000  68 00000000 R               push    offset message
 00000005  E8 00000000 E               call    printf

                                       ; Exit the program with
                                       status 0
 0000000A  6A 00                       push    0
 0000000C  E8 00000000 E               call    exit
 00000011                           main endp

 00000000                           .data
 00000000  48 65 6C 6C 6F           message db "Hello, Computer
                                    Architect!",0
           2C 20 43 6F 6D
           70 75 74 65 72
           20 41 72 63 68
           69 74 65 63 74
           21 00
```

上面的列表在左栏中显示了从 main 函数开始的地址偏移量。在指令行中，操作码跟随

地址偏移量。代码（例如，offset message）中的地址引用在列表中显示为 00000000，
因为这些值是在链接过程中确定的，而不是在生成此列表时的汇编过程中确定的。

下面是运行此程序时显示的输出：

```
C:\>hello_x86.exe
Hello, Computer Architect!
```

接下来研究 32 位 x86 体系结构到 64 位 x64 体系结构的扩展。

10.3　x64 体系结构与指令集

AMD 在 2000 年推出了将 x86 处理器和指令集扩展到 64 位的处理器体系结构的原始规范，名为 AMD64。第一个名为 Opteron 的 AMD64 处理器于 2003 年发布。Intel 效仿 AMD 开发了一种与 AMD64 兼容的体系结构，最终命名为 Intel 64。第一个实现 64 位体系结构的 Intel 处理器是 2004 年推出的 Xeon。AMD 和 Intel 共享的体系结构名称后来被称为 x86-64，反映了 x86 到 64 位的演进，在流行用法中，这个术语被缩短为 x64。

第一个支持 x64 体系结构的 Linux 版本于 2001 年发布，比第一个 x64 处理器早很多。Windows 从 2005 年开始支持 x64 体系结构。

实现 AMD64 和 Intel 64 体系结构的处理器对用户模式程序来说，在指令级上基本是兼容的。两种体系结构之间存在一些差异，其中最显著的差异是 Intel 指令支持的 sysenter/sysexit 和 AMD 指令支持的 syscall/sysret。一般来说，操作系统和编程语言编译器管理这些差异，使得它们很少成为软件和系统开发人员关心的问题。内核软件、驱动程序和汇编代码的开发人员必须考虑这些差异。

x64 体系结构的主要特点如下：

- x64 是对 32 位 x86 体系结构在基本兼容的基础上进行的 64 位扩展。在 32 位环境下编写的大多数应用程序，特别是用户模式下的应用程序，都能够不经修改地在运行 64 位模式的处理器中执行。64 位模式也称为**长模式**。
- x86 的 8 个 32 位通用寄存器在 x64 中扩展到 64 位。寄存器名前缀 R 表示 64 位寄存器。例如，在 x64 中，扩展的 x86 EAX 寄存器称为 RAX。x86 寄存器的组成部分 EAX、AX、AH 和 AL 继续在 x64 中得到支持。
- 指令指针 RIP 现在是 64 位。标志寄存器 RFLAGS 也扩展到了 64 位，但最高的 32 位是保留的。RFALGS 的低 32 位与 x86 体系结构中的 EFLAGS 相同。
- 增加了 8 个 64 位通用寄存器，分别命名为 R8～R15。
- 支持 64 位整数作为基本数据类型。
- x64 处理器保留在 x86 兼容模式下运行的选项。此模式允许使用 32 位操作系统，并允许在 x86 下设计的任何应用程序都能在 x64 处理器上运行。在 32 位兼容模式下，64 位扩展不可用。

x64 体系结构中的虚拟地址宽 64 位，支持 16 EB 的地址空间，相当于 2^{64} 字节。然而，目前 AMD 和 Intel 的处理器只支持 48 位的虚拟地址空间。此限制降低了处理器硬件的复杂度，同时仍支持高达 256 TB 的虚拟地址空间。当前的处理器还支持最多 48 位的物理地址空间。这允许处理器寻址 256 TB 的物理内存，尽管现代主板无法承载这样一个系统所需的 DRAM 器件数量。

10.3.1 x64 寄存器集

在 x64 体系结构中，x86 寄存器的长度扩展到 64 位，而且添加了（R8~R15）8 个寄存器，寄存器映射如图 10.3 所示。

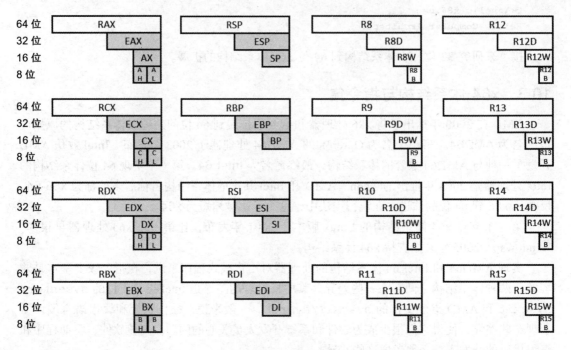

图 10.3 x64 寄存器

上一节描述的 x86 寄存器以及 x64 中的 x86 寄存器显示在图 10.3 的阴影中。在 64 位模式下运行时，x86 寄存器具有相同的名称和大小。x86 寄存器的 64 位扩展版本的名称以字母 R 开头。可以使用适当的后缀访问新的 64 位寄存器（R8~R15）中较小宽度的数据：

- 后缀 D 访问寄存器的低 32 位：R11D。
- 后缀 W 访问寄存器的低 16 位：R11W。
- 后缀 B 访问寄存器的低 8 位：R11B。

与 x86 寄存器不同，x64 体系结构中的新寄存器是真正通用的，在处理器指令级上不指定任何特殊功能。

10.3.2 x64 指令类别和格式

x64 体系结构使用 64 位扩展实现了与 x86 基本相同的指令集。在 64 位模式下操作时，x64 体系结构使用 64 位的默认地址和 32 位的默认操作数。x64 体系结构提供了一个新的操作码前缀字节 rex，用于指明使用 64 位操作数。

内存中 x64 指令的格式与 x86 体系结构的格式匹配，但有些例外，这些例外通常是次要的。添加对 rex 前缀字节的支持是相对于 x86 指令格式最显著的变化。除了 x86 支持的所有位宽之外，某些指令中的地址偏移量和立即数也是 64 位宽。

虽然可以定义长度超过 15 字节的指令，但如果试图对长度超过 15 字节的指令进行译码，处理器指令解码器将发出一般保护故障。

10.3.3 x64 汇编语言

hello 程序的 x64 汇编语言源文件与此代码的 x86 版本类似，但有一些显著的区别：

- 因为只有一个 x64 内存模型，所以没有指定内存模型的指示符。
- Windows x64 应用程序编程接口使用一个调用约定，将调用函数的前 4 个参数按顺序存储在 RCX、RDX、R8 和 R9 寄存器中。这与默认的 x86 调用约定不同，x86 调用约定是将参数压入堆栈。这个程序调用的两个库函数（printf 和 exit）都使用 RCX 传入一个参数。
- 调用约定要求函数的调用者分配堆栈空间，来至少保存传递给被调用函数的全部参数，需要保留的空间最少能容纳 4 个参数，即使传递的参数较少。因为堆栈在内存中向下增长，所以需要从堆栈指针中减去一个值。sub rsp, 40 指令执行此堆栈分配。通常，被调用的函数返回后，需要调整堆栈指针以删除此空间分配。程序调用 exit 函数来终止程序执行，这使得被调用的函数返回时，调整堆栈指针并不是必需的。

64 位版本的 hello 程序的代码如下：

```
.code
includelib libcmt.lib
includelib legacy_stdio_definitions.lib

extern printf:near
extern exit:near

public main
main proc
    ; Reserve stack space
    sub     rsp, 40

    ; Print the message
    lea     rcx, message
    call    printf

    ; Exit the program with status 0
    xor     rcx, rcx
    call    exit
main endp

.data
message db "Hello, Computer Architect!",0

end
```

此文件名为 hello_x64.asm，通过以下命令调用对 Microsoft 宏汇编程序（x64）进行汇编和链接，以形成可执行的 hello_x64.exe 程序：

```
ml64 /Fl /Zi /Zd hello_x64.asm
```

此命令的组成部分如下：

- ml64 运行 64 位汇编程序。

- /Fl 创建一个列表文件。
- /Zi 在可执行文件中包含符号调试信息。
- /Zd 在可执行文件中包含行号调试信息。
- hello_x64.asm 是汇编语言源文件的名称。

下面是由汇编命令生成的 hello_x64.lst 列表文件的一部分:

```
00000000                              .code
                                      includelib libcmt.lib
                                      includelib legacy_stdio_
definitions.lib

                                      extern printf:near
                                      extern exit:near

                                      public main
00000000                              main proc
                                          ; Reserve stack space
00000000   48/ 83 EC 28                   sub     rsp, 40

                                          ; Print the message
00000004   48/ 8D 0D                      lea     rcx, message
           00000000 R
0000000B   E8 00000000 E                  call    printf

                                          ; Exit the program with
                                          status 0
00000010   48/ 33 C9                      xor     rcx, rcx
00000013   E8 00000000 E                  call    exit
00000018                              main endp

00000000                              .data
00000000   48 65 6C 6C 6F             message db "Hello, Computer
                                      Architect!",0
           2C 20 43 6F 6D
           70 75 74 65 72
           20 41 72 63 68
           69 74 65 63 74
           21 00
```

运行该程序的输出如下:

```
C:\>hello_x64.exe
Hello, Computer Architect!
```

x86 和 x64 体系结构的简要介绍到此完成。更多详细信息可参考 *Intel 64 and IA-32 Architectures Soft ware Developer's Manual, Volumes 1 through 4*。

接下来我们将详细介绍 ARM 32 位和 64 位体系结构。

10.4 32 位 ARM 体系结构与指令集

ARM 体系结构定义了一系列适合于各种应用程序的 RISC 处理器。基于 ARM 体系结构的处理器在需要高性能、低功耗和小物理尺寸的设计中是首选。

英国半导体和软件公司 ARM Holdings 开发了 ARM 体系结构，并将其授权给其他实现硅处理器的公司。ARM 体系结构的许多应用程序都是**片上系统**（SoC）设计，将处理器与专用硬件结合起来，以支持智能手机中的蜂窝无线电通信等功能。

ARM 处理器的应用非常广泛，应用范围从小型电池供电设备到超级计算机。ARM 处理器在高安全要求的系统（如汽车防抱死制动器）中用作嵌入式处理器，在智能手表、便携式电话、平板电脑、笔记本电脑、台式电脑和服务器中用作通用处理器。截至 2017 年，制造商已经制造了超过 1000 亿个 ARM 处理器。

ARM 处理器是真正的 RISC 系统，使用大量的通用寄存器，而且大多数指令单周期执行。标准的 ARM 指令是 32 位固定宽度，但是有一个名为 T32（以前称为 Thumb）的独立指令集可用于内存受限的应用程序。T32 指令集由 16 位和 32 位宽的指令组成。当代 ARM 处理器同时支持 ARM 和 T32 指令集，并且可以在指令集之间动态切换。由于 T32 使得代码密度得到了提高，所以大多数操作系统和应用程序都喜欢使用 T32 指令集，而非 ARM 指令集。

ARM 是一种**加载 / 存储体系结构**，要求在对数据进行任何处理（如 ALU 操作）之前先将其从内存加载到寄存器中。然后，再用一条单独的指令将结果存储回内存。虽然这看起来像是从 x86 和 x64 体系结构后退了一步，后者在一条指令中直接对内存中的操作数进行操作，但实际上，加载 / 存储方法允许在操作数加载到多个可用寄存器之一后高速执行多个顺序操作。

ARM 处理器是双端模式。对于多字节数据，可以通过配置来选择大端模式或小端模式。默认的设置是小端模式。

ARM 体系结构支持以下数据类型：

- **字节**：8 位
- **半字**：16 位
- **字**：32 位
- **双字**：64 位

什么是一个字？

ARM 体系结构的数据类型名称与 x86 和 x64 体系结构的数据类型名称有一个令人困惑的区别：在 x86 和 x64 中，一个字是 16 位；在 ARM 中，一个字是 32 位。

ARM 处理器支持 8 种不同的执行特权级。这些特权级及其缩写如下：

- **用户**（USR）
- **管理员**（SVC）
- **快速中断请求**（FIQ）
- **中断请求**（IRQ）
- **监控**（MON）
- **中止**（ABT）
- **未定义**（UND）
- **系统**（SYS）

对于操作系统和用户应用程序，最重要的特权级是 USR 和 SVC。FIQ 和 IRQ 这两种中断请求模式被设备驱动程序用来处理中断。

在大多数运行在 ARM 上的操作系统（包括 Windows 和 Linux）中，内核模式在 ARM SVC 模式下运行，相当于 x86/64 上的环 0。ARM USR 模式相当于 x86/x64 上的环 3。在 ARM 处理器上运行的 Linux 应用程序使用软件中断来请求内核服务，这涉及从 USR 模式到 SVC 模式的转换。

ARM 体系结构通过协处理器支持核心处理器以外的系统功能。一个系统中最多可以实现 16 个协处理器，其中 4 个分配了预定义的功能。协处理器 15 实现 MMU 和其他系统功能。如果存在，协处理器 15 必须支持为 MMU 指定的指令操作码、寄存器集和行为。协处理器 10 和 11 结合在一起支持浮点功能。协处理器 14 提供调试功能。

这些年来，ARM 体系结构已经演进了几个版本。目前常用的体系结构变体是 ARMv8-A。ARMv8-A 支持 32 位和 64 位操作系统和应用程序。32 位应用程序可以在 64 位的 ARMv8-A 操作系统上运行。

事实上，自 2016 年以来生产的所有高端智能手机和便携式电子设备都是围绕基于 ARMv8-A 体系结构的处理器或 SoC 设计的。下面将重点介绍 ARMv8-A 32 位模式，并在本章后面讨论其与 ARMv8-A 64 位模式的不同。

10.4.1　ARM 寄存器集

在 USR 模式下，ARM 架构有 16 个（R0～R15）通用 32 位寄存器。前 13 个寄存器是真正的通用寄存器，后 3 个寄存器具有如下定义的功能：

- R13 是堆栈指针，在汇编代码中也称为 SP。该寄存器指向堆栈的顶部。
- R14 是链接寄存器，也称为 LR。该寄存器在被调用函数中保存返回地址。链接寄存器的使用不同于 x86/x64，后者将返回地址压入堆栈。使用寄存器保存返回地址是因为在函数结束时从 LR 中的地址恢复执行，比从堆栈中弹出返回地址并在该地址恢复执行要快得多。
- R15 是程序计数器，也称为 PC。由于使用流水线，所以 PC 中包含的值通常比当前执行的指令晚两条指令。与 x86/x64 不同，用户代码可以直接读写 PC 寄存器。将地址写入 PC 会导致立即跳转到新写入的地址。

当前程序状态寄存器（CPSR）包含状态和模式控制位（见表 10.3），类似于 x86/x64 体系结构中的 EFLAGS/RFLAGS。

表 10.3　CPSR 位的定义

位	名　称	功　　能
0-3	M	Mode（模式）：当前的执行特权级（USR、SVC 等）
4	T	Thumb：如果 T32（Thumb）指令集处于激活状态，则进行置位。如果清除，则 ARM 指令激活。用户代码可以对该位进行置位和清除
9	E	Endianness（字节顺序）：置位将启用大端模式。如果清除，则使用小端模式。大多数代码使用小端模式
27	Q	累计饱和标志：如果在一系列操作中的某一点发生溢出或饱和，则置位
28	V	溢出标志：如果操作导致有符号溢出则置位
29	C	进位标志：指示加法是否生成进位或者减法是否产生借位
30	Z	零标志：如果操作结果为零，则置位
31	N	负标志：如果操作结果是负数，则置位

表 10.3 中未列出的 CPSR 位是保留的或表示本章未讨论的功能。

默认情况下,大多数指令不影响标志。例如,S 后缀必须与加法指令(adds)一起使用才能使结果影响标志。比较指令是此规则的例外,它们会自动更新标志。

10.4.2　ARM 寻址方式

作为真正的 RISC 处理器,ARM 中只有执行寄存器加载和存储的指令可以访问系统内存。ldr 指令从内存加载数据到寄存器,而 str 将寄存器中的数据存储到内存中。指令 mov 将一个寄存器的内容转移到另一个寄存器中,或将一个立即数移动到一个寄存器中。

当计算加载或存储操作的目标地址时,ARM 用寄存器中提供的基址加上一个增量来获得目标内存地址。在寄存器加载和存储指令中,有三种方法可用于确定与基址相加的增量:

- **偏移量**:将有符号常量加到基址寄存器中。偏移量作为指令的一部分存储。例如,ldr r0, [r1, #10] 用地址 r1+10 处的字加载 r0。如以下示例所示,在访问内存位置之前或之后,前索引或后索引可以选择性地将基址寄存器更新到目标地址。
- **寄存器**:存储在寄存器中的无符号增量可以与基址寄存器中的值相加或相减。例如,ldr r0, [r1, r2] 用地址 r1+r2 处的字加载 r0。两个寄存器中的任何一个都可以是基址寄存器。
- **比例寄存器**:寄存器中的增量在被加到基址寄存器值或从基址寄存器值中减去之前,先按照指定的位数进行左移或者右移。例如,ldr r0, [r1, r2, lsl #3] 用地址 r1+(r2×8) 处的字加载 r0。移位可以是逻辑左移或右移(即 lsl 或 lsr),在空出的位置插入零,对于如 asr 的算术移位,在空出的位置复制符号位。

下面将介绍在 ARM 指令中指定源操作数和目标操作数的寻址方式。

立即寻址

立即数是指令的一部分。立即数由指令中编码的 8 位数值通过循环移位偶数次生成。因为指令本身只有 32 位宽,所以不能指定完整的 32 位立即数。要将任意的 32 位值加载到寄存器中,必须使用 ldr 指令从内存加载值:

```
mov r0, #10 // Load the 32-bit value 10 decimal into r0
mov r0, #0xFF000000 // Load the 32-bit value FF000000h into r0
```

第二个例子在指令操作码中包含了 8 位值 FFh。在执行过程中,它被循环左移 24 位到字的最高 8 位。

寄存器直接寻址

此模式将一个寄存器复制到另一个寄存器:

```
mov r0, r1 // Copy r1 to r0
mvn r0, r1 // Copy NOT(r1) to r0
```

寄存器间接寻址

内存操作数的地址由寄存器提供。包含地址的寄存器用方括号括起来:

```
ldr r0, [r1] // Load the 32-bit value at the address given in
r1 to r0
str r0, [r3] // Store r0 to the address in r3
```

与大多数指令不同,str 使用第一个操作数作为源,第二个操作数作为目标。

带偏移量的寄存器间接寻址

内存操作数的地址通过向基址寄存器中加上一个偏移量来计算:

```
ldr r0, [r1, #32] // Load r0 with the value at the address
[r1+32]
str r0, [r1, #4] // Store r0 to the address [r1+4]
```

带偏移量、预增量的寄存器间接寻址

通过给基址寄存器中加上一个偏移量来计算操作数的地址,然后将基址寄存器更新为计算出的地址:

```
ldr r0, [r1, #32]! // Load r0 with [r1+32] and update r1 to
(r1+32)
str r0, [r1, #4]! // Store r0 to [r1+4] and update r1 to (r1+4)
```

带偏移量、后增量的寄存器间接寻址

基址首先用于访问内存位置。基址寄存器随后更新为计算的地址:

```
ldr r0, [r1], #32 // Load [r1] to r0, then update r1 to (r1+32)
str r0, [r1], #4 // Store r0 to [r1], then update r1 to (r1+4)
```

双寄存器间接寻址

内存操作数的地址是基址寄存器与增量寄存器之和。寄存器名称用方括号括起来:

```
ldr r0, [r1, r2] // Load r0 with [r1+r2]
str r0, [r1, r2] // Store r0 to [r1+r2]
```

双寄存器间接比例寻址

先将一个递增寄存器按照指定的位数进行左移或右移,然后将所得的结果与基址寄存器相加形成操作数地址。寄存器名称和移位信息用方括号括起来:

```
ldr r0, [r1, r2, lsl #5] // Load r0 with [r1+(r2*32)]
str r0, [r1, r2, lsr #2] // Store r0 to [r1+(r2/4)]
```

下一节将介绍 ARM 指令的通用类别。

10.4.3 ARM 指令类别

本节描述的指令来自 T32 指令集。

加载 / 存储

这些指令在寄存器和内存之间移动数据:

- ldr、str:在寄存器和内存位置之间复制 8 位(后缀 b 表示字节)、16 位(后缀 h 表示半字)或 32 位数据。ldr 将数据从内存复制到寄存器,而 str 将寄存器内容复制到内存。ldrb 将一个字节复制到寄存器的低 8 位。
- ldm、stm:加载或存储多个寄存器。在内存和(1~16 个)寄存器之间复制数据。寄存器的任何子集都可以与内存的一个连续区域进行数据传送。

堆栈操作

这些指令将数据存储到堆栈或从堆栈中获得数据。

- push、pop：将寄存器的任何子集压入堆栈或从堆栈弹出。例如，push{r0, r2, r3-r5}。这些指令是 ldm 和 stm 指令的变体。

寄存器移动

这些指令用于在寄存器之间传送数据。

- mov、mvn：将寄存器移动（mov）到目标寄存器或对其进行位反转后移动（mvn）到目标寄存器。

算术与逻辑

这些指令大多有一个目标寄存器和两个源操作数。第一个源操作数是寄存器，而第二个源操作数可以是寄存器、移位寄存器或立即数。

这些指令如果包含 s 后缀，则置位条件标志。例如，adds 执行加法并置位条件标志。

- add、sub：对两个数字相加或相减。例如，add r0, r1, r2, lsl #3 等于表达式 r0=r1+（r2 × 2^3）。lsl 运算符对第二个操作数 r2 执行逻辑左移。
- adc、sbc：带进位的加法或带借位的减法。
- neg：取一个数字的相反数。
- and、orr、eor：执行逻辑 AND、OR 或 XOR。
- orn、eon：将第二个操作数按位取反后，与第一个操作数执行逻辑 OR 或 XOR 操作。
- bic：清除寄存器中选定的位。
- mul：将两个数字相乘。
- mla：将两个数字相乘并累加结果。此指令有一个额外的操作数来指定累加器寄存器。
- sdiv、udiv：分别为有符号除法和无符号除法。

比较

比较指令比较两个值，并根据比较结果置位条件标志。这些指令不需要 s 后缀来置位条件码。

- cmp：将两个数相减，不保存结果，并根据结果置位条件标志。该指令相当于 subs 指令，但不保存结果。
- cmn：将两个数相加，不保存结果，并根据结果设置条件标志。该指令相当于 adds 指令，但不保存结果。
- tst：对两个数按位进行 AND 操作，不保存结果，并根据结果设置条件标志。该指令相当于 ands 指令，但不保存结果。

控制流

这些指令有条件或无条件地将控制权转移到一个地址。

- b：执行到目标地址的无条件分支。
- bcc：根据以下条件码成立与否决定分支是否执行：eq（等于）、ne（不等于）、gt（大于）、lt（小于）、ge（大于或等于）、le（小于或等于）、cs（进位置位）、cc（进位清除）、mi（减：N 标志为 1）、pl（加：N 标志为 0）、vs（V 标志置位）、vc（V 标志清除）、hi（更高：C 标志置位和 Z 标志清除）、ls（更低或相同：C 标志清除和 Z 标志清除）。
- bl：分支到指定地址，并将下一条指令的地址存储在链接寄存器（r14，也称为 lr）。被调用函数使用 mov pc, lr 指令返回调用代码。
- bx：分支并选择指令集。如果目标地址的第 0 位为 1，则进入 T32 模式。如果第 0 位为 0，则进入 ARM 模式。由于 ARM 的地址对齐要求，指令地址的第 0 位必须始终为零。这使得可以使用第 0 位选择指令集。

- blx：使用链接进行分支并选择指令集。这个指令结合了 bl 和 bx 指令的功能。

监控模式

该指令允许用户模式代码启动对监控模式的调用：

- svc（**监控程序调用**）：发起一个软件中断，触发管理员模式异常处理程序来处理系统服务请求。

杂项指令

该指令不属于已列出的类别：

- bkpt（**触发断点**）：该指令采用 16 位操作数，通过调试软件来识别断点。

条件执行

许多 ARM 指令支持条件执行，条件执行使用与分支指令相同的条件代码来确定是否执行单条指令。如果一条指令的条件计算结果为 false，则该指令将作为 no-op 处理。条件代码将附加到指令助记符中。这种技术在形式上被称为**预测**。

例如，下面的函数将**半字节**（字节的低 4 位）转换为半字节的 ASCII 字符版本：

```
// Convert the low 4 bits of r0 to an ascii character in r0
nibble2ascii:
    and     r0, #0xF
    cmp     r0, #10
    addpl   r0, r0, #('A' - 10)
    addmi   r0, r0, #'0'
    mov     pc, lr
```

cmp 指令从 r0 的半字节中减去 10，如果 r0 小于 10，则 N 标志置位。否则，N 标志清零，指示 r0 中的值为 10 或更大。

如果 N 清（为 0）零，则执行 addpl 指令（pl 表示"大于零"，即"非负数"），而 addmi 指令不执行。如果 N 置位（为 1），则不执行 addpl 指令，而执行 addmi 指令。在这个指令序列完成后，r0 包含一个范围为 0～9 或 A～F 的字符。

使用条件指令可以避免分支，从而保持指令流水线流动。

其他指令类别

ARM 处理器可选地支持一系列 SIMD 和浮点指令。其他指令通常只在系统配置中使用。

10.4.4　ARM 汇编语言

本节的 ARM 汇编示例使用了 Android Studio **集成开发环境**（IDE）提供的 GNU 汇编程序的语法。其他汇编程序可能使用不同的语法。与 x86 和 x64 汇编语言的 Intel 语法一样，大多数指令的操作数顺序是目标 – 源。

hello 程序的 ARM 汇编语言源文件如下：

```
.text
.global _start

_start:
    // Print the message to file 1 (stdout) with syscall 4
```

```
        mov     r0, #1
        ldr     r1, =msg
        mov     r2, #msg_len
        mov     r7, #4
        svc     0

        // Exit the program with syscall 1, returning status 0
        mov     r0, #0
        mov     r7, #1
        svc     0

.data
msg:
    .ascii      "Hello, Computer Architect!"
msg_len = . - msg
```

我们使用以下命令对这个名为 hello_arm.s 的文件进行汇编和链接以生成可执行程序 hello_arm。这些命令使用 Android Studio Native Development Kit（NDK）提供的开发工具。这些命令假定 Windows PATH 环境变量已设置为包含 NDK 工具目录：

```
arm-linux-androideabi-as -al=hello_arm.lst -o hello_arm.o
hello_arm.s
arm-linux-androideabi-ld -o hello_arm hello_arm.o
```

这些命令的组成部分如下：
- arm-linux-androideabi-as 运行汇编程序。
- -al=hello_arm.lst 创建名为 hello_arm.lst 的链接文件。
- -o hello_arm.o 创建一个名为 hello_arm.o 的目标文件。
- hello_arm.s 是汇编语言源文件的名字。
- arm-linux-androideabi-ld 运行链接器。
- -o hello_arm 创建一个名为 hello_arm 的可执行文件。
- hello_arm.o 是作为链接器输入的目标文件的名称。

下面是由汇编命令生成的部分 hello_arm.lst 列表文件：

```
 1                      .text
 2                      .global _start
 3
 4                      _start:
 5                          // Print the message to file 1
                            //(stdout) with syscall 4
 6 0000 0100A0E3         mov     r0, #1
 7 0004 14109FE5         ldr     r1, =msg
 8 0008 1A20A0E3         mov     r2, #msg_len
 9 000c 0470A0E3         mov     r7, #4
10 0010 000000EF         svc     0
11
12                          // Exit the program with syscall 1,
                            //returning status 0
13 0014 0000A0E3         mov     r0, #0
14 0018 0170A0E3         mov     r7, #1
```

```
15 001c 000000EF        svc        0
16
17                      .data
18                      msg:
19 0000 48656C6C        .ascii        "Hello, Computer
                        Architect!"
19      6F2C2043
19      6F6D7075
19      74657220
19      41726368
20                      msg_len = . - msg
```

你可以在启用了 Developer options 的 Android 设备上运行此程序。我们不在这里介绍启用这些选项的过程，你可以通过互联网搜索了解更多信息。

这是在使用 USB 线缆连接到主机的 Android ARM 设备上运行此程序时显示的输出：

```
C:\>adb push hello_arm /data/local/tmp/hello_arm
C:\>adb shell chmod +x /data/local/tmp/hello_arm
C:\>adb shell /data/local/tmp/hello_arm
Hello, Computer Architect!
```

这些命令使用 Android Studio 附带的 Android Debug Bridge（adb）工具。尽管 hello_arm 程序在 Android 设备上运行，但程序的输出被发送回 PC 并显示在命令窗口中。

下一节介绍 64 位 ARM 体系结构，它是 32 位 ARM 体系结构的扩展。

10.5 64 位 ARM 体系结构与指令集

AArch64 是 ARM 架构的 64 位版本，于 2011 年发布。该体系结构有 31 个通用 64 位寄存器、64 位寻址、48 位虚拟地址空间和一个名为 A64 的新指令集。64 位指令集是 32 位指令集的超集，允许现有的 32 位代码在 64 位处理器上不加修改地运行。

A64 寄存器的指令宽度为 32 位，大多数操作数为 32 位或 64 位。A64 寄存器功能在某些方面与 32 位模式不同：程序计数器不再作为寄存器直接访问，还额外提供一个始终返回零的寄存器。

在用户特权级，大多数 A64 指令与相应的 32 位指令具有相同的助记符。汇编程序根据提供的操作数确定指令是对 64 位数据还是 32 位数据进行操作。以下规则确定指令使用的操作数长度和寄存器大小：

- 64 位寄存器名称以字母 X 开头，例如 x0。
- 32 位寄存器名称以字母 W 开头，例如 w1。
- 32 位寄存器占用相应编号的 64 位寄存器的低 32 位。

使用 32 位寄存器时，使用以下规则：

- 寄存器操作（如右移）与 32 位体系结构中的相同。32 位算术右移使用第 31 位作为符号位，而不是第 63 位。
- 根据低 32 位的结果设置 32 位操作的条件代码。
- 写入 W 寄存器，将相应的 X 寄存器的高 32 位设置为零。

A64 是一种加载 / 存储体系结构，其内存操作（ldr 和 str）的指令助记符与 32 位模式相同。与 32 位加载和存储指令相比，存在一些差异和限制：

- 基址寄存器必须是 X（64 位）寄存器。
- 地址偏移量可以是 32 位模式下的任何类型，也可以是 X 寄存器。可以使用零扩展或符号扩展将 32 位偏移量扩展到 64 位。
- 变址寻址方式只能使用立即数作为偏移量。
- A64 不支持在一条指令中加载或存储多个寄存器的 ldm 或 stm 指令。相反，A64 添加了 ldp 和 stp 指令，用于在一条指令中对一对寄存器进行加载或存储。
- A64 仅支持对一小部分指令进行条件执行。

A64 中的堆栈操作明显不同。这方面最大的区别可能是堆栈指针在访问数据时必须保持 16 字节对齐。

64 位 ARM 汇编语言

下面是 hello 程序的 64 位 ARM 汇编语言源文件：

```
.text
.global _start

_start:
    // Print the message to file 1 (stdout) with syscall 64
    mov     x0, #1
    ldr     x1, =msg
    mov     x2, #msg_len
    mov     x8, #64
    svc     0
    // Exit the program with syscall 93, returning status 0
    mov     x0, #0
    mov     x8, #93
    svc     0

.data
msg:
    .ascii      "Hello, Computer Architect!"
msg_len = . - msg
```

文件名为 hello_arm64.s，用以下命令对该文件进行汇编和链接可以生成可执行的 hello_arm64 程序。这些命令使用 Android Studio NDK 提供的 64 位开发工具。使用这些命令时，假定已将环境变量 Windows PATH 设置为包括工具目录：

```
aarch64-linux-android-as -al=hello_arm64.lst -o hello_arm64.o
hello_arm64.s
aarch64-linux-android-ld -o hello_arm64 hello_arm64.o
```

这些命令的组成部分如下：

- aarch64-linux-android-as 运行汇编程序。
- -al=hello_arm64.lst 创建名为 hello_arm64.lst 的列表文件。
- -o hello_arm64.o 创建名为 hello_arm64.o 的目标文件。
- hello_arm64.s 是汇编语言源文件的名称。
- aarch64 linux-android ld 运行链接器。

- -o hello_arm64 创建一个名为 hello_arm64 的可执行文件。
- hello_arm64.o 是作为链接器输入的目标文件的名称。

下面是汇编程序生成的 hello_arm64.lst 列表文件的一部分：

```
 1                    .text
 2                    .global _start
 3
 4                    _start:
 5                        // Print the message to file 1
                         //(stdout) with syscall 64
 6 0000 200080D2          mov    x0, #1
 7 0004 E1000058          ldr    x1, =msg
 8 0008 420380D2          mov    x2, #msg_len
 9 000c 080880D2          mov    x8, #64
10 0010 010000D4          svc    0
11
12                        // Exit the program with syscall
                         //93, returning status 0
13 0014 000080D2          mov    x0, #0
14 0018 A80B80D2          mov    x8, #93
15 001c 010000D4          svc    0
16
17                    .data
18                    msg:
19 0000 48656C6C          .ascii      "Hello, Computer
                         Architect!"
19     6F2C2043
19     6F6D7075
19     74657220
19     41726368
20                    msg_len = . - msg
```

如前所述，可以在启用了 Developer options 的 Android 设备上运行此程序。在使用
USB 线缆连接到主机 PC 的 Android ARM 设备上运行此程序时显示如下输出：

```
C:\>adb push hello_arm64 /data/local/tmp/hello_arm64
C:\>adb shell chmod +x /data/local/tmp/hello_arm64
C:\>adb shell /data/local/tmp/hello_arm64
Hello, Computer Architect!
```

至此，我们完成了对 32 位和 64 位 ARM 体系结构的介绍。

10.6 总结

通过学习本章，你应该对 x86、x64、32 位 ARM 和 64 位 ARM 寄存器、指令集以及汇
编语言的顶层体系结构和功能有了很好的了解。

x86 和 x64 体系结构代表了一种 CISC 处理器设计的方法，具有可变长度的指令且可能
需要许多周期才能执行完成，流水线很长，并且（在 x86 中）处理器寄存器数量较少。

另外，ARM 体系结构是 RISC 处理器，主要特点是单周期指令执行、大量的寄存器和
固定长度的指令。早期版本的 ARM 的流水线只有三级，后来的版本流水线级数更多。

总的来说，体系结构没有绝对的优劣之分。可能每种处理器在某些方面更好，系统设计者必须根据正在开发的系统的特定需求来选择处理器体系结构。当然，在个人计算、商业计算和服务器应用程序中常使用 x86/x64 处理器。同样，ARM 处理器在智能个人设备和嵌入式系统中占据主导地位。在设计新的计算机或智能设备时，选择处理器需要考虑很多因素。

下一章将介绍 RISC-V 体系结构。RISC-V 是一个全新的设计，它吸收了处理器开发历史中的经验教训，并且不需要支持几十年前遗留的设计负担。

10.7 习题

1. 在 Windows PC 上安装免费的 Visual Studio Community（`https://visualstudio.microsoft.com/vs/community`）。安装完成后，打开 Visual Studio IDE，然后选择 Tool 菜单下的 Get Tools and Features...。安装 Desktop development with C++ 工作负载。

   在任务栏的 Windows 搜索框中键入 `x86 Native Tools Command Prompt for VS 2019`。当应用程序出现在搜索菜单中时，选择它以打开命令提示符。

   创建一个名为 `hello_x86.asm` 的文件，其内容显示在 10.2.5 节的源代码列表中。

   使用 10.2.5 节中显示的命令构建并运行程序。验证输出 Hello, Computer Architect! 将出现在屏幕上。

2. 编写一个 x86 汇编语言程序，计算以下表达式并将结果打印为十六进制数：$[(129-66)\times(445+136)]\div 3$。作为此程序的一部分，创建一个可调用函数来将一个字节打印为两位十六进制数。

3. 在任务栏的 Windows 搜索框中键入 `x64 Native Tools Command Prompt for VS 2019`。当应用程序出现在搜索菜单中时，选择它以打开命令提示符。

   创建一个名为 `hello_x64.asm` 的文件，其内容显示在 10.3.3 节的源代码列表中。

   使用 10.3.3 节中显示的命令构建并运行程序。验证输出 Hello, Computer Architect! 将出现在屏幕上。

4. 编写一个 x64 汇编语言程序，计算以下表达式并将结果打印为十六进制数：$[(129-66)\times(445+136)]\div 3$。作为此程序的一部分，创建一个可调用函数来将一个字节打印为两位十六进制数。

5. 安装免费的 Android Studio IDE，网址为 `https://developer.android.com/studio/`。安装完成后，打开 Android Studio IDE 并在 Tools 菜单下选择 SDK Manager。在 Settings for New Projects 对话框中选择 SDK Tools 选项并选中 NDK 选项，该选项可能显示为 NDK（Side-by-Side）。完成本机开发工具包（NDK）的安装。

   在 SDK 安装目录下找到以下文件（默认位置在 `%LOCALAPPDATA%\Android` 下），并将它们的目录添加到 PATH 环境变量：`arm-linux-androideabi-as.exe` 和 `adb.exe`。提示：以下命令适用于 Android Studio 的一个版本（你的路径可能会有所不同）：

```
set PATH=%PATH%;%LOCALAPPDATA%\Android\Sdk\
ndk\20.1.5948944\toolchains\arm-linux-androideabi-4.9\
prebuilt\windows-x86_64\bin;%LOCALAPPDATA%\Android\Sdk\
platform-tools
```

   创建一个名为 `hello_arm.s` 的文件，其内容显示在 10.4.4 节的源代码列表中。

   使用 10.4.4 节中显示的命令构建程序。

   在 Android 手机或平板电脑上启用 Developer Options。在网上搜索有关如何执行此操作的说明。

使用 USB 数据线将 Android 设备连接到计算机。

使用 10.4.4 节的命令将程序可执行映像复制到手机上，然后运行该程序。验证输出 Hello, Computer Architect! 将显示在主机屏幕上。

6. 编写一个 32 位 ARM 汇编语言程序，计算以下表达式并将结果打印为十六进制数：[(129-66)×(445+136)]÷3。作为此程序的一部分，创建一个可调用函数将一个字节打印为两位十六进制数。

7. 在 Android SDK 安装目录下找到以下文件（默认位置在 %LOCALAPPDATA%\Android 下），并将它们的目录添加到 PATH 环境变量：aarch64-linux-android-as.exe 和 adb.exe。提示：以下命令适用于 Android Studio 的一个版本（你的路径可能会有所不同）：

```
set PATH=%PATH%;%LOCALAPPDATA \Android\sdk\ndk-bundle\
toolchains\arm-linux-androideabi-4.9\prebuilt\
windows-x86_64\bin;%LOCALAPPDATA%\Android\Sdk\platform-
tools
```

创建一个名为 hello_arm64.s 的文件，其内容显示在 10.5.1 节的源代码列表中。

使用 10.5.1 节中的命令构建程序。

在 Android 手机或平板电脑上启用 Developer Options。

使用 USB 数据线将 Android 设备连接到计算机。

使用 10.5.1 节的命令将程序可执行映像复制到手机上，然后运行该程序。验证输出 Hello, Computer Architect！将显示在主机屏幕上。

8. 编写一个 64 位 ARM 汇编语言程序，计算以下表达式并将结果打印为十六进制数：[(129-66)×(445+136)]÷3。作为此程序的一部分，创建一个可调用函数将一个字节打印为两位十六进制数。

RISC-V 体系结构与指令集

本章介绍全新的 RISC-V（读作 risk five）处理器体系结构及其指令集。RISC-V 是完全开源的精简指令集。目前已经发布了一个完全用户模式（非特权）的指令集规范，并且也有几种基于该体系结构的低成本硬件实现。目前正在进一步开发指令集扩展的规范，使之能够支持通用计算技术、高性能计算技术以及嵌入式系统。与此同时，已有商用处理器支持这些还在开发中的扩展了。

本章涵盖以下主题：

- RISC-V 体系结构与功能
- RISC-V 基础指令集
- RISC-V 扩展
- 64 位 RISC-V
- 标准 RISC-V 配置
- RISC-V 汇编语言
- 在**现场可编程门阵列**（FPGA）中实现 RISC-V

通过学习本章，你将会理解 RISC-V 处理器的体系结构、功能，以及可选的扩展。你还会学习基础的 RISC-V 指令集以及对 RISC-V 进行定制，从而支持从低端嵌入式系统到仓储式云服务器集群的各种计算机体系结构。本章还将介绍如何在一块低成本的 FPGA 开发板上实现 RISC-V 处理器。

11.1 技术要求

本章的文件（包括习题答案）参见 `https://github.com/PacktPublishing/Modern-Computer-Architecture-and-Organization`。

11.2 RISC-V 体系结构与功能

Yunsup Lee、Krste Asanović、David A. Patterson 和 Andrew Waterman 在加州大学伯克利分校研发了 RISC-V 体系结构，并于 2014 年公开发布。加州大学伯克利分校此前有 4 项基础的 RISC 体系结构设计项目，因此本项目被命名为 RISC-V，其中的 V 代表罗马数字 5。

最初，RISC-V 项目的设计目标如下：

- 设计一种适用于多种应用需求的**指令集体系结构**（ISA），其适用范围从低功耗嵌入式设备到高性能云端多处理器。
- 提供一种所有人、所有应用都能够免费使用的 ISA。与之形成鲜明对比的是，几乎所有其他公司都将商用处理器的 ISA 视为其精心保护的知识产权。
- 吸取过去几十年里处理器设计中的经验教训，避免其他指令集结构为了保持与先前版本（甚至是古老技术）的兼容性而必须保留的错误特征或次优特征。
- 为嵌入式设备提供一种小而完备的基础 ISA。基础 ISA 是指任何 RISC-V 处理器都必须能够实现的最小功能集。基本的 RISC-V 处理器是 32 位的，具有 31 个通用寄存器。所有指令的字长都是 32 位。基础 ISA 支持整数加、减法运算，但并不支持整数乘、除法运算。由于一些应用程序不需要进行整数乘、除法运算，所以避免了在最小处理器的实现过程中使用昂贵的乘、除法硬件。

- 提供可供选择的 ISA 扩展，以支持浮点运算、原子内存访问操作和乘、除法运算。
- 为了支持特权执行模式而提供额外的 ISA 扩展。这类似于第 10 章中所讲的 x86、x64 和 ARM 特权实现。
- 支持一种压缩指令集，实现了许多 32 位指令的 16 位版本。在支持此扩展的处理器中，16 位指令和 32 位指令可以自由地混合使用。
- 提供支持 64 位甚至 128 位处理器字长的 ISA 扩展选项，在单核或多核处理器中以及多道程序环境中使用分页虚拟存储器。

目前，RISC-V 处理器在价格方面颇具市场竞争力。与此同时，考虑到 ISA 设计的复杂性和其可免费试用，我们有理由相信，在未来的几年里，RISC-V 的市场份额将会进一步大幅提升。

图 11.1 为 RISC-V 的基础 ISA 寄存器组。

图 11.1　RISC-V 的基础 ISA 寄存器组

寄存器位宽是 32 位。用户可以自由地使用通用寄存器 x1~x31，或者由处理器硬件为其分配指定的功能。x0 寄存器硬连线到 0，读取时返回 0，并且无法写入任何值。我们很快将介绍 x0 寄存器的一些有趣的应用。

如图 11.1 所示，每个寄存器具有 1~2 个可用名称。这些名称对应于标准 RISC-V **应用程序二进制接口**（Application Binary Interface，ABI）中寄存器的使用。因为通用寄存器 x1~x31 的功能相互之间可以互换，所以 ABI 需要进行指定：哪个寄存器用作堆栈指针、哪个寄存器用于存放函数的参数、哪个寄存器用于存放返回值，等等。这些寄存器名称的含义如下：

- ra：函数返回地址
- sp：堆栈指针
- gp：全局数据指针

- tp：线程局部数据指针
- t0-t6：临时存储
- fp：函数局部堆栈数据的桢指针（用途可选）
- s0-s11：保存的寄存器（若 fp 未使用，则 x8 视为 s0）
- a0-a7：传递给函数的参数。任何其他参数都通过堆栈传递。函数的返回值通过 a0 和 a1 传递。

pc 寄存器包含 32 位的程序计数器，用于存放当前指令的地址。

令人惊讶的是，RISC-V ISA 中没有处理器标志寄存器。其他处理器有修改标志位的操作，而在 RISC-V 中是将运算结果存放在一个 RISC-V 寄存器中。例如，在 RISC-V 中，执行有符号（slt）和无符号（sltu）比较指令，需要将两个操作数做减法运算，并根据结果的符号（正或负）将目的寄存器置为 0 或 1。接下来可以使用此寄存器中的值来决定条件转移指令应转向哪一个分支。

在其他处理器中存在一些标志位，而在 RISC-V 中必须对其进行计算。例如，RISC-V 中没有进位标志 CF。为了确定加法运算是否产生进位，需要对其中一个操作数与所求得的和进行比较。如果和大于等于加数，则未产生进位（任取一个加数进行比较均可）；否则，产生进位。

大部分的基本 ISA 计算指令具有 3 个操作数，其中第一个操作数是目的寄存器，第二个操作数是源寄存器，第三个操作数是源寄存器或立即数。下面是一个三操作数指令的示例：

```
add x1, x2, x3
```

该指令的功能是将 x2 寄存器和 x3 寄存器中的数据求和，并将结果存入 x1 寄存器中。

为了避免引入非严格必需的指令，许多指令除了自身定义的功能外，还可以执行在其他处理器中使用专门的指令来实现的一些功能。例如，在 RISC-V 中，没有直接将一个寄存器移动到另一个寄存器的指令。取而代之的是可以使用加法指令将源寄存器与立即数 0 相加，并将结果存入目的寄存器，从而达到相同的效果。因此，将 x2 寄存器移动到 x1 寄存器的指令为 add x1, x2, 0，相当于把 x2+0 的结果置入 x1 中。

RISC-V 汇编语言提供了很多伪指令，在实现相关功能时，伪指令往往更加通俗易懂。例如，汇编语言可以将伪指令 mv x1, x2 转换为指令 add x1, x2, 0。

11.3 RISC-V 基础指令集

RISC-V 基础指令集仅仅由 47 条指令组成。其中，8 条是用于产生系统调用和访问性能计数器的系统指令。其余 39 条指令可以分为三大类：计算指令、控制流指令和访存指令。下面一一介绍。

11.3.1 计算指令

除了 lui 和 auipc 以外，所有的计算指令都是三操作数指令。第一个操作数是目的寄存器，第二个操作数是源寄存器，第三个操作数是另一个源寄存器或立即数。使用立即数的指令助记符（auipc 除外）均以字母 i 结尾。下面将列出这些指令及其功能：

- add、addi、sub：执行加法和减法。在 addi 指令中，立即数为 12 位有符号数。

sub 指令是第一个源操作数减去第二个源操作数。没有所谓的 subi 指令,因为可以通过 addi 指令加上一个数的相反数来实现。

- sll、slli、srl、srli、sra、srai:逻辑左移(sll)、逻辑右移(srl)和算术右移(sra)。逻辑移位时空出来的位补 0,算术移位时空出来的位补符号位。第二个源操作数指明移位的次数是相应寄存器的低 5 位或者 5 位立即数。
- and、andi、or、ori、xor、xori:对两个源操作数执行按位逻辑运算。立即数为 12 位。
- slt、slti、sltu、sltui:slt 指 set if less than,即如果第一个源操作数小于第二个源操作数,则将目的操作数置为 1。slt 将源操作数视为有符号数,sltu 将源操作数视为无符号数,立即数为 12 位。
- lui:将立即数加载至高位。该指令将 20 位立即数加载至目的寄存器的 12~31 位。将一个寄存器设置为 32 位立即值需要两条指令。首先,通过 lui 指令加载该寄存器的高 20 位,即 12~31 位。然后,通过 addi 指令加载低 12 位,从而得到完整的 32 位数据。lui 有两个操作数:目的寄存器和立即数。
- auipc:将立即数加载至 pc 寄存器的高位。该指令将 20 位立即数加载至 pc 寄存器的高 20 位。RISC-V 通过该指令实现 pc 相对寻址。与 lui 类似,为了得到完整的 32 位 pc 地址,auipc 指令给出了部分结果,剩下的低 12 位需要通过 addi 指令给出。

11.3.2 控制流指令

条件转移指令对两个寄存器的内容进行比较,并且根据比较结果,可能将要执行的指令从当前 PC 转移至相对于当前 PC 的 12 位有符号数的地址偏移量范围内。RISC-V 基础指令集支持两条无条件转移指令,其中,jalr 可以访问整个 32 位地址范围。

- beq、bne、blt、bltu、bge、bgeu:分别是相等则跳转(beq)、不等则跳转(bne)、小于则跳转(blt)、无符号数小于则跳转(bltu)、大于等于则跳转(bge)、无符号数大于等于则跳转(bgeu)。以上指令首先对两个寄存器进行比较,若符合跳转条件,则转移至由 12 位有符号立即数偏移量所提供的地址。
- jal:跳转并链接。转移至使用 20 位有符号立即数进行 pc 相对寻址所得到的地址,与此同时将下一条指令的地址(返回地址)存入目的寄存器。
- jalr:跳转并链接,寄存器。将源寄存器和 12 位有符号立即数求和的结果作为目的地址,并跳转至该地址,然后在目的寄存器中存入下一条指令的地址。如果在此之前执行过 auipc 指令,则 jalr 指令可以在 32 位地址范围内进行 PC 相对寻址。

11.3.3 访存指令

访存指令用于在寄存器和存储器之间传送数据。第一个操作数是需要进行读写的寄存器。第二个操作数是包含内存地址的寄存器。将 12 位有符号立即数与寄存器中的地址相加,从而得到用于存取操作的最终地址。

取数指令对有符号数进行符号扩展,对无符号数进行零扩展。当取出较小的数据(字节/半字)时,就需要通过符号扩展或者零扩展将其扩展为 32 位数据,并写入目的寄存器中。采用无符号数取数指令助记符以字母 u 结尾。

- lb、lbu、lh、lhu、lw:向目的寄存器中取字节(lb)、取半字(lh)、取字(lw)。

在取字节或取半字时，会进行符号扩展（lb 和 lh）或零扩展（lbu 和 lhu），然后再填入 32 位目的寄存器中。例如，指令 lw x1, 16(x2) 是将地址（x2+16）中的数据填入 x1 中。

- sb、sh、sw：将字节（sb）、半字（sh）或字（sw）存入相应的存储单元中。
- fence：在多线程环境中确保存储器按顺序访问。该指令用于确保多线程的缓存数据的一致性。该指令有两个操作数，第一个操作数指定哪些访存必须在 fence 指令之前完成，第二个操作数指定哪些访存必须在 fence 指令之后完成。该指令能够对存储器读写（r 和 w）、I/O 设备输入输出（i 和 o）进行排序。以 fence rw, rw 指令为例，该指令确保在 fence 指令之前发生的任何有关存储地址的访存指令全部完成之后，才会进行在 fence 指令之后的访存工作。因此，该指令可以确保处理器缓存中的任何值都和存储器或 I/O 设备相一致。
- fence.i：在 fence.i 指令完成之前，确保所有对指令存储器执行写操作的指令执行完毕。该指令主要在自修改代码中使用。

11.3.4　系统指令

在 8 条系统指令中，其中一条用于激活系统调用，一条用于初始化调试器断点，其余 6 条用于读写系统**状态控制寄存器**（Control and Status Register，CSR）。CSR 操作指令先将被选中的 CSR 的当前值存入寄存器中，然后，通过写入新值、清除选定位或置位选定位来更新 CSR。通过寄存器或 5 位立即数为 CSR 的修改提供源值。CSR 由 12 位地址指明。每条 CSR 指令将 CSR 的读写视为一个原子操作。

- ecall：激活系统调用。用于将参数传入和返回调用的寄存器由 ABI 定义，而不是由处理器硬件定义。
- ebreak：初始化调试器断点。
- csrrw、csrrwi、csrrc、csrrci、csrrs、csrrsi：将特定的 CSR 读入目的寄存器，然后将源操作数写入寄存器（csrrw），清除寄存器中源操作数内的任何一位（csrrc）或者置位寄存器中源操作数的任何一位（csrrs）。这些指令均有 3 个操作数：第一个是目的寄存器，用于接收从 CSR 中读取的值；第二个是 CSR 地址；第三个是源寄存器或 5 位立即数（此时指令以 i 结尾）。

基本 RISC-V 中定义了 6 个只读的 CSR 寄存器。在只读模式下，想要执行任何 CSR 访问指令，都必须以 x0 寄存器作为第三个操作数。这些寄存器定义了 3 个 64 位性能计数器：

- cycle、cycleh：表示从参考时间（通常指系统启动）以来，经历的系统时钟周期数（以 64 位计数）的低 32 位（cycle）和高 32 位（cycleh）。如果使用了动态电压和频率调节，系统时钟的频率可能会发生变化。
- time、timeh：从参考时间（通常指系统启动）以来，经历的真实时钟周期数（以 64 位计数）的低 32 位（time）和高 32 位（timeh）。
- instret、instreth：处理器中提交（或者退休）指令数目（以 64 位计数）的低 32 位（instret）和高 32 位（instreth）。

由于无法通过单次原子操作来读取性能计数器的两个 32 位，为了避免错误读取，应当使用以下步骤来正确地读取 64 位计数器：

1. 把计数器的高 32 位读入一个寄存器。

2. 把计数器的低 32 位读入另一个寄存器。

3. 把计数器的高 32 位再次读入另一个寄存器中（与第 1 步中的不是同一个寄存器）。

4. 比较高 32 位的两次读取结果。如果二者不相等，则返回第 1 步。

采用这种方法，即使在两次读取过程中计数器仍然在持续计数，仍然可以读取到有效的计数值。通常情况下，执行此过程最多需要在第 4 步向前回溯一次。

11.3.5 伪指令

RISC-V 体系结构的指令集相当精简，因此，相较于其他指令集，它缺少了一些指令。对于其他处理器支持但在 RISC-V 中没有直接支持的指令，RISC-V 也能间接地实现其功能。

RISC-V 汇编程序支持大量的伪指令，每条伪指令都可以实现一种在其他通用处理器指令集中可以实现的功能，并且可以转换为若干条 RISC-V 指令。表 11.1 展示了一些最为常用的 RISC-V 伪指令。

表 11.1 RISC-V 伪指令

伪指令	RISC-V 指令	功　能
nop	addi x0 ,x0 ,0	空操作
mv rd, rs	addi rd, rs, 0	将 rs 复制到 rd
not rd, rs	xori rd, rs, -1	rd = NOT rs
neg rd, rs	sub rd, x0, rs	rd = - rs
j offset	jal x0, offset	无条件跳转
jal offset	jal x1, offset	近程函数调用（20 位引用）
call offset	auipc x1, offset[31:12] + offset[11] jalr x1, offset[11:0](x1)	远程函数调用（32 位引用）
ret	jalr x0, 0(x1)	从函数返回
beqz rs, offset	beq rs, x0, offset	等于 0 则跳转
bgez rs, offset	bge rx, x0, offset	大于等于 0 则跳转
bltz rs, offset	blt rs, x0, offset	小于 0 则跳转
bgt rs, rt, offset	blt rt, rs, offset	大于则跳转
ble rs, rt, offset	bge rt, rs, offset	小于等于则跳转
fence	fence iorw, iorw	同步所有的存储和 I/O 访问
csrr rd, csr	csrrw rd, csr, x0	读 CSR
li rd, immed	addi rd, x0, immed	加载 12 位立即数
li rd, immed	lui rd, immed[31:12] + immed[11] addi rd, x0, immed[11:0]	加载 32 位立即数
la rd, symbol	auipc rd, delta[31:12] + delta[11] addi rd, rd, delta[11:0]	加载 symbol 中的地址，其中 delta = (symbol - pc)
lw rd, symbol	auipc rd, delta[31:12] + delta[11] lw rd, rd, delta[11:0](rd)	加载 symbol 中的字，其中 delta= (symbol - pc)
lw rd, symbol, rt	auipc rt, delta[31:12] + delta[11] sw rd, rd, delta[11:0](rt)	存储 symbol 中的字，其中 delta = (symbol - pc)

在上表中，rd 是目的寄存器，rs 是源寄存器，csr 是控制和状态寄存器，symbol 是绝对的数据地址，offset 是相对于 PC 的指令地址。

如果要将一个地址或立即数的高 20 位与一个立即数（包含结果的低 12 位）组合成一个 32 位数据，必须执行一个步骤来消除指令序列中第二条指令中需要对低 12 位数据的第 11 位做符号扩展带来的影响。因为 addi 指令中的立即数均视为有符号数，所以这种处理是必需的。在与上述的 20 位相加之前，要对 12 位立即数的最高位进行符号位扩展，得到 31 位数。

下面举例说明这一问题和解决方案。假设要使用 lui 和 addi 指令将 0xFFFFFFFF 加载到寄存器中，如果只是简单地将高位和低位相加，如下所示：

```
lui x1, 0xFFFFF # x1 now equals 0xFFFFF000
addi x1, x1, 0xFFF
```

addi 指令会对 0xFFF 进行符号位扩展，扩展为 0xFFFFFFFF，然后再与 0xFFFFF000 相加。此时，加法运算结果为 0xFFFFEFFF，这显然不是预期的结果。为了解决这一问题，需要将低 12 位中的第 11 位加到高 20 位上，如下所示：

```
lui x1, 0xFFFFF+1 # Add bit 11; x1 now equals 0x00000000
addi x1, x1, 0xFFF
```

现在计算结果为 0xFFFFFFFF，正确。这个计算过程对于任何数值都是成立的。如果第 11 位是 0，则不需要向高 20 位加任何数。

需要注意，对于本章所讲的 RISC-V 汇编代码，应在 # 后进行注释。

11.3.6 特权级

RISC-V 体系结构对于线程的运行定义了三个特权级：
- 用户（U）特权级
- 监控（S）特权级
- 机器（M）特权级

任何 RISC-V 实现都必须支持 M 模式，这是最高特权级，可以访问所有的系统功能。当系统复位时进入 M 模式。在简单嵌入式系统中，代码可以完全以 M 模式执行。

而在更复杂的应用程序中，可能需要在 M 模式下启动安全引导进程，然后再加载、启动在 U 模式执行的应用程序。这种方式用于解决嵌入式系统的安全问题。

M 级是强制执行的，除此之外，RISC-V 处理器还可以实现 S 级或 U 级。通用操作系统使用 S 模式和 U 模式，处理器和操作系统的内核与用户模式相同。RISC-V 的 U 模式通过 ecall（环境调用）指令来请求系统调用，此调用在 S 模式下会产生异常。RISC-V 特权体系结构可以直接支持各种现代操作系统，如 Linux。

RISC-V 定义了独立的 CSR 集合，以便在每一个特权级上启用系统配置、控制和检查。根据此运行线程的特权级和 CSR 的级别，该线程对于 CSR 的权限可能是读写、只读或不访问。高权限级别的线程有权访问低权限级别的 CSR。

RISC-V 的 S 特权级支持分页虚拟内存，将 32 位地址空间分为 4KB 大小的页面。32 位虚拟地址被划分为 20 位虚拟页地址和 12 位偏移量。RISC-V64 位环境中定义了两个额外的虚拟内存配置。第一个是 39 位地址空间，用于支持 512GB 的虚拟内存。若应用程序需要更多虚拟地址，可以使用 48 位地址空间，以支持 256TB 的虚拟内存。尽管 48 位地址比 39 位地址提供的内存空间多得多，但是它需要存储额外的页表，并且遍历这些页表耗时更长。

以下指令用于支持特权级的执行：

- mret、sret、uret：这些指令从由 ecall 指令引发的异常处理程序返回。这些指令均可以在首字母所示的特权级或更高的特权级来执行。执行其中一条指令时，若该指令引用了低于当前线程的特权级，则会从较低级别产生的异常返回。
- wfi：等待中断。该指令要求当前线程暂停，直到发生中断。RISC-V 规范中只要求将该指令视为一个提示，所以一种特殊的实现方法是将 wfi 指令视为空操作，而不是实际地暂停线程。因为 wfi 指令可以被视为空操作，所以在 wfi 之后的代码必须明确地检查是否需要处理被挂起的中断。此过程通常发生在循环中。
- sfence.vma：将虚拟内存页表数据从缓存刷新到内存。指令助记符的首字母 s 表示该指令的目标是位于 S 特权级的用户。

RISC-V 定义了支持虚拟化的额外指令和 CSR，以及用于管理虚拟环境的管理程序。RISC-V 虚拟化详见第 12 章。

11.4 RISC-V 扩展

在本章之前的内容中所介绍的 RISC-V 指令集称为 RV32I，意为 RICS-V 的 32 位指令集。尽管 RV32I ISA 提供了一个既完整又实用的指令集，但是它和 x86，ARM 等其他处理器相比，仍然缺少一些功能和特性。

RISC-V 扩展功能可以渐进地、兼容地向 RISC-V 基础指令集内添加功能。用户在实现 RISC-V 处理器时可以有选择地添加扩展，从而在芯片尺寸、系统容量和性能三者之间选择最优方案。同样地，基于低成本 FPGA 系统的开发人员也可以灵活地进行选择。本章的后续内容会进一步探讨如何在 FPGA 中实现 RISC-V 处理器。目前讨论的主要扩展可以命名为 M、A、C、F 和 D，同时还会讨论其他扩展。

11.4.1 M 扩展

RISC-V 的 M 扩展向基础指令集内添加了整数的乘、除法运算功能。该扩展中的指令如下：

- mul：将两个 32 位寄存器相乘，并将结果的低 32 位存入目的寄存器。
- mulh、mulhu、mulhsu：将两个 32 位寄存器相乘，并将结果的高 32 位存入目的寄存器。将乘数均视为有符号数（mulh）、均视为无符号数（mulhu）、rs1 视为有符号数且 rs2 视为无符号数（mulhsu）。rs1 是第一个源寄存器，rs2 是第二个源寄存器。
- div、divu：将两个有符号数（div）或无符号数（divu）的 32 位寄存器相除，结果向零进行舍入。
- rem、remu：返回 div 或 divu 指令所产生的余数。

除数是 0 不会直接产生异常。为了检测此情况，代码应当对除数进行检测，若除数为 0，则跳转至适当的处理程序。

11.4.2 A 扩展

RISC-V 的 A 扩展提供了原子的**读 – 修改 – 写**操作功能，用于在共享内存中支持多线程处理。

加载 – 保留（lr.w）和存储 – 条件（sc.w）指令一起工作，从而读取内存，再存入原子序列中的相同位置。加载 - 保留指令在加载时保留内存地址。在此期间，若有另一指令试图写入同一位置，则取消该保留。

在执行存储 – 条件指令时会返回一个值，以指示此原子操作是否已完成。如果之前的保留仍然有效（换言之，对于该目标地址没有其他干扰输入），存储 – 条件指令会将寄存器写入内存，同时返回 0，代表操作成功。如果之前的保留已经被取消，存储 – 条件指令不会改变此内存单元，并返回一个非零值，代表操作失败。下面将介绍加载 – 保留和存储 – 条件指令的具体操作。

- lr.w：将一个内存单元加载至寄存器中，并保留该内存单元的地址。
- sc.w：有条件地将寄存器存入一个内存单元中。若成功写入了该内存单元，则将目的寄存器置为 0；否则，若保留已被取消，则将目的寄存器置为非零值，同时，该指令将不会修改此内存单元。

原子内存操作（AMO）指令以原子的形式从一个内存单元向寄存器中加载字，然后在加载的值和 rs2 之间执行二进制操作，最后将运算结果返回该内存地址。下面将介绍执行 AMO 操作的指令：

- amoswap.w：以原子的形式将 rs2 和 rs1 内存单元交换。
- amoadd.w：以原子的形式将 rs2 添加至 rs1 内存单元。
- amoand.w、amoor.w、amoxor.w：以原子的形式对 rs2、rs1 内存单元做与、或、异或操作，并存入 rs1 内存单元。
- amomin.w、amominu.w、amomax.w、amomaxu.w：以原子的形式在 rs2 和 rs1 之间选择最小值 / 最大值、有符号数 / 无符号数，并存入 rs1 内存单元。

11.4.3　C 扩展

RISC-V 的 C 扩展对于指令进行压缩，使得存储指令所需的内存总量和取指令所需的总线流量尽可能小。

此前研究的 RV32I 指令都是 32 位的。对于最常用的一些 32 位指令，C 扩展提供了 16 位的压缩表示。每条压缩后的指令和原指令都是等价的。而且 32 位的 RV32I 指令和 16 位指令可以自由地混用，而不需要任何的模式转换操作。事实上，汇编程序员甚至不需要指定某条指令是否应当采用压缩形式。汇编程序和链接程序在产生压缩指令时是完全透明的，这样既能使代码最小化，又不会影响性能。

在使用支持 RISC-V 的 C 扩展的处理器和软件开发工具集时，使用汇编语言和高级语言进行编程都能从压缩指令获益。

11.4.4　F 扩展和 D 扩展

RISC-V 的 F 和 D 扩展提供了对符合 IEEE 754 标准的单精度（F）和双精度（D）浮点数运算的支持。F 扩展向 RISC-V 结构中添加了 32 个 32 位的浮点寄存器 f0-f31 和一个 32 位的控制状态寄存器 fscr。该扩展包含了一组 IEEE 754-2008 单精度标准的浮点数指令。

大部分浮点运算指令在浮点寄存器上完成。数据传输指令用于将内存加载至浮点寄存器、将浮点寄存器存入内存中、在浮点寄存器和整数寄存器之间传递数据。

D 扩展将 f0-f31 扩展为 64 位。此时，每个 f 寄存器可以存放一个 32 位值或一个 64

位值。D 扩展增加了符合 IEEE 754-2008 双精度标准的双精度浮点指令。只有在 F 扩展存在时才可以使用 D 扩展。

11.4.5　其他扩展

下面列出了对 RISC-V 体系结构进行的其他几个扩展，这些扩展已经定义，并且正在研发中，或者至少已经考虑在未来进行研发。

- **RV32E 体系结构**：这并不是一种扩展。相反，它修改了 RISC-V 体系结构，目的是降低处理器硬件需求，直到低于最小嵌入式系统的 RV32I 指令集的硬件需求。RV32E 和 RV32I 唯一的区别是 RV32E 只有 15 个整数寄存器。与功能相同的 RV32I 相比，这一变化减少了 25% 的芯片面积和功耗。x0 仍然专用于零寄存器。因为寄存器数量减半，所以每条指令中的寄存器的助记符减少一位。这些位在后续的修订中保持未使用状态，因此可以被用户用作定制指令扩展。
- **Q 扩展**：Q 扩展支持由 IEEE 754 标准定义的 128 位四精度浮点数运算。
- **L 扩展**：L 扩展支持由 IEEE 754 标准定义的十进制浮点数运算。
- **B 扩展**：B 扩展支持位操作。例如，添加、提取和测试某一个位。
- **J 扩展**：J 扩展支持 Java 和 JavaScript 等动态编译语言。
- **T 扩展**：T 扩展支持多个地址之间的原子操作所组成的内存事务。
- **P 扩展**：P 扩展为小型 RISC-V 系统中的浮点数运算提供了压缩后的**单指令多数据**（SIMD）指令。
- **V 扩展**：V 扩展支持数据级并行，或称之为向量。V 扩展并没有指定数据向量的长度，该长度由 RISC-V 处理器的设计者决定。传统的 V 扩展支持 512 位数据向量，但是目前已经实现了最长 4096 位的数据向量。
- **N 扩展**：N 扩展可以在 U 特权级处理中断和异常。
- **Zicsr 扩展**：Zicsr 扩展可以在系统状态控制寄存器上执行原子的读 – 修改 – 写操作。在 11.3.4 节中介绍过这些指令。
- **Zifencei 扩展**：Zifencei 扩展定义了 fenci.i 指令，参见 11.3.3 节。

下一节将会介绍如何将基本 RISC-V ISA 扩展至 64 位。

11.5　64 位 RISC-V

前面已经介绍了 32 位 RV32I 体系结构、指令集及其扩展。将其扩展至 64 位就是 RV64I 指令集，正如在 RV32I 中指令字宽均为 32 位一样。事实上，除了以下区别，RV64I 指令集和 RV32I 几乎完全相同：

- 所有整数寄存器扩展至 64 位。
- 地址扩展至 64 位。
- 指令操作码中的移位计数字段由 5 位变为 6 位。
- 为了用类似于 RV32I 的方式对 32 位数值进行操作，我们定义了一些新的指令。之所以必须定义这些新指令，是因为 RV64I 中的大部分指令都是 64 位的，而实际应用中经常需要处理 32 位数据。这些面向单字的指令的助记符均以 W 结尾，产生的运算结果为 32 位有符号数。需要对 32 位数值做符号位扩展以填满 64 位寄存器，即将第 31 位复制到第 32~63 位。

在 RV64I 中定义如下指令:

- addw、addiw、subw、sllw、slliw、srlw、srliw、sraw、sraiw: 这些指令去掉最后的 w 就和 RV32I 中的指令功能完全相同。这些指令的操作数和产生的结果都是 32 位,但结果要符号位扩展为 64 位。
- ld、sd: 存取 64 位的**双字**。相当于将 RV32I 中的 lw 和 sw 指令变为 64 位。

其余的 RV32I 指令在 RV64I 中执行相同的功能,除了地址和寄存器的字长为 64 位。在汇编源代码和二进制机器码中,两个指令集所使用的操作码相同。

下一节将介绍市面上常见的一些 32 位和 64 位的标准 RISC-V 配置。每一种配置都包含基本 ISA 和指定的扩展。

11.6　标准 RISC-V 配置

RV32I 和 RV64I 指令集提供了一些主要用于小型嵌入式系统设计中的基本功能。如果需要系统支持多线程、多特权级别和通用操作系统,需要 RISC-V 的多个扩展能够正确高效地运行。

通常用于建立应用程序开发目标的最小 RISC-V 配置包含基本的 RV32I/RV64I 指令集,可以扩充 I、M、A、F、D、Ziscr 和 Zifenci 扩展。这一功能组合的缩写为 G,例如 RV32G 或 RV64G。很多 G 配置还支持 RV32GC 或 RV64GC 等压缩指令扩展。

一个在嵌入式应用程序中常见的配置是 RV32IMAC。该配置支持基本指令集、乘除法运算、原子操作和压缩指令。在 RISC-V 处理器的销售资料中,通常会使用这些功能的简称。

下一节将介绍一个完整的 RISC-V 汇编程序。

11.7　RISC-V 汇编语言

接下来所给出的 RISC-V 汇编语言实例是在 RISC-V 处理器上运行的完整程序:

```
.section .text
.global main

main:
    # Reserve stack space and save the return address
    addi    sp, sp, -16
    sd      ra, 0(sp)

    # Print the message using the C library puts function
1:  auipc   a0, %pcrel_hi(msg)
    addi    a0, a0, %pcrel_lo(1b)
    jal     ra, puts

    # Restore the return address and sp, and return to caller
    ld      ra, 0(sp)
    addi    sp, sp, 16
    jalr    zero, ra, 0

.section .rodata
msg:
    .asciz "Hello, Computer Architect!\n"
```

该程序输出以下内容，然后退出执行：

`Hello, Computer Architect!`

此汇编程序有以下要点：

- 指示符 `%pcrel_hi` 和 `%pcrel_lo` 分别选定了标签相对于 PC 的偏移地址的高 20 位（`%pcrel_hi`）和低 12 位（`%pcrel_lo`），并将其用作参数。auipc 指令和 add 指令一起将 `message` 字符串的地址写入 a0 中。
- 1：是一个局部标号。在引用局部标号时，标号后面加字母 b（backward）代表引用前一个标号，标号后面加字母 f（forward）代表引用后一个标号。`%pcrel_hi` 和 `%pcrel_lo` 指令通常是一起出现的，1：局部标号将 msg 地址偏移量的低 12 位提取出来。

下一节将在 FPGA 中实现全功能的 RISC-V 处理器上执行代码。

11.8　在 FPGA 中实现 RISC-V

用于在低成本 FPGA 中构建和实现完整的 RISC-V 处理器所需的源代码、处理器硬件设计知识产权模块（Intellectual Property，IP）以及开发工具均可在网络上免费获取。本节在高层次下介绍了开源 RISC-V 设计，以及如何在 FPGA 中实现。完成此项工作的总硬件成本低于 200 美元。

在本示例中，RISC-V FPGA 的设计对象是 Digilent Arty A7-35T 开发板，详见 `https://store.digilentinc.com/arty-a7-artix-7-fpga-development-board-for-makers-and-hobbyists/`。在写作本书时，Arty A7-35T 售价 129 美元。

Arty A7-35T 包含 Xilinx Artix-7 XC7A35TICSG324-1L FPGA，可以在此编程以实现 RISC-V 处理器。XC7A35TICSG324-1L 的特点如下：

- 5200 个逻辑片。
- 1600 个逻辑片可以实现 64 位的 RAM。
- 41600 个触发器。每一个逻辑片包含 8 个触发器。
- 90 个支持高性能 DSP MAC 操作的 DSP 片。
- 400kb 的分布式 RAM。
- 1800kb 的总 RAM。

Artix-7 FPGA 结构使用**查找表**（LUT）来实现组合逻辑电路。每个 Artix-7 LUT 有 6 个输入信号和 1 个输出信号，每个信号都是 1 位。使用单个 LUT 可以表示任何由与门、或门、非门、异或门组成的无反馈电路，其实现方式是将每种输入组合对应的结构以一个比特位存入 ROM 中。因为有 6 个输入位，所以 ROM 包含由 6 个输入位寻址得到的 64 位地址。在有需要时，可以将每个 LUT 配置为两个 32 位的 LUT，共享 5 位输入位，并具有 2 个输出位。有时，也可以将 LUT 的输出存放在触发器中。

一个逻辑片包括 4 个 LUT 和 8 个触发器，还有多路选择器和算术进位逻辑。可以将 8 个触发器中的 4 个配置为锁存器。对于全部 1600 个具有 64 位 RAM 能力的逻辑片，每一个都可以实现一个 32 位移位寄存器或两个 16 位移位寄存器。

在 FPGA 内部，数以千计的逻辑片提供低级 LUT 和其他功能单元，从而实现完整的 RISC-V 处理器及外围设备。FPGA 使用硬件描述语言编程将 FPGA 中的硬件单元连接起来，从而形成一个复杂的数字设备。

　　系统设计者不需要了解 FPGA 内部的详细工作细节，只需要在硬件设计语言的层面进行设计。本书第 2 章介绍的工具 Vivado 可以将硬件设计语言（通常是 VHDL 或 Verilog，虽然 RISC-V 是使用 Chisel 和 Scala 设计的）翻译成适合 FPGA 器件编程的编译格式。

　　在 FPGA 设计中，设计者最为关注的是系统设计能否在 FPGA 器件的资源约束下实现，以及最终实现结果的运行效率是否可以接受。在本例中，XC7A35TICSG324-1L FPGA 提供了足够多的资源，高效地实现了 RISC-V 处理器。

　　为了在 Arty A7-35T RISC-V 处理器上开发和运行程序，还需要一个低成本的硬件调试器。Olimex ARM-TINY-USB-H 调试器在 `https://www.digikey.com/product-detail/en/olimex-ltd/ ARM-USB-TINY-H/1188-1013-ND/3471388` 上的售价为 45.67 美元。还需要一些跳线将调试器和 Arty A7-35T 板相连。跳线在 `https://www.adafruit.com/product/826` 上的售价为 3.95 美元。最后，Arty A7-35T 需要一根 USB 线缆来将 USB Micro-B 和主机系统相连。除了主机系统以外，不需要任何额外的硬件。在 Arty 上实现 RISC-V 所需的全部软件和设计数据均可以在网上免费下载。

　　要在 Arty A7-35T 中实现的处理器是 Freedom E310 Arty，它是一个开源并支持中断处理的 RV32I。其外围设备包含 16 个**通用 I/O**（GPIO）信号和一个串行端口。

　　Freedom E310 处理器被作为源代码来提供，所以，想要定制处理器版本的用户可以对其进行修改。RISC-V 处理器中使用的硬件设计语言是 Chisel 和 Scala。

　　Chisel 是一种开发 Soc 等复杂数字硬件设备专用语言，Chisel 在 Scala 之上运行，Scala 是一种支持函数和面向对象程序的通用程序设计语言。Scala 是一种纯粹的面向对象设计语言，每一个数值都是一个对象。Scala 中每个函数都是一个值，从这个角度来说，它也是一种函数式编程语言。Scala 被编译成能够运行在标准 Java 虚拟机上的 Java 字节码。Scala 程序可以自由地使用数以千计的 Java 库。

支持自定义扩展的 RISC-V

　　RISC-V 体系结构明确地支持自定义扩展，包括自定义操作码、辅助处理器以及其他形式，只要与 RISC-V 自定义规则相互兼容即可。从开源 RISC-V 设计开始，用户可以进行自定义修改，这些修改将会确保和将来版本的 RISC-V 标准和扩展相互兼容。

　　与 VHDL 和 Verilog 等传统的硬件设计语言相比，Chisel 和 Scala 具有更高的设计层次，因此更适合当今的复杂数字系统设计。当然，用 Chisel 设计的任何一个电路也都可以用 VHDL 进行设计，但是，使用 Chisel 确实有其优势，例如，Chisel/Scala 代码通过编译过程可以转化为 RTL 的**灵活的中间表示形式**（FIRRTL），其中 **RTL** 表示**寄存器传输级**，是使用 VHDL 等硬件描述语言进行同步设计使用的一种抽象级别。寄存器传输级模型使用免费工具来对用 FIRRTL 表示的电路进行优化，相比于 VHDL 或 Verilog 设计，可以得到更好的结果。

　　Chisel 和 VHDL/Verilog 之间的差异类似于 Python 和 C 语言之间的差异。虽然 Python 中实现的功能都可以通过 C 语言来实现，但是在短短几行的代码里，Python 语言所表达的高级功能远多于 C 语言。

　　我们可以将 Chisel 代码和 2.10 节中的 VHDL 实例相比较。在 2.10 节中，一位全加器的 VHDL 版本如以下代码所示：

```
-- Load the standard libraries

library IEEE;
  use IEEE.STD_LOGIC_1164.ALL;

-- Define the full adder inputs and outputs

entity FULL_ADDER is
  port (
    A     : in    std_logic;
    B     : in    std_logic;
    C_IN  : in    std_logic;
    S     : out   std_logic;
    C_OUT : out   std_logic
  );
end entity FULL_ADDER;

-- Define the behavior of the full adder

architecture BEHAVIORAL of FULL_ADDER is

begin

  S     <= (A XOR B) XOR C_IN;
  C_OUT <= (A AND B) OR ((A XOR B) AND C_IN);

end architecture BEHAVIORAL;
```

而一位全加器在 Chisel 中等价的实现代码如下所示:

```
import chisel3._

class FullAdder extends Module {
  val io = IO(new Bundle {
    val a     = Input(UInt(1.W))
    val b     = Input(UInt(1.W))
    val c_in  = Input(UInt(1.W))
    val s     = Output(UInt(1.W))
    val c_out = Output(UInt(1.W))
  })

  io.s := (io.a ^ io.b) ^ io.c_in
  io.c_out := (io.a & io.b) | ((io.a ^ io.b) & io.c_in)
}
```

在上述代码中, IO 集(bundle)定义了模块的输入输出。每个 IO 信号的参数定义了数据类型(Uint)和位宽(1.W, 表示每个 IO 信号宽度为 1 位)。

这个简单的示例并没有体现出在 Chisel 中开发复杂电路的所有优势, 但是它至少说明了, 在具体实现的层面上, 它看起来和 VHDL 并没有什么区别。在此不再深入研究 Chisel, 要想获取更多的信息, 请访问 Chisel 知识库: https://github.com/freechipsproject/chisel3。

构建 RISC-V 处理器并将其编程至 Arty A7-35T 开发板包含以下几步:

1. 将 Chisel 和 Scala 代码翻译为 FIRRTL 形式。

2. 将 FIRRTL 翻译为 Verilog。

3. 将 Verilog 编译为 FPGA 映像。

4. 将 FPGA 映像编程至 Arty A7-35T 开发板。

在本章末尾的习题答案中给出了执行每一步的详细命令。

只要将 RISC-V 映像烧录到 Arty 板上,就可以通过调试器接口将软件开发套件连接到 Arty 板上。由此可见,可以通过汇编语言或高级语言来开发 RISC-V 代码,然后在 FPGA RISC-V 处理器上进行编译、运行,就像是在硬件处理器上运行一样。

11.9 总结

本章介绍了 RISC-V 处理器体系结构及其指令集。RISC-V 项目定义了一个完整的用户模式指令集规范以及许多扩展,这些扩展用于支持通用计算、高性能计算以及需要使代码尽可能小的嵌入式应用程序。RISC-V 处理器已经实现了商业化,在 FPGA 设备中可以使用开源的产品将 RISC-V 实例化。

学完本章,你应该了解了 RISC-V 处理器及其可选扩展的体系结构和特点。你学习了 RISC-V 指令集的基本内容,也了解了 RISC-V 处理器如何针对不同的应用领域进行定制从低端的、低功耗的嵌入式系统到仓库规模的云服务器网络,还学习了如何在低成本 FPGA 板上实现 RISC-V 处理器。

下一章将介绍处理器虚拟化。处理器虚拟化不是直接在主机处理器上运行代码,而是在单个物理处理器中生成一个完整的虚拟环境,以运行多个虚拟处理器,每个虚拟处理器都有各自的操作系统和应用程序。

11.10 习题

1. 访问 https://www.sifive.com/boards/,下载 Freedom Studio。Freedom Studio 开发套件基于 Eclipse 集成开发环境(IDE),拥有用于构建 RISC-V 开发程序的一整套工具,并且可以在硬件 RISC-V 处理器或 Freedom Studio 的模拟环境中运行。按照 Freedom Studio 用户手册中的指示完成安装。启动 Freedom Studio,创建一个新的 Freedom E SDK 项目。在创建项目对话框中,选择 qemu-sifive-u54(这是 RV64GC 配置中的单核 64 位 RISC-V 处理器)。选择 hello 例程,单击 Finish 按钮,从而开始生成此例程和 RISC-V 模拟程序。完成之后,会出现 Edit Configuration 对话框。单击 Debug,在模拟调试环境下启动此程序。单步运行程序,控制台窗口中会出现验证文本 Hello, World!。

2. 在习题 1 中的程序保持开启时,在 Project 窗口中的 src 文件夹中找到 hello.c 文件。右击此文件,将其重命名为 hello.s。在编辑器中打开 hello.s 并删除其全部内容。插入 11.7 节中的汇编程序。执行一次清理(按 Ctrl+9 可以启动清理操作),重新构建程序。在 Run 菜单下选择 Debug。调试器启动后,开启窗口,以显示 hello.s 源文件、Disassembly(反汇编)窗口和 Registers(寄存器)窗口。展开 Registers 树,以显示 RISC-V 处理器寄存器。单步运行程序,控制台窗口中会出现验证文本 Hello, Computer Architect!。

3. 编写一个 RISC-V 汇编程序,用于计算以下表达式,然后将结果以十六进制数形式输出:[(129–66) × (445+136)]/3。在此程序中,创建一个可调用的函数,将一个字节打印为两个十六进制数。

4. 用 Arty A7-35T 开发板编程,设计一个 RISC-V 处理器映像。构建并运行 11.7 节中的 hello 汇编语言程序,在此过程中使用 Olimex ARM-TINY-USB-H 调试器。验证此程序输出的文本是否为 Hello, Computer Architect!。

计算机体系结构的应用

在本部分中，读者将学习计算机体系结构发展中相关的问题及折中，目的是满足不同领域的用户需求。

本部分包括第 12～14 章。

第 12 章　处理器虚拟化

第 13 章　领域专用计算机体系结构

第 14 章　计算机体系结构的未来发展方向

处理器虚拟化

本章介绍处理器虚拟化的基本概念，并探讨有效地使用虚拟化可以给个人用户和大型组织带来的许多好处，还将讨论主要的虚拟化技术以及实现它们的开源工具和商业工具。

虚拟化工具能够模拟指令集，即在通用计算机上精确表示各种计算机体系结构和操作系统。虚拟化广泛应用于云环境中的实际软件应用程序调度。

通过学习本章，你将了解与硬件虚拟化相关的技术和优势，以及现代处理器如何在指令集级别支持虚拟化。你还将了解几种提供虚拟化功能的开源工具和商业工具的技术特性，并了解如何使用虚拟化在云计算环境中构建和调度可扩展的应用程序。

本章涵盖以下主题：

- 虚拟化介绍
- 虚拟化的挑战
- 虚拟化现代处理器
- 虚拟化工具
- 虚拟化和云计算

12.1 技术要求

本章的文件（包括习题答案）参见 https://github.com/PacktPublishing/Modern-Computer-Architecture-and-Organization。

12.2 虚拟化介绍

在计算机体系结构领域，**虚拟化**是指使用硬件和软件来创建一个运行软件的模拟环境。

我们已经深入研究了一种虚拟化形式：虚拟内存。虚拟内存机制需要软 / 硬件协同创建一个程序运行环境，为程序提供一个"独立"的内存地址空间，使程序认为自己独占了整个计算机资源。

使用虚拟内存的系统会创建多个**沙盒**（sandboxed，此处应为"相对独立的"）环境，其中每个应用程序运行时不会受到其他应用程序的干扰，除非发生对共享系统资源的竞争。在虚拟化环境中，沙盒是一个独立的环境，其中运行的代码不会受到任何外部事件的干扰，沙盒内的代码也不会影响外部的资源。然而，应用程序之间很难做到完全隔离。例如，即使虚拟内存系统中的一个进程无法访问另一个进程的内存，它也可能会执行其他操作，例如删除第二个进程所需的文件，这可能会给另一个进程带来问题。

本章的重点是处理器级的虚拟化，将其从硬件的物理层抽象出来，允许一个或多个操作系统在计算机系统的虚拟化环境中运行。其他几种类型的虚拟化也被广泛使用。

下一节将简要介绍你可能遇到的各种虚拟化类型。

12.2.1 虚拟化类型

虚拟化一词应用于多种不同的计算环境，特别是在更大的网络环境（如企业、大学、政府机构和云服务提供商）中。下面的定义将涵盖最常见的虚拟化类型。

操作系统虚拟化

本章后面将会详细介绍操作系统虚拟化。虚拟化的操作系统在管理程序的控制下运行。**虚拟机管理程序**（hypervisor）是能够实例化和运行虚拟机的软硬件结合体。hyper 前缀是指管理程序监督其虚拟机中运行的操作系统的管理程序模式。虚拟机管理程序的另一个术语是**虚拟机监控器**（virtual machine monitor）。

虚拟机管理程序有两种常规类型：

- **类型 1 虚拟机管理程序**，也称为**裸机**（bare metal）管理程序，包括用于管理直接在主机硬件上运行的虚拟机软件。
- **类型 2 虚拟机管理程序**，也称为**托管的**（hosted）管理程序，作为应用程序运行，该程序在主机操作系统下管理虚拟机。

虚拟机管理程序与虚拟机监控器

从技术上讲，虚拟机监控器与虚拟机管理程序并不完全相同，但本书将把这些术语视为同义词。虚拟机监控器负责虚拟化处理器和其他计算机系统组件。管理程序将虚拟机监控器与底层操作系统结合在一起，该操作系统可以专门用来托管虚拟机（类型 1 虚拟机管理程序），也可以是通用操作系统（类型 2 虚拟机管理程序）。

运行虚拟机管理程序的计算机称为**主机**。在主机系统上的虚拟机管理程序管理的虚拟环境中运行的操作系统称为**目标机**。

无论其类型如何，虚拟机管理程序都可以在虚拟化环境中启动并执行目标机操作系统和其中运行的应用程序。一个虚拟机管理程序能够支持多个虚拟机同时在一个处理器上运行。虚拟机管理程序负责管理由目标机操作系统发起的所有特权操作请求以及在这些操作系统中运行的应用程序。每个请求都需要从用户模式转换到内核模式，然后再转换回用户模式。来自目标机操作系统上应用程序的所有 I/O 请求都涉及特权级别转换。

由于类型 2 虚拟机管理程序中的操作系统虚拟化涉及在主机操作系统中的虚拟机管理程序下运行操作系统，因此，有一个问题：如果在虚拟机的操作系统中运行虚拟机管理程序的另一个副本，会发生什么情况？答案是系统管理程序、主机操作系统和目标机操作系统的某些组合（但不是全部）支持这种方法。这种配置称为**嵌套虚拟化**。

为什么会有嵌套虚拟化的需求呢？下面是一个嵌套虚拟化非常有用的场景：假设某企业的主要 Web 展示是作为一个虚拟化操作系统映像实现的，该映像包含各种已安装和自定义的软件组件。如果其云服务提供商因为某种原因关闭了，则需要将应用程序快速提交给另一个提供商。

例如，谷歌计算引擎（https://cloud.google.com/compute）提供了一个作为虚拟机实现的执行环境。计算引擎允许用户在这个虚拟机中安装一个虚拟机监控程序，并在其中启动用户的应用程序虚拟机，只需最少的安装和配置就可以使用户的 Web 展示恢复在线状态。

应用程序虚拟化

与其创建虚拟环境来封装整个操作系统，不如在单个应用程序级别进行虚拟化。应用程序虚拟化将操作系统从应用程序代码中抽象出来，并提供一定程度的沙盒环境。

这种类型的虚拟化允许程序在与应用程序目标环境不同的环境中运行。例如，Wine

（https://www.winehq.org/）是一个应用程序兼容性层，允许为 Microsoft Windows 编写的程序在与 POSIX 兼容的操作系统（通常是 Linux 变体）中运行。**可移植操作系统接口**（Portable Operating System Interface，POSIX）是一组提供操作系统之间的应用程序编程兼容性的 IEEE 标准。Wine 可以高效地将 Windows 库和系统调用转换为等效的 POSIX 调用。

应用程序虚拟化用虚拟化层替换了运行时环境的某些部分，并执行拦截磁盘 I/O 调用并将其重定向到沙盒化、虚拟化磁盘环境等任务。应用程序虚拟化可以把一个复杂的软件安装过程封装在仅包含一个可执行文件的等效虚拟环境中，该软件的安装过程包括安装位于不同目录中的数百个文件，以及许多 Windows 注册表的修改。只需将可执行文件复制到目标系统并运行就可以启动应用程序，就好像整个安装过程都是在目标系统上进行的一样。

网络虚拟化

网络虚拟化是将基于软件模拟的网络部件（如交换机、路由器、防火墙和电信网络等）以真实的物理部件使用的方式进行连接。这使得操作系统和运行在其上的应用程序能够以与在同一网络体系结构的物理实现相同的方式在虚拟网络上进行交互和通信。

单个物理网络可以细分为多个**虚拟局域网**（Virtual Local Area Network，VLAN），对于连接到同一 VLAN 的所有系统，每个虚拟局域网都是一个完整的隔离网络。

同一物理区域的多个计算机系统可以连接到不同的 VLAN，有效地将它们在网络上进行隔离。相反，地理位置较远的计算机可以放在同一个 VLAN 上，使它们看起来好像是在一个小型局域网内互连的。

存储虚拟化

存储虚拟化是将物理数据存储器与操作系统和应用程序使用的逻辑存储结构分离。存储虚拟化系统管理将逻辑数据请求转换为物理数据传输。逻辑数据请求采用磁盘分区中的块位置进行编址。完成逻辑地址到物理地址的转换之后，数据传输才能最终与存储设备交互，该存储设备的组织与逻辑磁盘分区完全不同。

访问给定逻辑地址的物理数据的过程类似于虚拟内存系统中的虚拟地址到物理地址的转换过程。逻辑磁盘 I/O 请求包括设备标识符和逻辑块号等信息，该请求信息必须转换为物理设备标识符和块号，然后在物理磁盘上进行请求的读写操作。

数据中心的存储虚拟化通常包括一些增强功能，它们可以提高数据存储系统的可靠性和性能。其中一些改进如下：

- **集中化管理**监视和控制不同供应商的大量存储设备，这些设备可能具有不同的大小。由于所有虚拟化存储对客户端应用程序来说都是相同的，因此存储设备中的任何与供应商相关的特征都对用户隐藏。
- **复制**为任务关键型数据提供了透明的数据备份和灾难恢复功能。执行实时复制时，对存储阵列的写入将立即复制到一个或多个远程副本中。
- **数据迁移**允许管理员在不中断并发的数据 I/O 操作的情况下将数据移动到不同的物理位置或切换到副本。由于存储虚拟化管理系统对磁盘 I/O 具有完全控制权，所以它可以随时将任何逻辑读写操作的目标切换到不同的物理存储设备。

下一节将介绍目前最常见的一些处理器虚拟化方法。

12.2.2 处理器虚拟化的类型

处理器虚拟化环境的理想操作模式是完全虚拟化。在**完全虚拟化**的情况下，操作系统和应用程序中的二进制代码无须进行任何修改即可在虚拟环境中运行。目标机操作系统代码执行特权操作时，会认为它具有对所有机器资源和接口的完全独占的访问权。系统管理程序管理目标机操作系统和主机资源之间的交互，并采取必要的步骤来确保对其控制下的每个虚拟机的 I/O 设备和其他系统资源进行无冲突的访问。

本章的重点是处理器虚拟化，在虚拟化环境中执行完整的操作系统，并在其上运行应用程序。

历史上已经有几种不同的方法用于在处理器级别实现虚拟化。下面将简要介绍每一种方法，首先从 1972 年推出的 IBM VM/370 等系统上实现的方法开始。VM/370 是第一个专门用来支持虚拟机执行的操作系统。

基于陷阱 - 模拟的虚拟化

在 1974 年一篇题为 "Formal Requirements for Virtualizable Third Generation Architectures" 的论文中，Gerald J. Popek 和 Robert P. Glodberg 给出了虚拟机管理程序必须实现的三个属性，以便高效地对包含处理器、内存、存储设备和外围设备的计算机系统进行完全虚拟化：

- **等价性**：在虚拟机管理程序中运行的程序（包括目标机操作系统）必须表现出与直接在计算机硬件上运行时基本相同的行为，但时间的影响除外。
- **资源控制**：虚拟机管理程序必须完全控制虚拟机使用的所有资源。
- **效率**：虚拟机执行的大部分指令必须直接在物理处理器上运行，而无须虚拟机管理程序干预。

为了使虚拟机管理程序满足这些条件，运行它的计算机硬件和操作系统必须授予管理程序完全控制其管理的虚拟机的能力。

目标机操作系统中的代码认为它直接运行在物理处理器硬件上，并且通过系统硬件完全控制所有能够访问的功能。特别是，在内核特权级执行的目标机操作系统代码必须能够执行特权指令和访问为操作系统保留的内存区域。

在基于陷阱 - 模拟的虚拟化方法实现的管理程序中，管理程序的某些部分以内核特权运行，而所有目标机操作系统（还有运行在其中的应用程序）都在用户特权级别运行。目标机操作系统中的内核代码正常执行，直到特权指令尝试执行或内存访问指令尝试读写目标机操作系统可用的用户空间地址范围之外的内存为止。当目标机尝试执行任何这些操作时，就会发生陷阱。

异常类型：故障、陷阱和中止

故障、陷阱和中止这些术语用于描述类似的异常事件。这些异常类型之间的主要差异如下：

故障是一种异常，它以重新启动引起异常的指令而结束。例如，当程序试图访问当前无法访问的有效内存位置时，会发生页面故障。页面故障处理程序完成后，触发故障的指令将重新启动，并从该点继续执行。

陷阱是一种异常，它以在触发指令之后继续执行指令而结束。例如，在调试器断点触发异常后，继续执行下一条指令。

中止表示可能无法恢复的严重错误情况。访问内存时出错等问题可能会导致中止。

启用基于陷阱 - 模拟的虚拟化的基本技巧（如果你想这样）是处理特权冲突产生的异

常。在启动时，虚拟机管理程序将主机操作系统异常处理程序路由到自己的代码中。在主机操作系统有机会处理这些异常之前，虚拟机管理程序中的异常处理程序处理这些异常。

虚拟机管理程序的异常处理程序检查每个异常的源代码，以确定它是否由虚拟机管理程序控制下的目标机操作系统产生。如果异常源于虚拟机管理程序管理的目标机，那么虚拟机管理程序将处理该异常，模拟请求的操作，并将执行控制权直接返回给目标机。如果异常不是来自虚拟机管理程序的目标机，则虚拟机管理程序会将异常传递给主机操作系统以正常方式处理它们。

为了使基于陷阱－模拟的虚拟化能够以全面且可靠的方式工作，主机处理器必须支持Popek 和 Goldberg 定义的标准。这些要求中最关键的是，任何试图访问特权资源的目标机指令都必须产生陷阱。因为主机系统只有一组特权资源（为简单起见，此处假设为单核系统），并且主机和目标机操作系统无法共享这些资源，所以这种处理方式是必要的。

作为虚拟机管理程序控制的特权信息类型的一个示例，考虑用于管理虚拟内存的页表。主机操作系统维护一组页表来管理整个系统的物理内存。每个目标机操作系统都有自己的一组页表，用来管理它所控制的系统中的物理内存和虚拟内存。尽管最终都与相同的物理内存区域交互，但这两组页表包含完全不同的数据。通过陷阱机制，虚拟机管理程序能够截获所有目标机操作系统试图与页表进行交互的尝试，并将这些交互操作定向到仅供目标机操作系统使用的专用内存区域。然后，虚拟机管理程序管理在目标机操作系统中执行的指令所使用的地址与主机系统物理内存之间的必要转换。

在 20 世纪 90 年代末和 21 世纪初，虚拟化广泛应用的最大障碍是当时常用的通用处理器（x86 变体）不支持 Popek 和 Goldberg 虚拟化标准。x86 指令集中的许多指令允许非特权代码与特权数据交互而不产生陷阱。其中许多指令只允许非特权代码读取选定的特权寄存器。这种特征给虚拟化带来了一个严重的问题，因为在整个机器中每个寄存器只有一个副本，并且每个目标机操作都系统可能都需要在这些寄存器中维护不同的值。

从 2006 年开始，x86 的后续版本增加了硬件功能（Intel **虚拟化技术**（VT-x）和 AMD **虚拟化**（AMD-V））以实现 Popek 和 Goldberg 标准中的完全虚拟化。

Popek 和 Goldberg 定义的虚拟化需求假定使用陷阱－模拟技术，该技术在 20 世纪 70 年代被广泛认为是唯一的实用虚拟化方法，也是唯一可行的处理器虚拟化方法。下面你将了解在不完全符合 Popek 和 Goldberg 标准的计算机系统上如何执行有效和高效的虚拟化。

半虚拟化

由于大多数（如果不是全部）需要在虚拟化环境中进行特殊处理的指令都驻留在目标机操作系统及其设备驱动程序中，因此，使目标机虚拟化的一种方法是修改操作系统及其驱动程序，使其以非陷阱方式显式与虚拟机管理程序交互。这种方法可以使目标操作系统获得比在陷阱－模拟虚拟机管理程序下运行的系统更高的性能，其原因是半虚拟化虚拟机管理程序接口由优化的代码组成，而不是一系列陷阱处理程序调用。在陷阱－模拟方法中，虚拟机管理程序必须在一个通用处理程序中处理每个陷阱，该处理程序首先确定陷阱是否来自它控制的目标机操作系统，然后再进一步处理，以确定所需的操作并模拟其效果。

半虚拟化的主要缺点是需要修改目标机操作系统及其驱动程序来实现虚拟机管理程序接口。主要操作系统发行版的维护者对完全支持半虚拟化接口的兴趣有限。

二进制翻译

在不完全支持虚拟化的处理器体系结构中处理有问题的指令是否一种方法是，在执行之前扫描二进制代码，以检测非虚拟化指令是否存在。在保持程序语义不变的情况下，非虚拟化指令被转换成虚拟化友好的指令。

这是在一种 x86 体系结构中进行虚拟化的流行方法。陷阱－模拟与非虚拟指令的二进制翻译相结合，可以获得不错的目标机操作系统性能。该技术将处理非虚拟化指令所需的处理量保持在合理的水平。

二进制翻译可以静态执行也可以动态执行。静态二进制翻译将一组可执行映像重新编译为可在虚拟环境中执行的形式。翻译需要一些时间，但这是一次性的过程，提供一组系统和用户映像，这些映像将一直工作，直到安装新的映像版本时才需要重新编译新映像。

动态二进制翻译在程序执行期间扫描代码段来定位有问题的指令。当遇到这样的指令时，它们会被虚拟化的指令序列所取代。动态二进制翻译避免了静态二进制翻译所需的重新编译步骤，但由于所有正在运行的代码都在进行代码扫描和翻译过程，因此会导致性能下降。每个代码段只需扫描和翻译一次，然后缓存。例如，循环中的代码不会在每次迭代时重新扫描。

硬件模拟

到目前为止，我们讨论的所有虚拟化技术都假设目标机操作系统希望在与主机处理器具有相同指令集体系结构的处理器上运行。在许多情况下，需要使用在 ISA 与目标机操作系统完全不同的处理器运行操作系统和应用程序。

在模拟处理器硬件时，必须将在模拟的目标机系统中执行的每条指令转换为主机 ISA 中的等效指令或指令序列。与二进制翻译一样，这个过程可以是静态的或动态的。

静态翻译可以产生一个高效的可执行映像，能够在目标处理器 ISA 中运行。在静态翻译中，因为识别可执行文件中所有代码路径可能并不简单，尤其是分支目标地址是在代码中计算出来的，而不是静态定义的，所以会存在一些风险。这种风险也适用于静态二进制翻译技术。

动态翻译避免了静态翻译可能出现的潜在错误，但性能可能相当差。这是因为带有硬件模拟的动态翻译涉及将每条指令从一个体系结构转换到另一个体系结构。这与同一 ISA 的动态二进制翻译不同，后者虽然必须扫描每一条指令，但通常只需要对一小部分执行的指令进行翻译。

硬件模拟工具的一个例子是开源 QEMU（https://www.qemu.org/）机器模拟器和虚拟器，它支持在多种处理器体系结构上以相对较高的性能运行操作系统。RISC-V 处理器的 Freedom Studio 工具套件包含一个基于 RV64GC 指令集体系结构的 QEMU 实现。这个虚拟化环境用于运行在第 11 章的习题中使用的代码。

下一节将讨论前几章讨论的处理器系列中与虚拟化相关的挑战和好处。

12.3　虚拟化的挑战

简单地说，处理器虚拟化的目标是在虚拟机管理程序中运行一个操作系统，它本身要么在计算机系统的裸机上运行，要么作为应用程序在另一个操作系统的控制下运行。本节将重点讨论托管的（类型 2）虚拟机管理程序，因为这种操作模式带来了一些裸机管理程序可能不会遇到的额外挑战，类型 1 虚拟机管理程序已经为支持虚拟化进行过优化。

在类型 2 虚拟机管理程序中，主机操作系统支持内核和用户模式，目标机操作系统也是如此（在目标机看来）。当目标机操作系统及其中运行的应用程序请求系统服务时，虚拟机管理程序必须拦截每个请求，并将其转换为对主机内核的合适调用。

在非虚拟系统中，键盘和鼠标等外围设备直接与主机操作系统交互。在虚拟化环境中，每当用户请求与目标机操作系统交互时，虚拟机管理程序都必须管理这些设备的接口。

实现这些功能的困难程度取决于主机的指令集。即使指令集不是面向虚拟化而设计的，该体系结构也可能（或不可能）以直接的方式支持虚拟化。特定处理器 ISA（指令集体系架构）上虚拟化的难易程度取决于处理器处理不安全指令的方式。

12.3.1   不安全指令

陷阱 – 模拟的虚拟化方法让管理程序接管本应由主机操作系统内核响应的虚拟机异常。这种方法允许虚拟机管理程序处理来自目标机操作系统和在其中运行的应用程序的特权冲突和系统调用。

每次在目标机操作系统上运行的应用程序请求系统功能时（例如打开文件），虚拟机管理程序就会截获该请求，调整请求的参数，使其与虚拟机配置保持一致（可能通过将文件打开请求从主机文件系统重定向到目标机的虚拟磁盘沙盒），并将请求传递到主机操作系统。虚拟机管理程序检查和执行异常处理的过程是陷阱 – 模拟方法的模拟阶段。

在虚拟化环境中，依赖于或修改特权系统状态信息的处理器指令称为不安全指令。为了使陷阱 – 模拟方法能够以完全安全可靠的方式运行，所有的不安全指令都必须产生异常，以便捕获虚拟机管理程序。如果允许不安全指令在不捕获的情况下执行，则虚拟机的隔离将受到影响，虚拟化可能会失败。

12.3.2   影子页表

在虚拟内存和物理内存的分配和管理中使用的受保护数据结构对完全虚拟化提出了额外的挑战。目标机操作系统内核假定它具有对与系统 MMU 相关的硬件和数据结构的完全访问权限。虚拟机管理程序必须以在功能上等同于在裸机上运行目标机操作系统的方式来对目标机操作系统的内存分配和释放请求进行转换。

在 x86 体系结构中，必须将虚拟内存页表配置数据存储在处理器中才能正确配置系统，但是一旦存储了这些信息，就无法访问。为了解决这个问题，虚拟机管理程序维护自己的页表配置数据副本，称为**影子页表**。由于影子页表不是主机操作系统管理内存的实际页表，因此虚拟机管理程序有必要在影子页表内存区域设置访问权限限制，并在目标机操作系统尝试访问其页表时拦截产生的陷阱。然后，虚拟机管理程序通过调用主机操作系统与物理 MMU 交互来模拟请求的操作。

使用影子页表会导致严重的性能损失，因此它一直是增强硬件辅助虚拟化研究的一个重点领域。

12.3.3   安全性

使用虚拟机管理程序虚拟化一个或多个目标机应用程序本质上是安全的。但是，这会增加恶意攻击者入侵虚拟化环境的机会。

目标虚拟机向远程攻击者提供的漏洞集合本质上与直接在硬件上运行的操作系统和应用程序集相同。虚拟机管理程序提供了一个可供攻击者试图在虚拟化环境中利用的额外途径。如果恶意用户设法侵入并控制虚拟机管理程序，将获得所有目标机操作系统的全部访问权限，以及从目标机内部访问应用程序和数据的全部访问权限。在这种情况下，因为目标机运行在较低的特权级，虚拟机管理程序能够获得对它们的完全控制权，所以目标机是可访问的。

如果要对允许进行公开访问的环境（例如，Web 主机）实现虚拟化，必须在将使用证书登录虚拟机管理程序和进行其他访问的用户限制在很小的范围内，并且要使用可行的保护措施防止未经授权的虚拟机管理程序的访问。

下一节中将研究在现代处理器系列中实现虚拟化的一些关键技术。

12.4　虚拟化现代处理器

大多数通用处理器系列的硬件体系结构（至少高端机器）已经成熟到可以完全支持虚拟化目标机操作系统的运行。下面几节简要介绍现代通用处理器系列提供的虚拟化功能。

12.4.1　x86 处理器虚拟化

x86 体系结构最初并不是为支持虚拟化操作系统的执行而设计的。因此，从最早的 x86 处理器到奔腾系列，x86 处理器都实现了包含一些不安全但非陷阱指令的指令集。这些指令给虚拟化带来了问题，例如，允许目标机操作系统访问不包含与虚拟机状态对应的数据的特权寄存器。

当前 x86 的特权级和不安全指令

在 x86 体系结构中，**代码段**（CS）寄存器的低两位包含**当前特权级**（CPL），用于标识当前活动所处的保护环。在非虚拟操作系统中，内核代码的 CPL 通常为 0，用户应用程序的 CPL 通常为 3。在大多数虚拟机管理程序实现中，虚拟机以 CPL 3 运行，导致许多不安全的 x86 指令在执行时进入陷阱。不幸的是，对于 x86 虚拟化的早期使用者来说，并不是所有奔腾处理器中不安全的 x86 指令在 CPL 3 上执行时都会导致陷阱。

例如，sidt 指令允许非特权代码读取 6 字节**中断描述符表寄存器**（IDTR），并将其作为操作数存储在指令给出的位置。在单核 x86 处理器中只有一个 IDTR。当目标机操作系统执行此指令时，IDTR 包含与主机操作系统相关的数据，这些数据与目标机操作系统期望检索的信息不同，这将导致目标机操作系统执行错误。

只有在 CPL 0 上运行的代码才能写入物理系统的 IDTR。当目标机操作系统在 CPL 3 上运行且试图写入 IDTR 时，会发生特权冲突，虚拟机管理程序会处理随后的陷阱，通过写入影子寄存器来模拟写入操作，而影子寄存器只是虚拟机管理程序在内存中分配的一个位置。然而，CPL 3 允许目标机操作系统从 IDTR 读取数据。用户模式软件可以在不发生陷阱的情况下读取 IDTR。如果没有陷阱，虚拟机管理程序将无法拦截读取操作并从影子寄存器返回数据。简而言之，对 IDTR 的写入是可虚拟化的，而从 IDTR 读取则是不可虚拟化的。

在奔腾 ISA 的数百条指令中，有 17 条是不安全的，且不发生陷阱，即这些指令是不可虚拟化的。因此，对于奔腾 x86 体系结构，不可能实现只使用基于陷阱 - 模拟的虚拟化方法。

不安全且非陷阱的指令在操作系统和设备驱动程序中经常使用，但在应用程序代码中很少见到。虚拟机管理程序必须实现一种机制来检测代码中是否存在不安全且非陷阱指令，并对其进行处理。

几种流行的虚拟化引擎采用的方法是，在可能的情况下，将基于陷阱－模拟的虚拟化与不安全指令的二进制翻译结合，形成适用于虚拟化环境的功能等同的代码序列。

大多数目标机用户应用程序不尝试使用不安全的指令。一旦虚拟机管理程序扫描了代码以确保不存在不安全的指令，就可以让它们全速运行。然而，目标机内核代码可能包含许多经常遇到的不安全指令。为了从二进制翻译的代码中获得不错的性能，有必要在第一次执行时缓存修改后的代码，并在以后的执行过程中重用缓存的版本。

x86 硬件虚拟化

2005～2006 年，Intel 和 AMD 发布的 x86 处理器版本中包含支持虚拟化的硬件扩展。这些扩展解决了特权但非陷阱性指令引起的问题，从而在 Popek 和 Goldberg 准则下实现了完全的系统虚拟化。这些扩展在 AMD 处理器中被命名为 **AMD-V**，在 Intel 处理器中被命名为 **VT-x**。现代 Intel 处理器中的虚拟化扩展称为 **VT**。

这些硬件虚拟化技术的最初实现取消了对不安全指令的二进制翻译的要求，但是在取消二进制翻译之后，由于仍然需要影子页表，因此虚拟机的总体性能并没有得到实质性的提高。影子页表是虚拟机执行期间性能下降的主要原因。

较新版本的硬件虚拟化技术消除了虚拟机执行中的许多性能障碍，从而使 x86 虚拟化在各个领域广泛应用。如今，有多种工具和框架可用于在一个独立的工作站中实现 x86 虚拟化，并提供了扩展到一个完全管理的数据中心的选项，其中可能有数千个服务器，每个服务器都能够同时运行多个虚拟机。

12.4.2 ARM 处理器虚拟化

ARMv8-A 体系结构支持 32 位和 64 位（AArch64）执行状态下的虚拟化。虚拟化的硬件支持包括：

- 完全陷阱－模拟虚拟化
- 虚拟机管理程序的专用异常类别
- 支持虚拟机管理程序异常和堆栈指针的附加寄存器

ARMv8-A 体系结构提供了硬件支持，以将目标机内存访问请求转换为物理系统地址。

运行 ARM 处理器的系统提供了使用类型 1 或类型 2 虚拟机管理程序执行虚拟机的功能。64 位 ARM 处理器的性能可以与具有类似技术参数的 x64 服务器媲美。对于许多应用程序（如大型数据中心部署），在选择 x64 和 ARM 作为服务器处理器时，可能会考虑与处理器性能无关的因素，如系统功耗和冷却要求。

12.4.3 RISC-V 处理器虚拟化

与本章中讨论的其他 ISA 不同，RISC-V ISA 的架构师从 ISA 设计开始就将全面的虚拟化支持作为基本要求。尽管 RISC-V 虚拟机管理程序扩展提案尚未成为正式标准，但它提供了一整套功能来支持类型 1 和类型 2 虚拟机管理程序的有效实现。

RISC-V 虚拟机管理程序的扩展完全实现了基于陷阱－模拟的虚拟化，并为目标机操作系统物理地址到主机物理地址的转换提供了硬件支持。RISC-V 实现了前台控制和后台控制以及状态寄存器的概念，当虚拟机进入和退出运行状态时，它允许监控寄存器的快速换入和换出操作。

RISC-V 中的每个硬件线程都以三种特权级别之一运行：

用户（U）：与传统操作系统中的用户特权相同。

监控（S）：与传统操作系统中的监控模式或内核模式相同。

机器（M）：最高特权级别，可以访问所有系统功能。

一个处理器设计可以实现所有这三种模式，或者实现 M 和 S 模式组合，或者单独实现 M 模式。不允许其他组合。

在支持虚拟机管理程序扩展的 RISC-V 处理器中，附加的配置位 V 控制虚拟化模式。对于在虚拟化目标机中执行的硬件线程，V 位设置为 1。当 V 位设置为 1 时，用户和监控权限级别都可以执行。这些模式被称为**虚拟用户（VU）**和**虚拟监控（VS）**模式。在 RISC-V 虚拟机管理程序上下文中，V=0 的管理程序模式被重命名为**虚拟机管理程序扩展的管理程序模式**（HS），这个名称表示不管它是类型 1 还是类型 2，HS 都是虚拟机管理程序本身运行的模式。剩余的权限级别 M 模式仅以非虚拟化方式（V=0）运行。

在 VU 和 VS 模式下，RISC-V 实现了两级地址转换方案，该方案首先将每个目标机虚拟地址转换为目标机物理地址，然后再转换为监控器物理地址。该过程能有效地将目标机操作系统中运行的应用程序中的虚拟地址转换为系统内存中的物理地址。

下一节将简要介绍可用于处理器和操作系统虚拟化的流行工具。

12.5 虚拟化工具

本节将介绍几种广泛可用的开源和商业工具，它们实现了不同形式的处理器虚拟化。

12.5.1 VirtualBox

VirtualBox 是 Oracle 公司提供的免费且开源的类型 2 虚拟机管理程序，支持的主机操作系统包括 Windows 和多个 Linux 变体。主机上的一个或多个目标机操作系统可以同时运行 Windows 和各种 Linux 版本。

目标机操作系统许可要求

为了使组织和个人遵守版权法，即使作为目标机操作系统运行，操作系统（如 Windows）也必须获得适当的许可。

单个虚拟机可以在交互式 VirtualBox 管理程序的控制下或从命令行启动、停止和暂停。VirtualBox 可以捕获正在执行的虚拟机的快照并将其保存到磁盘中。之后，快照可以从中断的精确位置恢复执行。

VirtualBox 需要由 AMD-V 或 Intel VT 扩展平台提供的硬件辅助虚拟化。这些平台提供了许多使虚拟机能够与主机操作系统以及虚拟机进行通信的机制。共享剪贴板支持在主机和目标机之间（或从目标机到目标机）的复制和粘贴。可以在 VirtualBox 中配置一个内部网络，使各个目标机可以像连接到一个独立的局域网上一样相互交互。

12.5.2 VMware Workstation

VMware Workstation 于 1999 年首次发布，是一个在 64 位版本的 Windows 和 Linux 上运行的类型 2 虚拟机管理程序。VMware 是商业化产品，需要购买许可证。免费的 VMware

Workstation Player 工作站版本只能用于非商业用途。

VMware Workstation 支持在主机 Linux 或 Windows 操作系统中运行 Windows 和 Linux 操作系统的多个副本。与 VirtualBox 一样，工作站可以捕获虚拟机状态的快照，将该信息保存到磁盘中，然后从捕获的状态恢复执行。工作站还支持主机到目标机和目标机到目标机的通信功能，如共享剪贴板和本地网络模拟。

12.5.3   VMware ESXi

ESXi 是一个类型 1 虚拟机管理程序，用于数据中心和云服务器集群中的企业级部署。作为类型 1 虚拟机管理程序，ESXi 运行在主机系统的裸机上。它有与计算机系统硬件、每个目标机操作系统和服务控制台（一个管理接口）的接口。

通过服务控制台，管理员可以监控和管理大型数据中心的操作、启动虚拟机并为其分配任务（称为**工作负载**）。ESXi 提供了大规模部署所需的额外功能，例如性能监控和故障检测。在发生硬件故障或启用系统维护时，虚拟机工作负载可以无缝地转移到不同的主机上。

12.5.4   KVM

基于内核的虚拟机（KVM）是一个开源的类型 2 虚拟机管理系统，最初发布于 2007 年。KVM 支持目标机操作系统的完全虚拟化。与 x86 或 x64 主机一起使用时，系统硬件必须包括 AMD-V 或 Intel VT 虚拟化扩展。KVM 虚拟机管理程序内核包含在主 Linux 开发线中。

KVM 支持在主机系统上执行一个或多个 Linux 和 Windows 虚拟化实例，而无须对目标机操作系统进行任何修改。

虽然 KVM 最初是为 32 位 x86 体系结构开发的，但它已经被移植到 x64、ARM 和 PowerPC 上。KVM 支持使用 VirtIO API 的 Linux 和 Windows 目标机的半虚拟化，在这种模式下，为以太网、磁盘 I/O 和图形显示提供半虚拟化设备驱动程序。

12.5.5   Xen

Xen 是 2003 年首次发布的免费且开源的类型 1 虚拟机管理程序。当前版本的 Xen 可运行在 x86、x64 和 ARM 处理器上。Xen 支持以基于硬件的虚拟化（AMD-V 或 Intel VT）方式运行的目标机虚拟机，或作为半虚拟化操作系统运行。Xen 是在主线 Linux 内核中实现的。

Xen 虚拟机管理系统在最高特权级别运行一个虚拟机，称为 domain 0，简称 dom0。dom0 虚拟机通常是 Linux 的变体，可以完全访问系统硬件。dom0 机器提供了管理虚拟机管理程序的用户界面。

一些大型商业云服务提供商，包括 Amazon EC2、IBM SoftLayer 和 Rackspace Cloud，都使用 Xen 作为其主要的虚拟机管理程序平台。

Xen 支持实时迁移，其中虚拟机可以在不停机的情况下从一个主机平台迁移到另一个主机平台。

12.5.6   QEMU

QEMU（quick emulator（**快速模拟器**）的缩写）是一个免费的开源模拟器，可以执行硬件虚拟化。QEMU 可以在单个应用程序或整个计算机系统的级别上进行模拟。在应用程序级别，QEMU 可以运行单个 Linux 或 macOS 应用程序，这些应用程序是为与执行环境不同的 ISA 而构建的。

当执行系统模拟时,QEMU 代表一个包括外围设备的完整计算机系统。目标机系统可以使用与主机系统不同的 ISA。QEMU 支持在一台主机上同时执行多个目标机操作系统。支持的 ISA 包括 x86、MIPS、ARMv7、ARMv8、PowerPC 和 RISC-V。

QEMU 支持 KVM 机器的设置和迁移,与运行在 KVM 下的虚拟机一起执行硬件模拟。类似地,QEMU 可以为运行在 Xen 下的虚拟机提供硬件模拟功能。

QEMU 在虚拟化工具中是独一无二的,它不需要以更高的权限运行,因为它完全在软件中模拟目标机系统。这种方法的缺点是软件模拟过程会导致性能下降。

下一节将讨论使用虚拟化实现云计算所产生的协同效应。

12.6　虚拟化和云计算

虚拟化和云计算这两个术语经常被混淆,有时含义重叠。下面强调了它们之间的差异:
- 虚拟化是一种将软件系统从运行环境中抽象出来的技术。
- 云计算是一种利用虚拟化和其他技术实现大规模数据中心部署、监控和控制的方法。

通过在云计算环境中使用虚拟化,可以在一系列通用计算硬件上以受控且一致的方式灵活地部署应用程序工作负载。通过在虚拟机中实现 Web 服务器等应用程序,可以动态地扩展在线计算能力,以匹配变化的负载。

商业云服务提供商通常以按容量付费的方式提供服务。平时访问量很少的网站其访问量可能会突然飙升。如果将网站部署在云平台上,当探测到负载增加时,云管理软件会提高网站资源分配,扩大后台数据库的容限。资源使用量的增加会导致费用的增加,如果在高流量负载的情况下网站仍可正常运行并对用户输入做出响应,那么大多数企业将很乐意支付这笔费用。

云管理环境(如 VMware ESXi 和 Xen)为大规模云操作的配置、部署、管理和维护提供了全面的工具。这些配置可能是为了某个组织在本地使用,也可能是针对在线服务提供商(如 Amazon Web Services)的面向公众的基础设施。

电力消耗

电力消耗对于云服务提供商而言是一笔巨大的开支。即使没有执行任何有用的工作,大型服务器农场(server farm)中的每台计算机在运行时也会消耗电力。在一个拥有数千台计算机的环境中,服务器只在付费用户需要时才消耗电力,这一点至关重要。

虚拟化有助于有效地利用服务器系统。由于单个服务器可能托管多个目标机虚拟机,因此可以通过服务器硬件高效地分配客户工作负载,从而避免大量计算机的低利用率现象。在给定时间不需要使用的服务器可以完全关闭,从而降低能耗,这反过来又降低了云提供商的成本,并为最终用户提供了更具竞争力的价格。

本节简要介绍了虚拟化在云计算环境中的使用。大部分在互联网上建立网站的组织和个人都在使用云平台上的虚拟服务器,虽然他们可能没有意识到这一点。

12.7　总结

本章介绍了处理器虚拟化的基本概念,并解释了有效地使用虚拟化给单个用户和大型组织带来的许多好处,还研究了主要的虚拟化技术以及实现它们的开源和商业工具。

你现在应该了解了与处理器虚拟化相关的技术和好处,以及现代处理器 ISA 如何在指令集级别支持虚拟化。你还应该了解了一些提供虚拟化功能的开源和商业工具，以及如何在云计算环境中使用虚拟化来构建和部署可扩展的应用程序。

下一章将研究一些特定应用类别的体系结构，包括移动设备、个人计算机、游戏系统、处理大数据的系统和神经网络。

12.8　习题

1. 下载并安装当前版本的 VirtualBox。在 VirtualBox 中下载、安装并启动 Ubuntu Linux 作为虚拟机。使用桥接网络适配器将目标机操作系统连接到互联网。配置并启用 Ubuntu 客户机和主机操作系统之间的剪贴板共享和文件共享功能。

2. 在习题 1 的 Ubuntu 操作系统中安装 VirtualBox，然后安装并启动 FreeDOS 虚拟机版本，该版本可从 https://www.freedos.org/download/ 获得。验证 DOS 命令（例如，echo Hello World！和 mem）可在 FreeDOS 虚拟机中正常执行。完成此习题之后，你将实现一个嵌套虚拟化实例。

3. 在主机系统的 VirtualBox 环境中创建两个独立的 Ubuntu 客户机副本。设置两个 Ubuntu 客户机都连接到 VirtualBox 内部网络。使用兼容的网络协议地址设置两台计算机。使用 ping 命令验证每台计算机都可以收到对方的响应。完成本习题后，你将在虚拟化环境中配置一个虚拟网络。

领域专用计算机体系结构

本章综合前面章节讨论的主题开发了一种能满足用户特定需求的计算机系统。使用这种方法能够理解用户级需求和现实世界中不同种类计算机系统能够提供的性能。

本章涵盖以下主题：

- 设计能满足特定需求的计算机系统
- 智能手机体系结构
- PC 体系结构
- 仓储式计算体系结构
- 神经网络和机器学习体系结构

13.1　技术要求

本章的文件（包括习题答案）参见 https://github.com/PacktPublishing/Modern-Computer-Architecture-and-Organization。

13.2　设计满足特定需求的计算机系统

所有包含数字处理器的设备都旨在执行某个特定功能或者一组功能，PC 等通用设备也是如此。在开始设计其数字部件体系结构时，需要使用一个完整的列表来描述设备的基本信息，包括需求特征及功能等。

以下列出了在组织数字系统设计过程中，工程师必须考虑的一些因素：

- **处理类型**：设备是否需要处理音频、视频或其他模拟信息？设计中是否包含高分辨率图像的显示？是否需要扩展浮点数或十进制数？系统是否支持多个应用程序同时运行？是否使用神经网络处理等特殊算法？

- **内存和存储需求**：操作系统和用户应用程序需要多少内存才能按预期执行？需要多少非易失性存储空间？

- **硬 / 软实时处理器**：必须在规定的时间内对输入进行实时响应吗？如果实时响应性能不是绝对要求的，是否大多数时间（不一定是所有时间）都必须满足期望的响应时间？

- **连接要求**：设备需要支持哪种有线连接，例如以太网和 USB？每种连接类型需要多少个物理端口？需要什么类型的无线连接（蜂窝网络、Wi-Fi、蓝牙、NFC、GPS 等）？

- **能耗**：设备是否由电池供电？如果是，那么在高使用率期间和空闲期间，数字系统组件可承受的功耗水平各自如何？如果系统使用外部电源供电，那么是具有较高的处理器性能更重要还是较低的功耗更重要？对于同时支持电池供电和外部供电的系统，为了避免过热，功耗应该限制在什么水平？

- **物理限制**：数字处理部件的尺寸是否有严格的物理限制？

- **环境限制**：设备的工作环境是否是极热或极冷环境？设备必须能够承受何种程度的冲击和振动？设备是否需要在极端潮湿或干燥的环境下运行？

接下来的几节研究了几种数字设备的顶层体系结构，并讨论了设计这些系统的工程师针对以上清单中的问题给出的答案。我们将从移动设备的体系结构开始，首先来看看 iPhoneX。

13.3 智能手机体系结构

在体系结构层面，智能手机要想获得广泛认可，必须具备三个关键要素：尺寸小（显示屏除外）、较长的电池寿命以及按需提供的高处理性能。显然，对于长电池寿命和高处理性能的需求是矛盾的，必须加以平衡才能实现最佳设计。尺寸要求设计通常从屏幕（以高度和宽度衡量）开始，屏幕的尺寸需要大到足以渲染高质量视频并且还可以作为输入设备（尤其是键盘），但屏幕尺寸又要足够小以放在口袋或钱包里。为使设备的整体尺寸足够小，需要将其设计得尽可能薄。

在追求轻薄的同时，机械设计必须提供足够的结构强度以支撑屏幕，避免日常操作、掉落和其他物理攻击造成的损坏，同时还要为电池、数字部件和子系统（如蜂窝无线电收发机）等提供足够的空间。

由于用户可以不受限制地使用手机的外部和内部功能，所以制造商希望保护的任何商业秘密或其他知识产权（如系统固件）都必须受到保护以防被窃取。但是，即使有这些保护措施，最终用户必须能够方便地进行固件更新，同时又要防止安装未经授权的固件映像。

下一节将根据这些要求探讨 iPhone X 的数字架构。

iPhone X

iPhone X 也称为 iPhone 10，于 2017 年发布，2018 年停产。iPhone X 是当时苹果公司的旗舰智能手机，使用了当时市场上一些最先进的技术。由于苹果公司对其产品的设计细节只发布了有限的信息，以下部分信息来自 iPhone X 的评论者以及一些其他分析，因此应谨慎考虑。

iPhone X 的计算体系结构以 Apple A11 Bionic SoC 为中心，这是一款 ARMv8-A 六核处理器，包含 43 亿个 CMOS 晶体管。其中两个内核采用代号为 Monsoon 的架构，在性能方面进行了优化，并且支持的最高时钟频率为 2.39GHz。其余 4 个代号为 Mistral 的内核的最高运行频率为 1.42GHz。所有 6 个内核都是乱序超标量设计。Monsoon 内核可同时译码的指令多达 7 条，而 Mistral 内核一次可译码 3 条指令。当同时执行多个进程或单个进程中的多个线程时，所有的 6 个内核都可以并行运行。

当然，同时运行 6 个内核会严重消耗电池电量。在大多数时候，尤其是当用户不与设备进行交互时，几个内核会被置于低功耗模式，以最大限度地延长电池寿命。

iPhone X 拥有 3GB 的第四代**低功耗双倍数据速率** RAM（LD-DDR4x），每个 LD-DDR4x 器件均具有 4266Mbps 的数据传输速率。LD-DDR4x 中的 x 表示将供电电压从上一代 DDR（LP-DDR4）的 1.112V 降到了 LD-DDR4x 的 0.61V，从而降低了 iPhone X 的 RAM 功耗。

A11 SoC 集成了苹果公司设计的三核 GPU。除了加速传统的 GPU 任务（如三维场景渲染）以外，GPU 还包含多种增强功能，支持机器学习和其他适合在 GPU 硬件上实现的数据并行任务。

3D 渲染过程实现了一种专门针对资源受限系统（如智能手机）的算法，称为**基于图块的延迟渲染**（Tile-Based Deferred Rendering，TBDR）。TBDR 在渲染过程中尽可能早地识别视觉范围内不可见的对象（即被其他对象遮挡住的对象），从而避免在完成渲染工作时才进行识别。该渲染过程将图像分割成多个小块，并在多个小块上并行执行 TBDR，以达到最佳性能。

A11 包含一个名为 AppleNerual Engine 的神经网络处理器，该处理器由两个内核组成，每秒可进行 6000 亿次操作。该子系统用于执行一些复杂任务，如对来自手机摄像头实时视频传输中的物体进行识别和跟踪。

A11 还包含一个运动协处理器，它是一个独立的 ARM 处理器，专门用于收集和处理来自手机陀螺仪、加速度计、指南针和气压传感器的数据。这些数据经处理后输出为用户当前的活动类型，如行走、跑步、睡觉或驾驶。即使手机的其余部分处于休眠模式，传感器对数据的收集和处理也将以低功率模式继续进行。

A11 作为一个片上系统，包含一个高性能的**固态盘驱动**（Solid-State Drive, SSD）控制器。iPhone X 的内部存储为 64GB，可扩展为 256GB。A11 的 SSD 控制器管理这个存储接口，其中含有**纠错码**（Error-Correcting Code，ECC）。与不支持 ECC 的设备相比，ECC 闪存设备和支持 ECC 控制器的组合提高了数据存储的可靠性，A11 SoC 和闪存之间的接口是 PCI Express。

iPhone X 的主要部件如图 13.1 所示。

图 13.1 iPhone X 的组成

iPhone X 包含几个高性能子系统，表 13.1 对每个子系统做了简要描述。

表 13.1 iPhone X 子系统

子系统名称	描 述
电池	iPhone X 与普通手机不同，它有两块电池，这样可以使内部组件布置更加方便。两块可充电锂电池合起来可以提供 2716 **毫安时**（mAh）的能量
显示	该屏幕是对角线为 5.85 英寸（149 毫米）的平板，分辨率为 2436×1125 像素。显示技术采用了**活性基质有机发光二极管技术**（AMOLED），其中有机是指在发光材料中使用的有机化合物，而活性基质描述了像素寻址机制。有源阵列平板显示器使用一个晶体管和一个电容来存储每个像素的状态，在概念上类似于第 4 章中的 DRAM 位元电路。 A11 SoC 与显示器之间的接口是四通道**串行接口**（DSI）。每个 DSI 通道都是一条高速单向串行路径，有一个单独的通道提供时钟信号。4 个 DSI 通道在时钟信号控制下并行传输数据
触摸式感应	显示器中集成了电容式传感器，以检测用户的触摸。这些传感器检测由导电物体（例如，手指）靠近显示器过程中所引起的电容变化。在对原始传感器的测量值进行滤波和处理之后，可以同时确定多个接触点的准确位置。此外，传感器还可以测量在触摸交互过程中的压力，这使得软件能对屏幕上的重压和轻压做出不同的反应，触摸感应系统的采样频率为 120Hz

（续）

子系统名称	描　述
双摄像头、红外投影、红外摄像头	后置摄像头拥有 1200 万像素、LED 闪光灯和变焦镜头，它能以每秒 60 帧录制 4K（3840×2160 像素）或 1080p（1920×1080 像素）的视频，前置的 700 万像素摄像头可以以 30 帧每秒的速度录制 1080p 视频。 　　iPhone X 的正面带有一个独立的红外摄像头，且支持人脸识别。这一功能与红外投影仪配合使用，可以映射 30 000 个点，生成用户面部的三维图像。手机以此来验证用户的身份，并在确认匹配时解锁手机
无线充电	iPhone X 支持 Qi **无线充电**，使用电感应将能量从充电板传输至手机，充电间距最大可达 1.6 英寸
蜂窝射频	iPhone X 内置高通骁龙 X16 第四代**长期演进**无线调制解调器，上行速度可达 1Gbps，下行速度可达 150Mbps
Wi-Fi 和蓝牙	iPhone X 的集成电路包含一个支持 2.4GHz 和 5GHz 频段的 Wi-Fi 接口，以及一个支持蓝牙标准 5.0 版的蓝牙接口。A11 SoC 和 Wi-Fi/ 蓝牙模块之间的接口是 PCI Express
音频放大器，振动电机	iPhone X 音频功放在空闲时功耗极低，运行时效率高、音质好。 　　振动由称为 Taptic Engine 的设备产生，Taptic Engine 是一种线性振荡器，如果向用户提供交互式反馈，则能够生成多种类型的振动

　　iPhone X 在设计时就汇集了当时最先进、轻巧的移动电子技术，并将它们进行时尚包装，风靡全球。

　　接下来将介绍高性能 PC 体系结构。

13.4　PC 体系结构

　　接下来要研究的系统是一款带有处理器的游戏 PC，在撰写本书时（2019 年底），它在性能方面处于领先地位。本节将详细介绍系统处理器、GPU 和计算机的主要子系统。

13.4.1　Alienware Aurora Ryzen Edition 游戏台式机

　　Alienware Aurora Ryzen Edition 游戏计算机（也称台式机）旨在为游戏应用程序提供最佳性能。为了达到最高速度，系统体系结构是围绕最快的主处理器、GPU、内存和磁盘子系统构建的，它的价格至少是一些游戏爱好者和其他注重性能的用户所愿意接受的。但是客户数量可能会受到电脑价格的限制，Alienware Aurora Ryzen Edition 游戏台式机的价格超过 4000 美元。

　　Alienware Aurora Ryzen Edition 可与各种性能、价格不同的 AMD Ryzen 处理器一起使用，该平台当前性能最高的处理器是 AMD Ryzen 9 3950X。当在 2019 年年中推出时，3950X 被称为世界上第一款针对主流客户的 16 核处理器。

　　Ryzen 9 3950X 使用乱序超标量体系结构实现了 x64 ISA，它采用了推测执行、寄存器重命名等技术，最多同时译码 4 条指令，具用 19 级流水线。根据 AMD 提供的数据，在 3950X 的 Zen 2 微体系结构中，每个时钟周期执行的指令数比上一代（Zen +）AMD 微体系结构高 15%。

　　Ryzen 9 3950X 处理器具有以下特点：

* 16 核
* 每个处理器 2 个线程（总共 32 个并行线程）

- 基本时钟速度为 3.5 GHz，超频时峰值频率为 4.7 GHz
- 包含 4096 个入口的 0 级微操作缓存
- 具有 8 路组相联、32 KB 1 级指令高速缓存
- 64 入口的 1 级全相联指令 TLB
- 具有 8 路组相联、512 入口的 2 级指令 TLB
- 4 KB 和 2 MB 虚拟页面大小
- 具有 8 路组相联、32 KB 1 级数据缓存
- 64 入口的 1 级全相联数据 TLB
- 具有 16 路组相联、2048 个入口的 2 级数据 TLB
- 64 MB 三级缓存
- 16 + 4 + 4 PCIe 4.0 通道
- 总功率为 105W

在发布之时，Ryzen 9 3950X 可以说是市场上性能最高的 x86 处理器。

13.4.2　Ryzen 9 3950X 的分支预测

Zen 2 体系结构包含一个复杂的分支预测单元，该单元缓存分支执行的历史信息，并使用这些数据来提高预测的准确性。这种预测不仅包括单个分支，还包括附近代码中最近分支之间的关联关系，以进一步提高预测准确度。更高的预测准确度可减少因流水线气泡而导致的性能下降，并最大限度地减少沿着最终未执行的分支进行推测执行所导致的不必要工作。

分支预测单元采用一种称为**感知机**的机器学习形式，感知机是生物神经元的简化模型，是许多神经网络应用的基础。有关神经网络的简要介绍见 6.3.1 节。

在 3950X 中，感知机学习基于同一指令和其他指令的近期分支行为来预测单条指令的分支行为。从本质上讲，通过跟踪最近分支的行为（根据分支成功和分支不成功）可以开发出分支指令的相关性来提高预测准确度。

13.4.3　Nvidia GeForce RTX 2080 Ti GPU

Aurora Ryzen Edition 包含一块 Nvidia GeForce RTX 2080 Ti GPU。除了高端游戏 GPU 具有很高的图像性能外，该卡提供了大量的硬件来支持光线追踪，另外，该卡还包含可加速机器学习应用程序的专用内核。

在传统 GPU 中，视觉对象被描述为多边形的集合。如果要渲染一个场景，必须首先确定每个多边形的位置和方向，然后在图像中的适当位置绘制出场景中可见的那些多边形。光线追踪采用了一种更复杂的方法，通过追踪从虚拟世界中一个或多个光源发出的光的路径来绘制光线跟踪图像。当光线遇到物体时，会发生反射、折射、散射等现象，并出现阴影。光线追踪的图像通常比传统渲染的场景在视觉上更具真实感，但是光线追踪需要更高的计算成本。

当引入 RTX 2080 Ti 时，市场上还没有能够利用其光线追踪功能的游戏。现在，大多数流行的、视觉丰富的、高度动态的游戏都至少在一定程度上利用了光线追踪。对于游戏开发者来说，是否使用光线追踪并不是一个全有或全无的决定。在使用光线追踪来渲染场景中的物体表面时，可以在传统的基于多边形的模式下渲染部分场景。例如，一个场景可能包含以多边形显示的背景图像，而附近的玻璃窗口则根据光线追踪，将对象从玻璃表面的反射以及

透过玻璃看到的视图进行渲染。

在发布之初，RTX 2080 Ti 是可用于使用 TensorFlow 运行深度学习模型的性能最高的 GPU。由 Google 的机器智能研究组织开发的 TensorFlow 是用于机器学习应用程序的流行开源软件平台，TensorFlow 广泛用于有关深度神经网络的研究。

RTX 2080 Ti 利用其机器学习功能来提高已渲染图像的显示分辨率，而无须花更多的计算开销来提高图像实际分辨率，该过程通过智能化反锯齿和锐化图像手段来实现。该技术通过在渲染成千上万张图像时学习图像特征，并使用此信息来提高后续场景渲染的质量。例如，该技术可以使 1080p 分辨率（1920×1080 像素）渲染的场景看起来就像 1440p（1920×1440 像素）渲染的一样。

除了其光线追踪和机器学习功能之外，RTX 2080 Ti 还具有以下功能：

- **6 个图形处理簇**：每个簇包含 1 个专用的光栅（像素处理）引擎和 6 个纹理处理簇。
- **36 个纹理处理簇**：每个纹理处理簇包含两个流式多处理器。
- **72 个流式多处理器**：每个流式多处理器包含 64 个 CUDA 内核，8 个张量内核和一个光线跟踪内核。CUDA 内核提供了适用于一般计算应用（例如，线性代数）的并行计算平台。张量内核在深度学习算法中执行张量和矩阵运算。
- **PCIe 3.0 x16 接口**：该接口与主处理器通信。
- **11 GB 的 GDDR6 内存**：GDDR6 在上一代 GDDR5X 技术的基础上进行了改进，提供了更高的数据传输速率（每引脚最高 16 Gbit / sec，而 DDR5X 每引脚最高 14 Gbit/sec）。
- **Nvidia 可扩展链接接口**（SLI）：SLI 连接 2～4 个相同的 GPU，以共享处理负载。必须使用特殊的桥接连接器来连接协作的 GPU。Alienware Aurora Ryzen Edition 只有一个 GPU，但也可以选择使用第二个 GPU。
- **三个 DisplayPort 1.4a 视频输出**：该显示端口在 60 Hz 时支持 8K（7680×4320 像素）分辨率。
- **HDMI 2.0b 端口**：HDMI 输出在 60 Hz 时支持 4K（3840×2160 像素）分辨率。
- **VirtualLink USB C 端口**：单线缆连接提供四通道的显示端口视频输出和一个 USB 3.1 Gen2（10 Gbps）的数据传输连接，并为连接的系统（如虚拟现实耳机）提供高达 27W 的电源。该接口的主要功能是支持仅通过一根电缆将虚拟现实耳机连接到计算机系统。

13.4.4 Aurora 子系统

表 13.2 简要描述了 Alienware Aurora Ryzen Edition 主要的子系统。

表 13.2　Alienware Aurora Ryzen Edition 子系统

子系统	描　　述
主板	该主板支持 PCIe4.0，处理器和图形卡之间的带宽是 PCIe3.0 的两倍。有 4 个 DDR4 内存条插槽、4 个 PCIe 插槽，Nvidia GPU 使用了两个 PCIe 插槽
芯片组	AMD B550A 芯片组支持处理器和内存的超频以及 PCIe4.0
散热	使用液体散热系统给处理器散热，这在超频工作时非常重要
内存	该系统包括 32 GB 的双通道 HyperX FURY DDR4 XMP，工作频率为 3200 MHz。Extreme Memory Profiles（XMP）配置功能允许通过简单地从不同配置文件中进行选择来设置内存性能相关的参数。此功能通常用于选择标准内存时钟配置或超频配置

（续）

子系统	描　　述
存储	Aurora Ryzen Edition 包含一个 1 TB NVMe M.2 固态驱动器。**非易失性存储器通路**（NVMe）用于连接固态驱动器和多达 4 个 PCIe 3.0 通道的接口标准。M.2 标准为扩展卡（例如 SSD）定义了一种小型尺寸标准
前面板	前面板有三个 USB3.1 端口：一个 USB C 端口、一个以太网端口以及音频输入和输出插孔
后面板	该系统包括 6 个 USB2.0 端口、4 个 USB3.1 端口、一个 USB C 端口、一个以太网端口以及数字和模拟音频输入和输出插孔

Alienware Aurora Ryzen Edition 游戏台式机在推出时就集成了当时最先进的技术，这体现在处理器、内存、GPU 和存储的最高速度方面。另外，该计算机还使用机器学习来提高指令执行性能。

下一节将讨论在包含数千个且相互协作的计算机系统的大规模计算环境中面临的挑战和解决方案。

13.5　仓储式计算体系结构

面向公众和大型组织（如政府、研究型大学和大公司）的大型计算能力和网络服务的提供者，通常在大型建筑中聚集计算能力，每栋大楼可能包含数千台计算机。为了最有效地利用这些功能，仅仅将**仓储式计算机**（Warehouse-Scale Computer，WSC）中的计算机集合看作大量的单个计算机是不合理的。相反，考虑到仓储式计算环境所提供的巨大处理能力、网络通信能力和存储能力，将整个数据中心视为一个大规模并行的计算系统更为合适。

早期的电子计算机是一个巨大的系统，占据很大的空间。如今，计算机体系结构已经发展为指甲盖大小的处理器芯片，它拥有比早期系统强得多的计算能力。可以想象，今天仓储式计算机将是几十年后的计算机系统的前身，它们可能只有比萨饼盒、智能手机或指甲盖大小，但处理能力与今天的 WSC 相当。

自互联网在 20 世纪 90 年代中期崛起以来，计算机的使用形式正在发生转变，以前的应用形式是执行计算机上的应用程序，现在已逐步转为使用集中式服务器系统执行算法计算、存储和检索海量数据，互联网用户也能够直接相互通信。

服务器端应用程序通常使用在客户端由 Web 浏览器提供的"薄"应用程序层。所有的数据检索、计算处理和显示信息组织都在服务器上进行。客户端程序仅仅获取与文本、图像和输入控制有关的指令和数据，并向用户展示这些数据。基于浏览器的应用程序接口等待用户输入并向服务器端发送请求。

谷歌、亚马逊和微软等互联网公司提供的在线服务依赖于超大数据中心计算体系结构的强大算力和多样性，为数百万用户提供服务。一个 WSC 可能运行非常大的应用程序来同时为数千个用户提供服务。服务提供商努力提高可靠性，通常能达到 99.99%，相当于每年约 1 小时的停机时间。

下面各节介绍典型 WSC 的硬件和软件要素，并讨论这些要素如何协同工作，从而实现为大量用户提供快速、高效和可靠的网络服务。

13.5.1　WSC 硬件

构建、运行和维护 WSC 的代价非常高。在提供必要的服务质量的前提下（如响应速度、数据吞吐量和可靠性），WSC 运营商努力将购买和运行这些系统的总成本降到最低。

为了实现高可靠性，WSC 设计者一般采用下面两种方法之一来实现底层计算硬件：

- **投资可靠性极高的硬件**：这种方法依赖于具有低故障率但价格高昂的部件。然而，即使每一个单独的计算机系统都提供了极高的可靠性，但当系统的几千个副本同时运行时，偶尔也会发生故障。这种方法的成本非常高，而且因为故障依然会发生，所以不能从根本上解决问题。

- **使用可靠性一般的低成本硬件，但在系统设计时，使用可以容忍单部件的最高故障率的技术**：与使用高可靠部件相比，这种方法允许使用低成本的硬件部件，但需要一个复杂的软件架构，从而能够检测硬件故障、使用冗余系统快速恢复系统功能以支持预期的服务质量。

大多数标准互联网服务（如搜索引擎和电子邮件服务）都使用低成本的通用计算硬件，并在发生故障时通过将工作负载转移到冗余在线系统来实现**故障转移**。

我们以一个网络搜索引擎为例来研究 WSC 必须支持的工作负载。支持网络搜索的WSC 工作负载必须具有以下属性：

- **快速响应搜索请求**：互联网搜索请求的服务器端周转时间必须很短。如果用户经常被迫忍受长延迟，他们未来很可能会选择其他搜索引擎。

- **即使是与同一用户的连续交互，每个搜索的状态信息也无须保留在服务器上**：换句话说，每个搜索请求的处理都是一个完整的交互。搜索完成后，服务器会抛弃所有的信息。同一用户对同一服务的后续搜索请求不会利用第一个请求中存储的任何信息。

考虑到这些属性，每个服务请求都可以视为一个独立于所有其他请求的独立事件。每个请求的独立性意味着它可以作为一个执行线程处理，并与来自其他用户甚至来自同一用户的其他搜索请求并行进行处理。该工作负载模型非常适合于硬件并行加速。

互联网搜索不是一项计算密集型任务，而是一项数据密集型任务。例如，当搜索词为单个单词时，Web 服务必须从用户接收请求，提取搜索词并以其为索引进行查询，确定包含搜索词的最相关页面。

互联网至少包含数千亿个网页，试图通过搜索来访问所有网页显然不切实际，大部分通过互联网可以访问的网页实际上根本无法被搜索引擎索引。然而，即使将搜索限制在可访问的页面上，对于单个服务器来说，就算是具有大量处理器内核和最大容量本地内存和磁盘存储的服务器，也不可能在一个合理的时间段内对大量用户群的互联网搜索做出响应，因为数据和用户请求实在太多了。因此，搜索功能必须在多个（数百个，也可能是数千个）独立的服务器之间分割，每个服务器包含搜索引擎所知的整个网页索引的一个子集。

每个索引服务器接收一个查询请求流，该请求流经过过滤，保留与该服务器管理的索引部分相关的部分。索引服务器根据与搜索项的匹配结果生成一组结果，并返回这个结果集以进行更高层次的处理。在更复杂的搜索中，对包含多个搜索词的搜索可能需要不同的索引服务器进行处理，它们搜索的结果将在更高层次的处理过程中进行过滤和合并。

索引服务器根据搜索项生成结果后，将这些子集输入一个系统中进行处理，生成一个表单并发送给用户。对于标准搜索，用户希望收到按查询相关性排序的页面列表。对于返回的每个页面，搜索引擎通常提供目标页面的 URL 以及页面内容中围绕搜索词的文本部分，以提供与搜索词相关的上下文内容。

生成这些结果所需的时间更多地取决于与页面索引相关联的数据库查找速度和从存储中提取页面内容的速度，而不是任务所涉及的服务器的处理能力。因此，许多提供 Web 搜索和类似服务的 WSC 使用包含廉价的主板、处理器、内存部件和磁盘的服务器。

13.5.2　基于机架的服务器

WSC 服务器通常组装在机架中，每个服务器占用一个 1U 插槽。1U 服务器插槽的前面板尺寸为 19 英寸宽、1.75 英寸高。一个机架可能包含多达 40 个服务器，占用 70 英寸的垂直空间。

每台服务器都是一个完整的计算机系统，包含一个中等处理能力的处理器、RAM、一个本地磁盘驱动器和一个 1Gbit/sec 以太网接口。由于消费级处理器、DRAM 以及磁盘的处理能力和容量在不断增长，所以不强调特定系统配置的性能参数。

尽管每台服务器都包含一个带有集成图形处理的处理器和一些 USB 端口，但大多数服务器除了在进行初始配置时之外，不直接连接显示器、键盘和鼠标。机架式服务器通常以 headless 模式运行，在这种模式下，与系统的所有交互都通过网络连接进行。

图 13.2 显示了一个包含 16 个服务器的机架。

每台服务器通过 1 Gbit/s 以太网电缆连接到机架式网络交换机。本例中的机架通过 4 根 1 Gbit/s 以太网电缆连接到更高层次的 WSC 网络环境。机架内的服务器通过机架交换机以 1 Gbit/s 以太网数据速率进行通信。由于只有 4 个 1 Gbit/s 外部连接从机架引

图 13.2　包含 16 台服务器的机架

出，所有 16 台服务器显然无法与机架外部的系统全速通信。在本例中，机架连接性能被**高估**了 4 倍，这意味着外部网络容量是机架内服务器峰值通信速度的四分之一。

机架被组织为共享第二级集群交换机的集群。图 13.3 显示了一个配置结构，其中 4 个机架连接到每个集群级交换机，而每个集群交换机又连接到 WSC 广域网。

图 13.3　WSC 内部网络体系结构

在图 13.3 的 WSC 配置中，用户请求通过网络到达，由路由设备进行初始处理，路由设备将请求定向到可用的 Web 服务器。接收请求的服务器负责监督搜索过程并将响应发送回用户。

始终有多个 Web 服务器在线，以便在发生故障时提供负载共享和冗余。图 13.3 显示了三个 Web 服务器，但是一个繁忙的 WSC 可能同时有更多的服务器在运行。Web 服务器解析搜索请求并将查询转发到 WSC 机架集群中的相应索引服务器。基于正在搜索的词汇，Web 服务器将索引查找请求定向到一个或多个索引服务器进行处理。

为了高效可靠地运行，WSC 必须在多个集群上为索引数据库的每个子集维护多个副本，以便在服务器、机架或集群级别发生故障时提供负载共享和冗余。

索引查找由索引服务器处理，从文档服务器收集相关的目标网页文本。然后组成完整的搜索结果并传递回相关的 Web 服务器。然后，Web 服务器准备好完整的响应结果并发送给用户。

真实的 WSC 的配置比图 13.2 和图 13.3 所示的结构更加复杂。但这些简化的表示有助于理解使用 WSC 实现网络搜索引擎工作负载的重要优势及其挑战。

为了响应用户的搜索请求，搜索引擎必须定期更新其数据库，以保持与互联网上网页的当前状态同步。搜索引擎使用称为**网络爬虫**的应用程序更新网页内容。网络爬虫程序以提供的网页地址作为起点，读取目标页面，并解析其文本内容。爬虫程序将页面文本存储在搜索引擎文档数据库中，并提取页面中包含的所有链接。对于每个链接，爬虫程序重复页面读取、解析和链接－跟踪过程。通过这种方式，搜索引擎建立并更新其互联网内容索引数据库。

本节总结了一个概念性的 WSC 设计配置，它基于使用商用计算组件的机架。下一节将介绍在不影响服务质量的前提下，WSC 如何检测并处理组件故障。

13.5.3 硬件故障管理

如前所述，WSC 包含数千个计算机系统，即使选择了更昂贵的组件来实现更高的可靠性，仍然无法达到 100% 可靠，因此故障仍会定期发生。作为图 13.3 所示的执行多级分配、处理和返回结果不可或缺的部分，每个服务器向图中较低层次的系统发送请求时，必须监控分配给处理该请求的系统的响应时间和正确性，如果响应延迟不可接受，或者未能通过有效性检查，则必须报告该系统没有响应或行为异常。

如果检测到此类错误，请求系统会立即将请求重新发送到冗余服务器进行处理。一些响应失败可能是瞬时的处理过载等瞬态事件造成的。如果较低级别的服务器恢复正常并继续运行，则无须响应。

如果一个服务器始终没有响应或出现错误，则必须发出维护请求，以排除故障并修复关闭的系统。当一个系统被标识为不可用时，WSC 管理层（包括自动化部分和人工部分）可以选择启动一个系统，从一个备份系统池中复制发生故障的服务器，并指示替换系统开始为请求提供服务。

13.5.4 电力消耗

WSC 的主要成本之一是电力消耗。在 WSC 中，电力的主要消耗者是最终为用户进行数据处理的服务器和网络设备，以及使这些系统保持低温状态的空调系统。

为了将 WSC 的电费降到最低，只在计算机和其他耗电设备有需要时才打开它们，这一点至关重要。随着时间的推移，且可能受到新闻和社交媒体上事件的影响，搜索引擎的流量负荷变化很大。WSC 必须维护足够的服务器来支持其设计时定义的最大通信量。当总工作负载低于最大工作负载时，不工作的服务器应关闭电源。

低负载的服务器依然会消耗大量电力。为了获得最佳效率，WSC 管理环境应该在不需要服务器和其他相关网络设备时将它们完全关闭。当流量负载增加时，服务器和相关的网络设备可以通电并快速联机，以保持所需的服务质量。

13.5.5 WSC 作为多级信息缓存

第 8 章研究了现代处理器中使用的多级缓存体系结构。为了获得最佳性能，Web 服务（如搜索引擎）必须采用一种缓存策略，从而在处理器中现存的缓存结构上增加更多的层次。

为了获得最佳的响应时间，索引服务器应该在内存数据库中维护其索引数据的大量子集。根据历史使用模式以及最近的搜索趋势选择在内存中存储的内容，可以使未来的大部分搜索请求无须访问磁盘即可得到响应。

为了最大化利用内存数据库，在每个服务器中安装大量的 DRAM 显然是有益的。是否为每个查询服务器升级 DRAM 取决于成本和收益之间的关系，即比较"增加每个服务器的内存容量"和"直接增加服务器的数量"这两种方案的性能收益。本章对此不深入分析，只需注意这种评估是 WSC 设计优化的核心要素。

如果认为 DRAM 是第一级 WSC 级的缓存，那么下一级是位于每个服务器上的本地磁盘。如果在内存数据库中未命中，下一个要搜索的地方是服务器的本地磁盘。如果在本地磁盘中未找到结果，则下一个搜索层次将在位于同一机架中的其他服务器中。同一机架中服务器之间的通信可以以峰值网速运行（在示例配置中为 1 Gbit/s）。

下一级搜索将扩展到同一集群中的机架。机架之间的带宽受到机架和集群交换机之间链路交换速度不足的限制，这限制了连接的性能。WSC 中的最后一级搜索会跨集群进行，这可能会对带宽产生进一步的限制。

建立有效搜索引擎框架的一个巨大挑战是开发高性能软件体系结构。这种体系结构必须通过搜索引擎索引服务器和文档服务器可以实现的最快、尽可能本地化的查找来满足大部分搜索请求。这意味着大多数搜索请求必须通过索引服务器中的内存搜索来完成。

下一节将介绍专门用于神经网络处理器的高性能体系结构。

13.6 神经网络与机器学习体系结构

第 6 章简要回顾了神经网络体系结构。本节介绍高性能专用神经网络处理器的内部工作原理。

Nervana

2019 年，英特尔发布了一对新处理器，一个对训练复杂神经网络的任务进行优化，另一个对已经训练的网络进行推理（即给定一组输入数据生成神经网络输出）。

Nervana 神经网络训练处理器（NNP-T）本质上是一台微型超级计算机，专门为神经网络训练过程中所需的计算任务而定制。NNP-T1000 有以下两种型号：

- NNP-T1300 是一种双插槽 PCIe 卡，适用于安装在标准 PC 中。它通过 PCIe 3.0 或 4.0 x16 与主机通信，可以在同一计算机系统内或通过电缆跨计算机连接多个 NNP-T1300 卡。

- NNP-T1400 是一种夹层卡，适合在**开放计算程序**（Open Compute Program，OCP）**加速器模块**（OCP Accelerator Module，OAM）中用作处理模块。其中 OAM 是一种硬件体系结构设计规范，用于实现需要模块间高通信带宽的人工智能系统。OAM 标准由 Facebook、微软和百度牵头开发，可以将多达 1024 个 NNP-T1000 模块使用超高速串行连接方式连接在一起，形成一个巨大的 NNP 体系结构。

NNP-T1300 适合安装在标准 PC 内供个人开发者使用。另外，配置多个 NNP-T1400 的处理器价格会很昂贵，并且在性能上类似于超级计算机。

能力强大的 NNP 体系结构（如 Nervana）的主要应用领域包括**自然语言处理**（NLP）和机器视觉等。NLP 尝试执行处理单词序列等任务，以提取其背后的含义，再为计算机生成与人类交互的自然语言。当你拨打客服热线，一台计算机要求你与它交谈时，你就是在与一个 NLP 系统交互。

机器视觉是无人驾驶汽车的关键技术。汽车的机器视觉系统处理摄像机输入，以识别和分辨道路特征、路标和障碍物（如车辆和行人）。这种处理必须产生实时结果，以便在驾驶车辆的过程中可用。

建立一个神经网络来执行通常由人类完成的任务（比如，阅读一篇文章并解释其含义，或者在拥挤的交通中驾驶汽车）需要一个深入的训练过程。神经网络训练包括给神经网络一组输入以及根据给定输入预测神经网络应该产生的响应。这种由成对的输入数据集和已知的正确输出组成的信息称为**训练集**。每当网络处理一个新的输入集及相应的期望输出时，它就会微调其内部连接和权重值以提高其生成正确输出的能力。对于复杂的神经网络（例如在 Nervana NNP 上部署的神经网络），训练集可能由数百万个输入 / 输出数据对组成。

NNP 训练算法所需的处理主要为矩阵操作和向量操作。大矩阵乘法是神经网络训练中最常见且计算量最大的任务之一。这些矩阵可能包含成百上千的行和列。矩阵乘法的基本运算是 MAC 运算，详见第 6 章。

复杂神经网络包含大量的权值参数。在训练过程中，处理器必须重复访问这些值来计算模型中每个神经元相关的信号强度，并通过训练来调整权值。在给定内存容量和内部通信带宽的情况下，为了实现最大性能，需要使用最小的可用数据类型来存储每个数值。在大多数数字处理应用中，使用 32 位 IEEE 单精度浮点格式作为最小数据类型。如果可能的话，也可以使用更小的浮点格式。

Nervana 体系结构使用专门的浮点格式来存储网络信号。bfloat16 格式基于 IEEE-754 32 位单精度浮点格式，但尾数从 24 位缩短为 8 位。9.3 节讨论了 IEEE-754 32 位和 64 位浮点数据格式的一些细节。

用 bfloat16 格式代替 IEEE-754 半精度 16 位浮点格式进行神经网络处理的原因如下：

- IEEE-754 16 位格式有一个符号位、5 个指数位和 11 个尾数位，尾数中包含一位隐含位。与 IEEE-754 单精度（32 位）浮点格式相比，这种半精度格式的指数位损失了 3 位，从而将它可以表示的数值范围缩小到 32 位浮点表示范围的八分之一。
- bfloat16 格式保留了 IEEE-754 单精度格式的所有 8 个指数位，能够覆盖 IEEE-754 32 位格式的全部数值范围，但精度大大降低。

根据研究结果和客户反馈，英特尔认为 bfloat16 格式最适合深度学习应用程序，因为更大的指数范围比更精确的尾数好处更多。事实上，英特尔也认为，与 IEEE-754 单精度实现相比，尾数减小所产生的量化效应不会显著影响基于 bfloat16 网络实现的推理精度。

　　神经网络处理中使用的基本数据类型是**张量**，它表示为多维数组。向量是一维张量，矩阵是二维张量。我们也可以定义高维张量。在 Nervana 体系结构中，张量是一个由 bfloat16 值组成的多维数组。张量是 Nervana 体系结构的基本数据类型：NNP-T 在指令集级层次对张量进行操作。

　　深度学习算法所执行的计算密集型运算是张量的乘法运算。Nervana 体系结构等专用人工神经网络处理硬件的主要目标就是加速神经网络的乘法运算。加速张量运算不仅需要高性能的数学运算，还必须能够高效地将操作数据传输到处理器内核，并将输出结果高效地传输到目的地。这需要在数据处理能力、内存读 / 写速度和通信速度之间进行精心的平衡。

　　NNP-T 体系结构中的处理在**张量处理器簇**（Tensor Processor Cluster，TPC）中进行，每个簇包含两个 MAC 处理单元和 2.5MB 的高带宽内存。每个 MAC 处理单元包含一个 32×32 并行运行的 MAC 处理器阵列。

　　一个 NNP-T 处理器包含 22 个（或 24 个）并行运行的 TPC，并用高速串行接口在结构配置中将它们互连。Nervana 设备也能为同一系统中的其他 Nervana 板卡和其他计算机中的 Nervana 设备提供高速串行连接。

　　单个 NNP-T 处理器每秒能够执行 119 万亿次操作（TOPS）。表 13.3 是两个处理器之间的比较。

表 13.3　NNP T-1000 两种处理器的配置特点

特点	NNP T-1300	NNP T-1400
设备外形尺寸	双宽度卡，PCIe 4.0 × 16	OAM 1.0
处理器内核数	22 TPC	24 TPC
处理器时钟速率	950MHz	1100MHz
静态 RAM	带 ECC 的 55MB RAM	带 ECC 的 60MB RAM
高带宽存储器	带 ECC 的 32GB 第二代高带宽存储器（HBM2）	带 ECC 的 32GB HBM2
存储带宽	2.4Gbit/s（300MB/s）	2.4Gbit/s（300MB/s）
串行芯片间链路（ICL）	16 × 112Gbit/s(448GB/s)	16 × 112Gbit/s(448GB/s)

　　Nervana 神经网络推理处理器（NNP-I）执行神经网络处理的推理阶段。推理包括向预训练的神经网络提供输入、对输入进行处理、从网络收集输出。基于应用程序的不同，推理过程可能包括对单个模型在时变输入数据上的持续推理，或者在每次输入更新时，用同一个输入数据集训练多个神经网络模型。NNP-I 有两种型号：

- 包含两个 NNP I-1000 设备的 PCIe 卡，运算速度可达到 170 TOPS，功耗高达 75W。
- 包含单个 NNP I-1000 设备的 M.2 卡，运算速度可达到 50 TOPS，功耗仅为 12W。

　　Nervana 体系结构是一种先进的、类似超级计算机的处理环境，用于训练神经网络和使用训练好的网络对真实的数据进行推理。

13.7　总结

　　本章介绍了几种根据特定用户需求而定制的计算机系统体系结构。我们研究了智能手机、游戏计算机、仓储式计算机和神经网络等应用，并用这些应用很好地说明了前几章中提到的计算机系统体系结构和组件与真实的现代高性能计算机系统之间的关系。

　　通过学习本章，你了解了在定义面向特定用户需求的计算机体系结构时使用的决策过程，也深入了解了推动智能移动设备体系结构、高性能个人计算体系结构、仓储式云计算体系结构和高级机器学习体系结构发展的关键需求。

　　下一章我们将对计算机体系结构的未来发展进行展望，回顾促成计算机体系结构现状的重大进步及其持续趋势，并分析这些趋势以确定未来可能的技术方向。此外，还将考虑可能改变未来计算机体系结构的潜在颠覆性技术。最后将为计算机架构师的专业发展提出一些建议。

13.8　习题

1. 绘制一个系统的计算体系结构图，该系统每天 24 小时运作，每隔 5 分钟测量一次天气数据，并用短消息报告。该系统由电池供电，白天依靠太阳能电池为电池充电。假设气象仪器通常工作在最小的平均功耗状态，在每个测量周期中才需要极短时间的全功率。

2. 对于习题 1 的系统，选择一个合适的商用处理器，并列出此处理器适合该应用系统的原因。考虑因素包括成本、处理速度、恶劣环境中的可靠性、功耗和集成特性，如内存和通信接口。

计算机体系结构的未来发展方向

本章预测了计算机体系结构设计的未来发展方向。首先回顾重要的技术进步和发展趋势以了解计算机体系结构的现状。然后从当前的趋势中推断出计算系统设计未来可能的发展方向。最后研究一些可能会改变未来计算机体系结构发展的潜在颠覆性技术。

本章为计算机架构师的职业发展提供了一些建议。遵循这些建议，计算机架构师能够紧跟发展趋势并不断进步。

学完本章之后，你将了解计算机体系结构的历史演变，并熟悉计算机设计的发展趋势以明确未来的技术发展方向。你还将对一些可能会突破现有计算机体系结构的潜在技术有基本了解，还会学到一些能够适应计算机体系结构不断发展的技术。

本章涵盖以下主题：

- 计算机体系结构的发展历程
- 未来的发展趋势
- 潜在的颠覆性技术
- 培养适应未来发展的技能集

14.1 计算机体系结构的发展历程

第 1 章简要介绍了自动计算设备的历史，从巴贝奇分析机的机械设计到现代个人计算机的基础——x86 体系结构。这些进展取决于几个突破性的技术成就，其中最著名的是晶体管的发明和集成电路制造工艺的发展。

自 1971 年推出 Intel 4004 以来，处理器中晶体管和集成在单芯片中的其他电路器件的数量大大增加。随着单芯片中电路器件数量的增加，现代芯片的时钟速率已经提高了几个数量级。

处理器的能力和指令执行速率的提高促使软件开发成为一个巨大的全球性行业。在数字计算机的早期，软件由训练有素的专家小团队在研究环境中进行开发。当今，功能强大的个人计算机的价格已大大降低，并且软件开发工具（例如，编译器和解释器）已广泛可用，并且通常是免费的。由于处理器能力大幅度提升，计算能力的提高对运行于其上的软件提出了更多的要求。

与早期的设备（例如，6502）相比，现代处理器已经发展为可以将更多的功能集成到处理器的集成电路中。从本质上讲，6502 包含执行有用处理所需的最少部件集：控制单元、寄存器集、ALU，以及用于访问指令、数据和外围设备的外部总线。

针对企业用户和家庭用户的最复杂的现代处理器，其基本功能与 6502 类似，并添加了许多重要的功能和扩展，例如：

- 多达 16 个处理器内核，每个处理器内核都支持多线程。
- 多级指令和数据缓存。
- μ-op（微操作）缓存，以避免与指令译码操作相关的处理延迟。
- 支持分页虚拟内存的内存管理单元。

- 集成多通道高速串行 I/O 功能。
- 可产生数字视频输出的集成图形处理器。

总结 6502 处理器到现代 x64 处理器的技术发展可以看出，与 6502 的单个 8 位内核相比，现代处理器提供了多个并行运行的 64 位内核，并且还实现了许多旨在提升执行速度的额外功能。

除了现代 PC 处理器的计算能力外，x86/x64 指令集还提供了实现多种操作的指令，这些操作的复杂度相差非常大。另外，现代 RISC 处理器（例如，ARM 和 RISC-V）实现了精简指令集，其目标是将复杂的操作分解为更简单的步骤序列，每个步骤通过更大的寄存器集来更快地执行内部操作。

可以说，自 6502 以来，计算机体系结构的顶层配置从未发生过明显的变化。随着处理器体系结构指令集的扩展或引入额外的缓存技术，逐步扩展了可用于软件开发者的功能，提高了算法的执行速度。多核技术以及单核多线程执行技术允许多个独立的线程同时执行，而不是在单核内用时间切片方法来执行。

在此发展过程中，大部分增加的设计都要避免更改处理器体系结构，从而确保兼容已开发的操作系统和应用程序软件。最终的结果是，随着时间的推移，系列处理器逐渐变得越来越快、功能越来越强大，但是却没有实现对过去技术的开创性突破。

下一节将尝试从第 13 章中讨论的新一代高性能计算系统中推测在未来十年到二十年间可能出现的计算机体系结构的进步。

14.2   未来的发展趋势

当前的处理器技术正在开始突破一些重要的物理极限，可以预测到这些极限将会限制处理器技术的发展。这些限制当然不会导致电路密度和时钟速率的提升突然终止。相反，未来处理器的技术进步可能会在与传统半导体能力改进模式不同的方向上进行。为了更好地预测未来处理器性能的增长，首先考察摩尔定律及其对未来半导体加工工艺发展的影响。

14.2.1   重温摩尔定律

1975 年修订后的摩尔定律预测单芯片上的集成电路器件数量大约每两年翻一番。数十年来，该定律已经证明了其准确性，但据英特尔称，截至 2015 年，增长率已放缓至大约每两年半翻一番。这表明集成电路密度的增长速度已经开始放慢，但是它肯定还没有结束，并且在短期内也不会结束。

集成电路技术还将继续进步，从而在未来许多年内将产生集成度更高、功能更强大的电路。但是，由于加工工艺线宽已步入纳米级电路的物理极限，预计电路密度的增长速度会随着时间的推移而降低。

电路密度的增加速度变慢并不意味着趋势已接近尾声。截至 2020 年，大规模生产的集成电路工艺基于特征尺寸仅为 10 nm 的电路。具有 7 nm 特征尺寸的下一代电路技术正在开发中。特征尺寸为 5 nm 的未来工艺正处于规划阶段。尽管这些提升的电路密度可能会在某个时候实现，但是每种技术进步都伴随着成本和技术挑战的增加，从而导致生产线部署的延迟。最先进的集成电路生产技术的开发成本高昂且实现难度高，以至于只有少数大型半导体公司有能力向此类工艺流程投入资金和技术。

鉴于电路密度的提高速度的持续下降，半导体制造商已开始关注替代方法：将较小的器

件封装在一起。传统的做法是将集成电路视为层次化的二维结构,如下所示:

- 按照一系列掩膜版对不同类型的材料进行加工,制造晶体管的掺杂区、电容器和二极管等电路器件。
- 在器件表面再铺多层金属导线作为连线。

在二维器件布局中,电路元件之间的通信涉及在芯片表面上相距一段距离的元件之间的电气交互。由于芯片很小,电信号在器件之间传播所花费的时间通常可以忽略。

是否有可能以其他方式组织集成电路原件,而不是采用平面结构。确实可以在集成电路管芯上将组件进行堆叠。下一节将介绍这种设计方法。

14.2.2 3D 堆叠

通过开发将组件彼此堆叠在单个集成电路管芯上的技术,半导体制造商朝着扩展摩尔定律迈出了一步。组件堆叠集成电路技术的早期目标之一是在 CMOS 电路设计中将普遍存在的 n 沟道和 p 沟道 MOS 晶体管对进行堆叠。

英特尔于 2020 年初公开了其研究人员在堆叠 CMOS 晶体管对领域取得的进展。该公司不仅展示了在一块硅片上堆叠器件的能力,还展示了如何在每个器件层中使用不同的制造技术以获得晶体管对的最高性能。

n 沟道硅晶体管表现出良好的性能特性,但是在硅上构建的 p 沟道晶体管的开关速度相对较慢。用锗晶体管沟道替代硅来实现的 p 沟道晶体管可提高开关速度,从而改善 CMOS 对的性能。在英特尔混合技术器件集成的演示中,n 沟道硅晶体管构建在基础硅芯片上,p 沟道锗器件堆叠在其上。如果该技术可用来进行集成电路生产,那么它有望继续提高器件密度并提高时钟频率。

另一种提高密度的方法是将多个独立的集成电路管芯进行垂直堆叠,并在各层之间排布电源和信号线。可以将这种技术看作一种将集成电路管芯彼此焊接在一起的方法,其方式类似于将表面安装的组件焊接到电路板上。

独立的集成电路组合封装在一起称为**芯粒**(chiplet)。芯粒可以在硅基板并排放置,也可以堆叠在一起,具体形式取决于器件的需求。这种方法允许使用最适合该组件的技术来构建复杂器件中的每个芯粒。例如,一种制造方法可能最适合于内核处理器,而另外的方法可能更适合于将存储器芯粒与处理器进行集成。同一封装的器件中集成的蜂窝网络无线接口可以使用另一种制造方法。

在单个集成电路以及在单个封装中由多个芯粒组成的复杂器件的实现中使用 3D 技术,可以实现更高层次的 SoC 集成并获得更高的整体性能。随着这些技术的不断改进和在生产线中的应用,可以预期摩尔定律所预测的电路复杂性和功能性的增长将在未来几年继续,尽管增长率可能会有所降低。

下一个要研究的趋势是持续使用高度专用的处理设备代替通用处理器。

14.2.3 提高设备的专用化程度

前面我们针对应用领域探索了一些专门的处理技术,例如数字信号处理、三维图形图像生成和神经网络处理。这些设备执行的计算也可以使用普通的通用处理器来完成,但使用专用设备可以大大提高执行速度,其吞吐率有时比普通处理器快数百倍甚至数千倍。

机器学习和自治控制技术的重要性日益增长,它们将继续推动支持未来数字系统的计算机体系结构的创新。随着汽车和其他复杂系统拥有自治功能，从而增强或替代传统上由人类操作员执行的功能，底层处理体系结构将继续发展以提供针对特定任务量身定制的更高的处理性能，同时将功耗降至最低。

在对特定应用环境的设备进行优化时，专用处理器将利用本章前面讨论到的优势。处理设备专用化的趋势将持续发展，甚至在未来几年内可能还会加速发展。

本节讨论的重点是未来的发展趋势。下一节将研究能从根本上改变计算机体系结构的技术力量出现的可能性。

14.3 潜在的颠覆性技术

到目前为止，本章重点介绍了当前技术的趋势及其对未来的潜在影响。与引入晶体管一样，总是会出现一些新技术，这些新技术与过去的经验大相径庭，将计算技术的未来引向新的方向。

本节将尝试指明未来几年可能出现的颠覆性技术。

14.3.1 量子物理学

巴贝奇分析机试图将纯机械计算设备的功能提升到前所未有的极致。他的尝试虽然雄心勃勃，但最终没有成功。直到适合实现复杂数字逻辑的真空管技术面世，自动化计算设计才开始发展。

后来，晶体管的发明将计算技术带入了计算能力和复杂度不断提高的轨迹，最终进入了当今人人能够享受计算的时代。自 Intel 4004 推出以来，计算技术随着晶体管技术的发展而进步。

晶体管的工作原理基于半导体材料（例如，硅）的特性，这些特性可以实现数字开关电路。用半导体实现的数字电路通常使用离散的二进制数据值执行操作。当在相同的指令序列的多次执行中提供相同的输入时，这些设备能够生成可靠的可重复结果。

为了替代晶体管，全世界正在进行许多研究工作，以探索量子物理学在计算技术中应用的可能性。**量子物理学**描述了物质在单个原子和亚原子粒子层次上的行为。粒子在亚原子层次上的行为与**经典物理学**定律下人们熟知的宏观物体的行为完全不同。自 19 世纪中叶以来，就已经发现了量子物理学定律并进行了理论描述。

量子物理学由一套具有非凡预测能力的理论来严格地定义。例如，Wolfgang Pauli 在 1930 年推测量子物理学框架内存在中微子粒子。中微子是相对较小的亚原子粒子，几乎与其他粒子没有任何相互作用，因此很难检测。直到 20 世纪 50 年代，科学实验才证明了中微子的存在。

理论上已经预测了几种其他类型的亚原子粒子，并最终使用实验证明了它们的存在。量子物理学（包括在亚原子世界中表现出来的奇怪行为）为未来的计算机体系结构提供了一个新方向。

在宏观世界中，对象的物理参数一般都连续变化，与车辆的行驶速度随着加速或减速连续变化类似。另外，原子内的电子只能存在于特定的离散能级上。原子中电子的能级大致相当于经典物理学中粒子围绕中心物体在轨道中移动的速度。

原子中的电子不可能处于两个能级之间。它总是精确地处于某个离散能级。这些离散的能级使用术语**量子**来描述这种现象。

14.3.2　自旋电子学

除了原子中电子的能级之外，电子还具有类似于经典物理学中物体自旋的特性。与能级一样，该自旋状态被量化。研究人员证明了可以对电子的自旋行为进行控制和测量，从而来实现数字电子开关电路。将电子自旋用作数字开关电路的组件称为**自旋电子**——术语"自旋"和"电子"结合在一起。

这项技术使用电子的量子自旋态来保持信息，其方式类似于传统电子产品中电容器的充电状态。基本原子粒子的自旋是一种角动量，在概念上类似于在手指尖上保持平衡的旋转篮球的动量。

与篮球相比，电子的自旋行为存在显著差异。电子实际上并不旋转，然而，它们的自旋行为以量化形式服从角动量的数学定律。篮球可以以任意的旋转速度旋转，而电子只能以一种离散的量化水平旋转。基本粒子的自旋由其粒子类型决定，电子始终具有 1/2 的自旋（1/2 表示量子数）。

篮球的旋转可以通过其旋转速度和旋转所围绕的轴的组合来表征。指尖上的篮球绕垂直轴旋转。整个球的旋转运动可以用沿着旋转轴（在这种情况下为向上）指向的矢量来描述，该矢量的大小等于其旋转速度。

电子始终具有相同自旋值的 1/2，该值定义了角动量矢量的长度，因此，区分一个电子与另一电子的自旋的唯一方法是自旋矢量的方向。已经创建了可以使电子自旋矢量在两个不同方向上对准的实用设备，两个方向分别称为向上和向下。

电子自旋产生微小的磁场。大多数电子自旋方向一致的材料会产生与定向电子具有相同方向的磁场。这些方向一致的电子的作用在普通设备（例如，冰箱磁铁）中显而易见。

电子自旋产生的磁场不能用经典物理学来解释。磁性纯粹是量子物理学的范畴。

可以在磁隧道两端构造一个称为**自旋阀**的开关器件，该隧道的两端都带有磁性层。磁性层用作栅极。如果栅极具有相同的自旋极性，则由自旋极化电子组成的电流可以流过该器件。如果栅极的极性相反，则电流被阻断。通过以相反的自旋方向给磁体施加电流来反转磁体的极性，可以打开和关闭自旋阀。

与电容器的充放电过程相比，改变电子自旋方向的速度更快，同时消耗的功率更少。这是自旋电子器件最终能够替代高性能数字设备中 CMOS 电路的关键特性。

自旋电子学是当前一个活跃的研究领域。如果该技术完全可行，那么优于当今 CMOS 处理器的数字设备将在几年内实现商业化和量产。

自旋电子学依靠量子物理学定律来实现数字开关。下一节的主题是量子计算，直接利用量子力学现象进行模拟和数字处理。

14.3.3　量子计算

量子计算有望大大提高某些类别问题的执行速度。量子计算使用量子力学现象来实现运算，并且可以采用模拟方法或数字方法来解决问题。

数字量子计算使用量子逻辑门执行计算操作。量子逻辑门基于称为**量子位**（quantum bit，qubit）的电路。量子位在某些方面类似于传统数字计算机中的比特，但是又存在显著差异。比特只能取值 0 和 1，而量子位既可以处于 0 或 1 量子状态，又可以是 0 状态和 1 状态的叠加。**量子叠加原理**指出，可以将任何两个量子态加在一起，结果是有效的量子态。

每次读取量子位的值时，返回的结果始终为 0 或 1，这是由于量子态向单一状态的叠加坍塌所致。如果在读取之前，量子位保存了对应于二进制值 0 或 1 的量子值，则读取操作的输出将等于二进制值。另外，如果量子位包含状态的叠加，则读取操作返回的值将是状态叠加的概率函数。

换句话说，由于读取量子位而接收到 0 或 1 的可能性取决于其量子态的特性，所以读取操作返回的值不可预测的。这种不可预测性不仅仅是因为缺乏信息。在量子物理学中，粒子只有在测量后才具有定义状态。坦率地说，这是量子物理学违背直觉的思想之一。

读取接近二进制值 1 的量子位状态比读取接近二进制值 0 的量子位状态更有可能返回值 1。对所有都以相同量子态开始的多个量子位执行读取操作时，由于读取操作的概率性，不会总是产生相同的结果。

量子位电路可以证明并利用量子纠缠的性质，量子纠缠是量子物理学的核心原理。当多个粒子以某种方式链接而导致一个粒子的测量影响链接粒子的测量时，就会发生**量子纠缠**。这种链接最令人惊讶的是，即使粒子相距很远，它仍然有效。纠缠效应似乎是瞬时传播的，不受光速的限制。虽然这种行为看起来像是科幻小说，但已得到证明，甚至已用于 2013-2014 年绕月飞行的 NASA **月球大气尘埃和环境探测器**（LADEE）的通信技术中。

量子计算机能够利用信息处理中的纠缠。如果通过本章末尾的示例进行研究，将有机会为量子计算机开发一个程序，该程序具有量子纠缠的效果，并且可以在实际的量子计算机上运行该程序。

由于读取一个量子位时其返回结果不可预测，所以似乎不能使用这种技术作为数字计算系统的基础。这种部分不可预测性是量子计算机被认为仅对某些类型的问题有用的原因之一。由于量子不确定性，大多数客户都不喜欢每次会计算出不同账户余额的银行。

当前为量子计算机设想的两个关键应用类别如下：

- **量子密码学**：量子密码学使用数字量子计算技术来破解现代密码。当今使用的许多密码算法都基于这样的假设：确定两个大质数乘积的大数（可能包含数百个十进制数字）的因数在计算上是不可行的。即使使用超级计算机，也不可能在合理的时间内得到正确的结果。

皮特·休尔在 1994 年开发的**休尔算法**描述了使用量子计算机确定给定数的因数必须执行的步骤。与普通计算机相比，运行休尔算法的量子计算机可以在极短的时间内处理大量的数据，从而使基于公共密钥密码学的现代密码系统容易受到此类攻击。迄今为止，量子计算仅展示了能够分解相对较小数（例如，21）的功能，但是潜在威胁已被需要高级别通信安全性的组织和政府认识到。未来可能会出现能够破解我们如今用于保护网站和在线银行安全的代码的量子计算系统。

但是，你无须担心银行账户被量子攻击而产生的安全问题。目前正在研究各种各样的抗量子计算的公钥加密算法。这些算法统称为**后量子密码学**。如果对当前密码方法的量子威胁变为现实，可以期待大规模过渡到抗量子密码算法。

- **绝热量子计算**：这是一种模拟量子计算方法，可以有效解决多种实际优化问题。想象你处在一个被围栏包围的丘陵地形的矩形区域中，需要找到围栏边界内的最低点。但是空气中有浓雾，使你看不到周围的地形。此时唯一的线索是脚下表面的坡度，你可以沿着坡度向下移动，但是当到达某个水平区域时，你无法确定自己是在局部盆地中还是真正找到了整个区域中的最低点。

这是一个简单的二维优化问题的例子。目的是找到整个区域中最低海拔点的 x 坐标和 y

坐标（**全局最小值**），而不是停留在较高海拔的盆地中——（**局部最小值**）。量子计算是找到丘陵地带最低点的最佳方法，但是许多现实的优化问题包含大量的输入，这些输入都必须在搜索全局最小值过程中进行调整。解决此类问题的算力需求甚至连当今最快的超级计算机都不能满足。

使用量子计算方法解决这类问题时，首先需要对包含问题所有可能解的叠加的量子位进行配置，然后慢慢降低叠加效果。通过在此过程中限制量子电路配置的状态，可以确保在去除叠加后仍然保留问题的解，并且将所有量子位解析为离散的 0 值或 1 值，即全局最小值。该方法名称中的"**绝热**"一词是指去除叠加层的过程和热力学系统类似，热力学系统在运行时既不会失去热量也不会获得热量。

绝热量子优化是一个活跃的研究领域。这项技术最终可以为复杂的优化问题提供解决方案的能力还有待观察。

术语"**量子霸权**"是指在特定问题域中，量子计算超出传统数字计算能力的转折点。研究人员对下列问题存在严重分歧：进行量子计算技术研究的主要组织是否获得了量子霸权；在将来的哪个时间点可以达到该点；是否会发生这种转折。

广泛部署量子计算有许多重要的障碍，这与现在全球广泛使用的基于 CMOS 的计算设备在发展早期遇到的问题类似。需要解决的一些最紧迫的问题如下：

- 增加计算机中量子位的数量以支持解决大型复杂问题。
- 提供将量子位初始化为任意值的能力。
- 提供可靠读取量子位状态的机制。
- 消除量子退相干的影响。
- 量子计算机所需的组件很难实现且非常昂贵。

量子退相干是指量子系统中相位相干的损失。为了使量子计算机正常运行，必须在系统内保持相位相干。量子退相干是外界对量子系统内部运行的干扰或系统内部产生的干扰。保持完全隔离的量子系统可以无限期地保持相位相干性。干扰系统（例如，读取系统状态）会破坏相干性，并可能导致退相干。对去相干效应的管理和校正称为**量子误差校正**。有效地管理去相干是量子计算中最大的挑战之一。

当前的量子计算机设计依赖于特殊材料（例如由核反应堆生产的 Helium-3）它们需要超导电缆。在运行期间，量子计算系统必须冷却至接近绝对零度。当前的量子计算机主要是实验室中的系统，需要专门的专家团队来进行制造和操作。这种情况有点类似于基于真空管的计算机的发展早期。与真空管时代的主要区别在于，今天有了网络，可以为普通用户提供一定程度的量子计算功能的访问权限。

当前的量子计算系统最多包含几十个量子位，并且只有资助其开发的商业界、学术界和政府组织才能使用。但是，学生和个人也有一些特殊的机会可以使用真正的量子计算机。

例如，https://www.ibm.com/quantum-computing/ 上的 IBM Quantum Experience。IBM 使用这些免费资源提供了一套工具，包括一个称为 **Qisket** 的量子算法开发环境，Qisket 可从 https://www.qiskit.org/ 获得。开发人员可以使用 Qisket 学习编码量子算法，甚至可以提交程序并以批处理的方式在真实的量子计算机上执行。本章末尾的习题提供了该领域入门的一些建议。

量子计算表现出解决特定类别问题的巨大潜力，尽管该技术的广泛商业化很可能需要数年的时间。

下一项要研究的技术是碳纳米管，它有潜力使数字处理（至少部分地）脱离硅工艺。

14.3.4   碳纳米管

碳纳米管场效应晶体管（CNTFET）是使用单个碳纳米管或碳纳米管阵列作为栅极沟道的晶体管，而传统的晶体管采用硅沟道。碳纳米管是由直径约 1 纳米的碳原子构成的管状结构。

碳纳米管的导电性良好，拉伸强度高，导热性也非常好。碳纳米管可承受的电流密度是铜等金属的 1000 倍以上。与金属不同，电流只能沿纳米管的轴传播。

与 MOSFET 相比，CNTFET 具有以下优点：

- 更大的驱动电流。
- 大幅降低功耗。
- 耐高温。
- 出色的散热性，可实现器件的高密度封装。
- n 沟道和 p 沟道 CNTFET 器件的性能非常接近。在 CMOS 器件中，n 沟道和 p 沟道晶体管的性能可能存在很大差异，这会限制整体电路性能。

CNTFET 技术在商业化和广泛使用方面面临以下障碍：

- 由于需要在纳米级排布并操作碳纳米管，因此 CNTFET 的量产极具挑战性。
- CNTFET 所需的纳米管的生产也极具挑战性。可以将纳米管视为从碳纤维片材的薄片开始，碳纤维片材必须沿着特定的轴卷成管，以便生产具有所需半导体性能的材料。
- 碳纳米管暴露在氧气中会迅速降解。制造技术必须考虑到这一点，以确保最终的电路耐用且可靠。

鉴于大规模生产 CNTFET 所面临的挑战，可能需要多年时间，商业器件才能开始广泛使用基于碳纳米管的晶体管。

前面已将一些先进技术（自旋电子学、量子计算和基于碳纳米管的晶体管）列为有潜力的领域，这些领域有一天可能会极大地促进计算的未来。在撰写本书时，这些技术都没有得到广泛使用，但是研究显示出可喜的结果，许多政府、大学和商业实验室都在努力开发这些技术，并想办法将它们用在未来的计算设备上。

除了已经被广泛报道或者至少处于预测道路上的这些技术外，一些组织或个人总是有可能宣布一些意外的技术突破。这种事情可能发生在任何时间，并且这样的事件可能颠覆对未来预测的传统观点。时间会证明一切。

在计算机体系结构的未来有不确定性的背景下，对于计算机体系结构专家而言，明智的做法是无论未来技术发展如何变化，都要紧跟发展的潮流。

14.4   培养适应未来发展的技能

由于技术变革开启了基于晶体管的数字计算系统的时代，未来的发展也可能遵循类似的规律，所以对于计算机体系结构领域的专业人员而言，紧跟不断发展的技术步伐，并对未来技术的发展方向做出一些判断非常重要。

14.4.1   持续学习

计算机体系结构专业人士必须接受技术持续快速发展的现状，并且必须持续投入大量精力来跟踪技术发展，并将其纳入日常工作和职业规划中。

审慎的专业人员依靠各种信息源来跟踪技术发展，并评估其对职业目标的影响。某些信息源（例如，传统新闻报道）可以快速浏览并完全吸收。而其他信息源，例如由特定技术专家策划的科学文献和网站，则需要你花时间来消化复杂的技术信息。量子计算等更高级主题可能需要深入学习，以便掌握基本原理并开始探索该技术的潜在应用。

即使对特定技术有了清晰的了解，想要准确地预测其对行业的影响，甚至最终将其集成到政府、企业和公众使用的计算系统体系结构中去，也非常具有挑战性，甚至是不可能的。

一种实用且易于实施的信息收集方法是针对主流新闻和技术新闻构建可信任来源的集合，并及时了解它们提供的信息。包括电视新闻、报纸、杂志和网站在内的主流新闻组织，经常发表一些有关技术发展以及数字设备的最新文章。除了在某种程度上讨论计算系统的纯粹技术之外，这些资源还提供了计算技术对社会影响的信息，例如，关注将其用于政府和公司监控以及虚假信息的传播。

由研究组织、技术专家和热心的用户运营的技术网站提供了大量与计算机体系结构进步相关的信息。与在网上可以访问的所有信息一样，建议你遇到意外信息时考虑来源的可靠性。虽然有很多关于个别早期技术的讨论很有启发性，但是也有一些人不赞成这些公开的信息，只提出他们自己的论据。因此最终由你来决定网络上信息的可信度。

尽管个人会有自己的喜好，并且技术新闻来源的格局在不断变化，但以下列表按特定顺序提供了一些相当可靠的计算技术新闻来源：

- `https://techcrunch.com/`：TechCrunch 报道技术工业方面的商业新闻。
- `https://www.wired.com/`：Wired 是一个月刊杂志和网站，集中报道新兴技术对文化、经济和政治的影响。
- `https://arstechnica.com/`：成立于 1998 年的 Ars Technica 报道技术专家感兴趣的信息和技术专家的信息。
- `https://www.tomshardware.com/`：Tom's Hardware 提供硬件和高科技设备方面的新闻、论文、价格对比和综述。
- `https://www.engadget.com/`：成立于 2004 年的 Engadget 综合报道游戏、技术和娱乐方面的信息。
- `https://gizmodo.com/`：Gizmodo 集中报道设计、技术和科幻等信息，网站标语是"We come from the future"。
- `https://thenextweb.com/`：成立于 2006 年的 TNW 报道技术界的深入分析和技术内涵。

该列表虽然还不完整，但集中提供了计算技术及其应用的现状和未来的相关信息。

从合理怀疑的观点出发，在线检索的信息可以提供计算机体系结构进展状态的最新、最准确信息。但是，以这种方式获得的信息由于不能确保其准确性，所以不能用于正式的学校教育，不能根据自己的理解用于公开公告，也不能用于专业场合。

14.4.2　会议与期刊

对于有兴趣跟踪未来计算机体系结构前沿研究的专业人士，最好的办法就是听取研究人员报告自己的最新研究。在全球各地，都会定期举行有关高级计算主题的会议。例如，有关量子行为的全球会议的列表（包括量子计算方面的会议）可从以下网站获得：`http://`

quantum.info/conf/index.html。

与从网络上获取信息一样，有必要带着一定程度的怀疑来查看任何你不熟悉的会议，避免参加**垃圾会议**（某些会议是为了创收而不是分享科学知识）。

与计算机体系结构技术的不断发展有关的科学文献种类繁多。IEEE 等专业组织出版了大量当前研究前沿的学术期刊。这些期刊是为专业的研究人员提供的，阅读它们需要很高的技术知识水平。如果你具备技术背景，并且愿意研究在科学期刊上发表的论文，相信一定会有收获。

14.5　总结

本章回顾了促成计算机设计当前状态的主要进展和持续发展的趋势，并预测了未来计算机系统体系结构发展的方向。还研究了一些潜在的颠覆性技术，这些技术可能会改变未来的计算机体系结构。为了使你对这个未来有大概的了解，本章末尾提供了一些习题。如果你完成了这些习题，则将开发一个量子计算算法，并免费在真正的量子计算机上运行它！

本章为计算机架构师的职业发展提供了一些建议，包括相关的技能集和对未来技术发展的跟踪。

通过学习本书，你应该已经对计算机体系结构的发展历程有了很好的了解，熟悉计算机体系结构的发展趋势，并且对计算机体系结构的未来发展以及潜在的技术突破有了展望。本书的内容到此为止，希望你读完本书并完成练习。

14.6　习题

1. 按照 https://qiskit.org/documentation/install.html 上的说明安装 Qiskit 量子处理器软件开发框架。可根据建议安装 Anaconda(https://www.anaconda.com/) 数据科学和机器学习工具集。安装 Anaconda 之后，创建一个名为 qisketenv 的 Conda 虚拟环境来包含你的量子代码，并使用 pip install qiskit 命令在此环境中安装 Qisket。确保使用 pip install qiskit-terra [visualization] 命令安装可选的可视化选项。

2. 通过 https://quantum-computing.ibm.com/ 创建一个免费的 IBM Quantum Experience 账户。通过 https://quantum-computing.ibm.com/account 找到你的 IBM Quantum Services API 令牌，并按照 https://qiskit.org/documentation/install.html 上的说明将其安装到的本地环境中。

3. 在 https://qiskit.org/documentation/tutorials/fundamentals/1_getting_started_with_qiskit.html 上浏览示例量子程序。该示例创建了一个包含三个量子比特的量子电路，实现了 Greenberger-Horne-Zeilinger（GHZ）状态。 GHZ 态表现出量子纠缠的关键特性。在计算机的模拟环境中执行代码。

4. 在 IBM 量子计算机上执行习题 3 中的代码。

习题答案

第 1 章习题答案

习题 1

Ex__1_single_digit_adder.py Python 文件包含如下加法器代码：

```python
#!/usr/bin/env python

"""Ex__1_single_digit_adder.py: Answer to Ch 1 Ex 1."""

import sys

# Perform one step of the Analytical Engine addition
# operation. a and b are the digits being added, c is the
# carry
def increment_adder(a, b, c):
    a = a - 1        # Decrement addend
    b = (b + 1) % 10 # Increment accum, wrap to 0 if necessary

    if b == 0:       # If accumulator is 0, increment carry
        c = c + 1

    return a, b, c;

# Add two decimal digits passed on the command line.
# The sum is returned as digit2 and the carry is 0 or 1.
def add_digits(digit1, digit2):
    carry = 0

    while digit1 > 0:
        [digit1, digit2, carry] = increment_adder(
        digit1, digit2, carry)

    return digit2, carry
```

Ex__1_test_single_digit_adder.py 文件包含如下测试代码：

```python
#!/usr/bin/env python

"""Ex__1_test_single_digit_adder.py: Tests for answer to
chapter 1 exercise 1."""

import unittest
```

```
import Ex__1_single_digit_adder

class TestSingleDigitAdder(unittest.TestCase):
    def test_1(self):
        self.assertEqual(Ex__1_single_digit_adder.add_digits(
        0, 0), (0, 0))

    def test_2(self):
        self.assertEqual(Ex__1_single_digit_adder.add_digits(
        0, 1), (1, 0))

    def test_3(self):
        self.assertEqual(Ex__1_single_digit_adder.add_digits(
        1, 0), (1, 0))

    def test_4(self):
        self.assertEqual(Ex__1_single_digit_adder.add_digits(
        1, 2), (3, 0))

    def test_5(self):
        self.assertEqual(Ex__1_single_digit_adder.add_digits(
        5, 5), (0, 1))

    def test_6(self):
        self.assertEqual(Ex__1_single_digit_adder.add_digits(
        9, 1), (0, 1))

    def test_7(self):
        self.assertEqual(Ex__1_single_digit_adder.add_digits(
        9, 9), (8, 1))

if __name__ == '__main__':
unittest.main()
```

假设 Python 已安装并位于你的路径中，要执行测试，请执行以下命令：

```
python Ex__1_test_single_digit_adder.py
```

以下是测试运行的输出：

```
C:\>python Ex__1_test_single_digit_adder.py
.......
----------------------------------------------------------------
--------
Ran 7 tests in 0.001s

OK
```

习题 2

Ex__2_40_digit_adder.py Python 文件包含如下加法器代码：

```
#!/usr/bin/env python

"""Ex__2_40_digit_adder.py: Answer to Ch 1 Ex 2."""
```

```
import sys
import Ex__1_single_digit_adder

# Add two decimal numbers of up to 40 digits and return the
# sum. Input and output numeric values are represented as
# strings.
def add_40_digits(str1, str2):
    max_digits = 40

# Convert str1 into a 40 decimal digit value
num1 = [0]*max_digits
for i, c in enumerate(reversed(str1)):
    num1[i] = int(c) - int('0')

# Convert str2 into a 40 decimal digit value
num2 = [0]*max_digits
i = 0
for i, c in enumerate(reversed(str2)):
    num2[i] = int(c) - int('0')
    i = i + 1

# Sum the digits at each position and record the
# carry for each position
sum = [0]*max_digits
carry = [0]*max_digits
for i in range(max_digits):
    (sum[i], carry[i]) = Ex__1_single_digit_adder.\
    add_digits(num1[i], num2[i])

# Ripple the carry values across the digits
for i in range(max_digits-1):
    if (carry[i] == 1):
        sum[i+1] = (sum[i+1] + 1) % 10
        if (sum[i+1] == 0):
            carry[i+1] = 1

# Convert the result into a string with leading zeros
# removed
sum.reverse()
sum_str = "".join(map(str, sum))
sum_str = sum_str.lstrip('0') or '0'
return sum_str
```

`Ex__2_test_40_digit_adder.py` 文件包含如下测试代码：

```
#!/usr/bin/env python

"""Ex__2_test_40_digit_adder.py: Tests for answer to
 chapter 1 exercise 2."""

import unittest
import Ex__2_40_digit_adder
```

```
class TestSingleDigitAdder(unittest.TestCase):
    def test_1(self):
        self.assertEqual(Ex__2_40_digit_adder.add_40_digits(
        "0", "0"), "0")

    def test_2(self):
        self.assertEqual(Ex__2_40_digit_adder.add_40_digits(
        "0", "1"), "1")

    def test_3(self):
        self.assertEqual(Ex__2_40_digit_adder.add_40_digits(
        "1", "0"), "1")

    def test_4(self):
        self.assertEqual(Ex__2_40_digit_adder.add_40_digits(
        "1", "2"), "3")

    def test_5(self):
        self.assertEqual(Ex__2_40_digit_adder.add_40_digits(
        "5", "5"), "10")

    def test_6(self):
        self.assertEqual(Ex__2_40_digit_adder.add_40_digits(
        "9", "1"), "10")

    def test_7(self):
        self.assertEqual(Ex__2_40_digit_adder.add_40_digits(
        "9", "9"), "18")

    def test_8(self):
        self.assertEqual(Ex__2_40_digit_adder.add_40_digits(
        "99", "1"), "100")

    def test_9(self):
        self.assertEqual(Ex__2_40_digit_adder.add_40_digits(
        "999999", "1"), "1000000")

    def test_10(self):
        self.assertEqual(Ex__2_40_digit_adder.add_40_digits(
        "49", "50"), "99")

    def test_11(self):
        self.assertEqual(Ex__2_40_digit_adder.add_40_digits(
        "50", "50"), "100")

if __name__ == '__main__':
    unittest.main()
```

假设 Python 已安装并位于你的路径中，要执行测试，请执行以下命令：

python Ex__2_test_40_digit_adder.py

以下是测试运行的输出：

```
C:\>python Ex__2_test_40_digit_adder.py
...........
---------------------------------------------------------------
--------
Ran 11 tests in 0.002s

OK
```

习题 3

Ex__3_single_digit_subtractor.py Python 文件包含如下一位减法器代码：

```python
#!/usr/bin/env python

"""Ex__3_single_digit_subtractor.py: Answer to Ch 1 Ex 3
(single digit subtractor)."""

import sys

# Perform one step of the Analytical Engine subtraction
# operation. a and b are the digits being subtracted (a - b),
# c is the carry: 0 = borrow, 1 = not borrow
def decrement_subtractor(a, b, c):
    a = (a - 1) % 10 # Decrement left operand, to 9 if wrapped
    b = b - 1        # Decrement accumulator

    if a == 9:       # If accum reached 9, decrement carry
        c = c - 1

    return a, b, c;

# Subtract two decimal digits. The difference is returned as
# digit1 and the carry output is 0 (borrow) or 1 (not borrow).
def subtract_digits(digit1, digit2):
    carry = 1

    while digit2 > 0:
        [digit1, digit2, carry] = decrement_subtractor(
        digit1, digit2, carry)

    return digit1, carry
```

Ex__3_test_single_digit_subtractor.py 文件包含如下一位减法器的测试代码：

```python
#!/usr/bin/env python

"""Ex__3_test_single_digit_subtractor.py: Tests for answer
to chapter 1 exercise 3 (tests for single digit
subtractor)."""

import unittest
import Ex__3_single_digit_subtractor

class TestSingleDigitSubtractor(unittest.TestCase):
    def test_1(self):
```

```
        self.assertEqual(Ex__3_single_digit_subtractor.
        subtract_digits(0, 0), (0, 1))

    def test_2(self):
        self.assertEqual(Ex__3_single_digit_subtractor.
        subtract_digits(0, 1), (9, 0))

    def test_3(self):
        self.assertEqual(Ex__3_single_digit_subtractor.
        subtract_digits(1, 0), (1, 1))

    def test_4(self):
        self.assertEqual(Ex__3_single_digit_subtractor.
        subtract_digits(1, 2), (9, 0))

    def test_5(self):
        self.assertEqual(Ex__3_single_digit_subtractor.
        subtract_digits(5, 5), (0, 1))

    def test_6(self):
        self.assertEqual(Ex__3_single_digit_subtractor.
        subtract_digits(9, 1), (8, 1))

    def test_7(self):
        self.assertEqual(Ex__3_single_digit_subtractor.
        subtract_digits(9, 9), (0, 1))


if __name__ == '__main__':
    unittest.main()
```

Ex__3_40_digit_subtractor.py Python 文件包含如下 40 位减法器代码:

```
#!/usr/bin/env python

"""Ex__3_40_digit_subtractor.py: Answer to Ch 1 Ex 3."""

import sys
import Ex__3_single_digit_subtractor

# Subtract two decimal numbers of up to 40 digits and
# return the result. Input and output numeric values are
# represented as strings.
def subtract_40_digits(str1, str2):
    max_digits = 40

    # Convert str1 into a 40 decimal digit value
    num1 = [0]*max_digits
    for i, c in enumerate(reversed(str1)):
        num1[i] = int(c) - int('0')

    # Convert str2 into a 40 decimal digit value
    num2 = [0]*max_digits
    i = 0
```

```
    for i, c in enumerate(reversed(str2)):
        num2[i] = int(c) - int('0')
        i = i + 1


    # Subtract the digits at each position and record the
    # carry for each position
    diff = [0]*max_digits
    carry = [0]*max_digits
    for i in range(max_digits):
        (diff[i], carry[i]) = Ex__3_single_digit_subtractor.\
            subtract_digits(num1[i], num2[i])


    # Ripple the carry values across the digits
    for i in range(max_digits-1):
        if (carry[i] == 0):
            diff[i+1] = (diff[i+1] - 1) % 10
            if (diff[i+1] == 9):
                carry[i+1] = 0


    # Convert the result into a string with leading zeros
    # removed
    diff.reverse()
    diff_str = "".join(map(str, diff))
    diff_str = diff_str.lstrip('0') or '0'
    return diff_str
```

Ex__3_test_40_digit_subtractor.py 文件包含如下 40 位减法器的测试代码：

```
#!/usr/bin/env python


"""Ex__3_test_40_digit_subtractor.py: Tests for answer to
chapter 1 exercise 3."""


import unittest
import Ex__3_40_digit_subtractor


class TestSingleDigitSubtractor(unittest.TestCase):
    def test_1(self):
        self.assertEqual(Ex__3_40_digit_subtractor.
        subtract_40_digits("0", "0"), "0")
```

def_test_2(self) 文件的代码如下所示：

```
        self.assertEqual(Ex__3_40_digit_subtractor.
        subtract_40_digits("1", "0"), "1")


    def test_3(self):
        self.assertEqual(Ex__3_40_digit_subtractor.
        subtract_40_digits("1000000", "1"), "999999")


    def test_4(self):
        self.assertEqual(Ex__3_40_digit_subtractor.
        subtract_40_digits("0", "1"),
```

```
            "9999999999999999999999999999999999999999")

    if __name__ == '__main__':
        unittest.main()
```

假设 Python 已经安装并位于你的路径当中，要执行测试，请执行以下命令：

python Ex__3_test_single_digit_subtractor.py
python Ex__3_test_40_digit_subtractor.py

以下是 **Ex__3_test_single_digit_subtractor.py** 文件测试运行的输出：

```
C:\>python Ex__3_test_single_digit_subtractor.py
.......
----------------------------------------------------------------
--------
Ran 7 tests in 0.001s

OK
```

以下是 **Ex__3_test_40_digit_subtractor.py** 文件测试运行的输出：

```
C:\>python Ex__3_test_40_digit_subtractor.py
....
----------------------------------------------------------------
--------
Ran 4 tests in 0.001s

OK
```

习题 4

以下是 6502 汇编语言源文件 **Ex__4_16_bit_addtion.asm** 包含的 16 位加法代码：

```
; Ex__4_16_bit_addition.asm
; Try running this code at
; https://skilldrick.github.io/easy6502/

; Set up the values to be added
; Remove the appropriate semicolons to select the bytes to add:
; ($0000 + $0001) or ($00FF + $0001) or ($1234 + $5678)

LDA #$00
;LDA #$FF
;LDA #$34
STA $00

LDA #$00
;LDA #$00
;LDA #$12
STA $01

LDA #$01
;LDA #$01
;LDA #$78
STA $02
```

```
LDA #$00
;LDA #$00
;LDA #$56
STA $03


; Add the two 16-bit values
CLC
LDA $00
ADC $02
STA $04


LDA $01
ADC $03
STA $05
```

请尝试在 https://skilldrick.github.io/easy6502/ 上运行此代码。

习题 5

以下是 6502 汇编语言源文件 Ex__5_16_bit_addtion.asm 包含的 16 位加法代码：

```
; Ex__5_16_bit_subtraction.asm
; Try running this code at
; https://skilldrick.github.io/easy6502/


; Set up the values to be subtracted
; Remove the appropriate semicolons to select the bytes to
; subtract:
; ($0001 - $0000) or ($0001 - $0001) or ($0001 - $00FF) or
; ($0000 - $0001)

LDA #$01
;LDA #$01
;LDA #$01
;LDA #$00
STA $00

LDA #$00
;LDA #$00
;LDA #$00
;LDA #$00
STA $01

LDA #$00
;LDA #$01
;LDA #$FF
;LDA #$01
STA $02

LDA #$00
;LDA #$00
;LDA #$00
;LDA #$00
STA $03


; Subtract the two 16-bit values
```

```
SEC
LDA $00
SBC $02
STA $04

LDA $01
SBC $03
STA $05
```

请尝试在 https://skilldrick.github.io/easy6502/ 上运行此代码。

习题 6

以下是 6502 汇编语言源文件 Ex__6_32_bit_addtion.asm 包含的 32 位加法代码：

```
; Ex__6_32_bit_addition.asm
; Try running this code at
; https://skilldrick.github.io/easy6502/


; Set up the values to be added
; Remove the appropriate semicolons to select the bytes to
; add:
; ($00000001 + $00000001) or ($0000FFFF + $00000001) or
; ($FFFFFFFE + $00000001) or ($FFFFFFFF + $00000001)

LDA #$01
;LDA #$FF
;LDA #$FE
;LDA #$FF
STA $00

LDA #$00
;LDA #$FF
;LDA #$FF
;LDA #$FF
STA $01

LDA #$00
;LDA #$00

;LDA #$FF
;LDA #$FF
STA $02

LDA #$00
;LDA #$00
;LDA #$FF
;LDA #$FF
STA $03

LDA #$01
STA $04

LDA #$00
```

```
STA $05
STA $06
STA $07

; Add the two 32-bit values using absolute indexed
; addressing mode
LDX #$00
LDY #$04
CLC

ADD_LOOP:
LDA $00, X
ADC $04, X
STA $08, X
INX
DEY
BNE ADD_LOOP
```

请尝试在 https://skilldrick.github.io/easy6502/ 上运行此代码。

第 2 章习题答案

习题 1

重新组织 R2 电阻器和输出信号连接点，如下图所示。

习题 2

或门电路如下图所示。

习题 3

以下是一些免费的 VHDL 开发套件：

- Xilinx Vivado Design Suite 参见 https://www.xilinx.com/support/download.html。
- Intel®Quartus®Prime 软件精简版参见 https://www.intel.com/content/www/us/en/software/programmable/quartus-prime/download.html。
- 用于 VHDL 的开源 GHDL 模拟器参见 https://github.com/ghdl/ghdl。
- Mentor ModelSim PE 学生版参见 https://www.mentor.com/company/higher_ed/modelsim-student-edition。

Vivado Design Suite 将用于本章和后续章节中的示例，包括在低成本 FPGA 开发板上安装电路设计。以下步骤介绍了适用于 Windows 10 的 Vivado 版本的安装和设置过程：

1. 访问 https://www.xilinx.com/support/download.html，并选择适用于 Windows 的最新版本的 Vivado Design Suite 的 Web 安装程序。确保你选择的是完整的

Vivado 安装程序，而不是更新程序。在此过程中，如果还没有 Xilinx 账户，则需要创建一个 Xilinx 账户。记得保存账户用户名和密码。

2. 提供所需信息，下载 Windows Self Extracting Web Installer 并运行。你可能需要更改 Windows 应用程序安装设置以允许安装程序运行。

3. 系统将要求你使用 Xilinx 账户信息登录并接受许可协议。

4. 选择要安装的工具套件。本书的示例使用 Vivado。选择 Vivado，然后单击 Next。

5. 选择 Vivado HL webpack（这是免费版）。单击 Next。

6. 接受 Vivado HL webpack 的默认设计工具、设备和安装选项。单击 Next。

7. 接受默认安装目录和其他选项。单击 Next。

8. 在 Installation Summary 页上单击 Install。下载和安装需要一些时间。所需时间取决于网络连接速度。这可能需要几个小时。

安装完成后，请按照以下步骤构建示例项目：

1. 你应该会在桌面上找到一个名称类似于 Vivado 2019.2 的图标。双击此图标（而不是显示 Vivado HLS 的图标）以启动应用程序。

2. 在 Vivado 主窗口中，单击 Open Example Project。

3. 单击进入 Select Project Template（选择项目模板）屏幕，然后选择 CPU(HDL)。

4. 单击并接受屏幕上的默认值，然后单击 Finish 以创建项目。

5. 在 Project Manager 页面上找到 Sources 面板。展开树列表并双击你需要的文件以在编辑器中打开它们。此设计中的大多数文件使用的语言都是 Verilog。

6. 在 Project Manager 面板中单击 Run Synthesis，Design Runs 面板将更新状态，这可能需要几分钟。

7. 步骤 6 完成后，将出现一个对话框，提供运行实现。单击 Cancel。

8. 单击 Vivado Main 对话框 Project Manager 部分中的 Run Simulation，然后选择 Run Behavioral Simulation。这可能也需要几分钟的时间。

9. 模拟完成后，你将在 Simulation 窗口中看到一个时序图，显示使用模拟源文件提供的输入数据模拟的 CPU 信号。

10. 关闭 Vivado。

习题 4

按照以下步骤实现 4 位加法器：

1. 双击 Vivado 2019.2（或类似）图标以启动 Vivado。

2. 在 Vivado 主对话框中单击 Create Project。

3. 单击并接受默认项目名称和位置。

4. 选择默认项目类型 RTL Project。

5. 在 Default Part 页上选择 Boards 标签。在搜索字段中键入 Arty 并选择 Arty A7-35，然后单击 Next。如果搜索后没有显示 Arty，则单击 Update Board Repositories，然后再次搜索。

6. 单击 Finish 以创建项目。

7. 单击 Project Manager 面板中的 Add Sources，选择 Add or create design sources，添加 Ex__4_adder4.vhdl 和 Ex__4_fulladder.vhdl，然后单击 Finish。

8. 在 Project Manager 对话框的 Design Sources 窗口中展开树，并找到你添加的两个文件。双击它们，然后展开源代码窗口以查看代码。

9. 在 Project Manager 面板中单击 Run Synthesis。将 Launch Runs 对话框中的选项保留为默认值，然后单击 OK。随着后台的运行，Design Runs 面板将更新状态。

10. 等待运行完成，然后在 Synthesis Completed 对话框中选择 View Reports。双击综合过程中生成的一些报告。仅显示带有绿色圆点图标的报告。

11. 关闭 Vivado。

习题 5

按照以下步骤测试在习题 4 中创建的 4 位加法器：

1. 双击 Vivado 2019.2（或类似）图标以启动 Vivado。

2. 单击 Vivado 主对话框中的 Open Project 并打开你在习题 4 中创建的项目。选择以 .xpr 结尾的项目文件名。

3. 单击 Project Manager 面板中的 Add Sources，选择 Add or Create simulation sources，添加 Ex__5_adder4_testbench.vhdl，然后单击 Finish。

4. 在 Project Manager 对话框的 Simulation Sources 窗口中展开树，并找到你添加的文件。双击该文件并展开源代码窗口以查看代码。观察代码中出现的 6 个测试用例。

5. 单击 Vivado 主对话框 Project Manager 部分中的 Run Simulation，然后选择 Run behavioral simulation。

6. 等待模拟完成，然后使用时序图（可能标记为 Untitled 1）展开窗口。

7. 使用放大镜图标和窗口的水平滚动条查看执行的前 60 纳秒（ns）内的 6 个测试用例。确定每个加法运算的和与进位是否正确。你可以拖动黄色标记以更新 Value 列中的信息。

8. 关闭 Vivado。

习题 6

按照以下步骤测试在习题 4 中创建的 4 位加法器：

1. 双击 Vivado 2019.2（或类似）图标以启动 Vivado。

2. 单击 Vivado 主对话框中的 Open Project，然后打开你在习题 4 中创建并在习题 5 中修改的项目。选择以 .xpr 结尾的项目文件名。

3. 我们将使用不同的测试驱动程序替换习题 5 中的测试驱动程序代码。展开 Project Manager 对话框中的 Simulation Sources 窗口中的树，并找到习题 5 中添加的模块（ADDER4_TESTBENCH）。右键单击模块名并选择 Remove File from Project，然后单击 OK 以确认删除。

4. 单击 Project Manager 面板中的 Add Sources，选择 Add or Create simulation sources，添加 Ex__6_adder4_fulltestbench.vhdl，然后单击 Finish。

5. 在 Project Manager 对话框的 Simulation Sources 窗口中展开树，并找到你添加的文件。双击该文件并展开源代码窗口以查看代码。观察代码中包含 256 个测试用例的循环。

6. 单击 Vivado 主对话框 Project Manager 部分中的 Run Simulation，然后选择 Run behavioral simulation。

7. 等待模拟完成，然后使用时序图（可能标记为 Untitled 1）展开窗口。

8. 使用放大镜图标和窗口水平滚动条查看测试用例。运行在 1000 ns 之后停止，这并不足以执行所有测试。

9. 在 Project Manager 面板中右键单击 Simulation，然后选择 Simulation Settings。

10. 单击 Simulation 选项卡，将 `xsim.simul ate.runtime` 的值更改为 3000 ns。单击 OK。

11. 单击 Simulation 窗口上的 X 以关闭模拟。

12. 重新运行模拟。

第 3 章习题答案

习题 1

正数（或非负数）的范围是 0～127。负数的范围是 –128～–1。只需要考虑每一个范围的极端情况，就可以涵盖所有的可能性，详见下表。

和	结果
0+(–128)	–128
127+(–128)	–1
0+(–1)	–1
127+(–1)	126

在上表中，可以看到不存在一对不同符号的 8 位数，这些数加在一起时，它们的范围都是 –128～+127。

习题 2

第 7 位是符号位。因为溢出只能在两个操作数符号相同时发生，所以发生溢出时 left(7) 必须等于 right(7)。

当发生溢出时，结果的符号与两个操作数的符号不同。这意味着 result (7) 与两个操作数的第 7 位不同。

因此，当发生溢出时，left(7) XOR result(7) = 1 且 right(7) XOR result(7) = 1。

习题 3

本章列出了类似 6502 算术逻辑单元（ALU）的一部分的 VHDL 实现，通过以下代码实现了溢出标志的计算：

```
if (((LEFT(7) XOR result8(7)) = '1') AND
    ((right_op(7) XOR result8(7)) = '1')) then -- V flag
  V_OUT <= '1';
else
  V_OUT <= '0';
end if;
```

下表显示了问题中 4 个测试用例的代码结果。

left	right	left(7)	right(7)	result(8)	V_OUT	正确性
126	1	0	0	0	0	正确
127	1	0	0	1	1	正确
–127	–1	1	1	1	0	正确
–128	–1	1	1	0	1	正确

根据这些测试，置位或清除 V 标志的逻辑是可以用于加减法操作的。

习题 4

Ex__4_checksum_alg.asm 文件包含以下校验和代码：

```
; Ex__4_checksum_alg.asm
; Try running this code at https://skilldrick.github.io/
easy6502/

; Set up the array of bytes to be checksummed
LDA #$01
STA $00

LDA #$72
STA $01

LDA #$93
STA $02

LDA #$F4

STA $03

LDA #$06 ; This is the checksum byte
STA $04

; Store the address of the data array in $10-$11
LDA #$00
STA $10
STA $11

; Store the number of bytes in X
LDX #5

; Entering the checksum algorithm
; Move X to Y
TXA
TAY

; Compute the checksum
LDA #$00
DEY

LOOP:
CLC
ADC ($10), Y
DEY
BPL LOOP

CMP #$00
BNE ERROR

; The sum is zero: Checksum is correct
LDA #1
```

```
JMP DONE

; The sum is nonzero: Checksum is incorrect
ERROR:
LDA #0

; A contains 1 if checksum is correct, 0 if it is incorrect
DONE:
```

习题 5

`Ex__5_checksum_subroutine.asm` 文件将校验和算法实现为子例程：

```
; Ex__5_checksum_subroutine.asm
; Try running this code at https://skilldrick.github.io/
easy6502/

; Set up the array of bytes to be checksummed
LDA #$01
STA $00
LDA #$72
STA $01
LDA #$93
STA $02
LDA #$F4
STA $03
LDA #$06  ; This is the checksum byte
STA $04

; Store the address of the data array in $10-$11
LDA #$00
STA $10
STA $11

; Store the number of bytes in X
LDX #5

; Call the checksum calculation subroutine
JSR CALC_CKSUM

; Halt execution
BRK

; ================================================
; Compute the checksum
CALC_CKSUM:
; Move X to Y
TXA
TAY

LDA #$00
DEY

LOOP:
```

```
CLC
ADC ($10), Y
DEY
BPL LOOP

CMP #$00
BNE CKSUM_ERROR

; The sum is zero: Checksum is correct
LDA #1
JMP DONE

; The sum is nonzero: Checksum is incorrect
CKSUM_ERROR:
LDA #0

; A contains 1 if checksum is correct, 0 if it is incorrect
DONE:
RTS
```

习题 6

Ex__6_checksum_tests.asm 文件实现了校验和的测试代码：

```
; Ex__6_checksum_tests.asm
; Try running this code at https://skilldrick.github.io/
easy6502/

; After tests complete, A=$AA if success, A=$EE if error
detected
; Store the address of the data array in $10-$11
LDA #$00
STA $10
STA $11

; =============================================
; Test 1: 1 byte; Checksum: 00 Checksum should pass? Yes
LDA #$00
STA $00

; Store the number of bytes in X
LDX #1

; Call the checksum calculation subroutine
JSR CALC_CKSUM

CMP #$01
BEQ TEST2
JMP ERROR

TEST2:
; =============================================
; Test 2: 1 byte; Checksum: 01 Checksum should pass? No
```

```
        LDA #$01
        STA $00


        ; Store the number of bytes in X
        LDX #1


        ; Call the checksum calculation subroutine
        JSR CALC_CKSUM


        CMP #$00
        BEQ TEST3
        JMP ERROR


TEST3:
        ; ================================================
        ; Test 3: 2 bytes: 00 Checksum: 00 Checksum should pass? Yes
        LDA #$00
        STA $00
        STA $01


        ; Store the number of bytes in X
        LDX #2


        ; Call the checksum calculation subroutine
        JSR CALC_CKSUM


        CMP #$01
        BEQ TEST4
        JMP ERROR


TEST4:
        ; ================================================
        ; Test 4: 2 bytes: 00 Checksum: 01 Checksum should pass? No
        LDA #$00
        STA $00
        LDA #$01
        STA $01


        ; Store the number of bytes in X
        LDX #2


        ; Call the checksum calculation subroutine
        JSR CALC_CKSUM


        CMP #$00
        BEQ TEST5
        JMP ERROR


TEST5:
        ; ================================================
        ; Test 5: 2 bytes: 01 Checksum: 00 Checksum should pass? No
        LDA #$01
```

```
STA $00
LDA #$00
STA $01


; Store the number of bytes in X
LDX #1


; Call the checksum calculation subroutine
JSR CALC_CKSUM


CMP #$00
BEQ TEST6
JMP ERROR


TEST6:
; ==============================================
; Test 6: 3 bytes: 00 00 Checksum: 00 Checksum should pass? Yes
LDA #$00
STA $00
STA $01
STA $02


; Store the number of bytes in X
LDX #3


; Call the checksum calculation subroutine
JSR CALC_CKSUM


CMP #$01
BEQ TEST7
JMP ERROR


TEST7:
; ==============================================
; Test 7: 3 bytes: 00 00 Checksum: 00 Checksum should pass? Yes
LDA #$00
STA $00
STA $01
STA $02


; Store the number of bytes in X
LDX #3


; Call the checksum calculation subroutine
JSR CALC_CKSUM


CMP #$01
BEQ TEST8
JMP ERROR


TEST8:
; ==============================================
```

```
; Test 8: 3 bytes: 00 00 Checksum: 01 Checksum should pass? No
LDA #$00
STA $00
LDA #$00
STA $01
LDA #$01
STA $02

; Store the number of bytes in X
LDX #3

; Call the checksum calculation subroutine
JSR CALC_CKSUM

CMP #$00
BEQ TEST9
JMP ERROR

TEST9:
; ================================================
; Test 9: 3 bytes: 00 01 Checksum: FF Checksum should pass? Yes
LDA #$00
STA $00
LDA #$01
STA $01
LDA #$FF
STA $02

; Store the number of bytes in X
LDX #3

; Call the checksum calculation subroutine
JSR CALC_CKSUM

CMP #$01
BEQ TEST10
JMP ERROR

TEST10:
; ================================================
; Test 10: 5 bytes: 01 72 93 F4 Checksum: 06 Checksum should
pass? Yes
LDA #$01
STA $00
LDA #$72
STA $01
LDA #$93
STA $02
LDA #$F4
STA $03
LDA #$06 ; This is the checksum byte
STA $04

; Store the number of bytes in X
```

```
        LDX #5

; Call the checksum calculation subroutine
        JSR CALC_CKSUM

        CMP #$01
        BEQ PASSED

ERROR:
; ================================================
; Error occurred; Halt execution with $EE in A
        LDA #$EE
        BRK

PASSED:
; ================================================
; All tests passed; Halt execution with $AA in A
        LDA #$AA
        BRK

; ================================================
; Compute the checksum
CALC_CKSUM:
; Move X to Y
        TXA
        TAY

        LDA #$00
        DEY

LOOP:
        CLC
        ADC ($10), Y
        DEY
        BPL LOOP

        CMP #$00
        BNE CKSUM_ERROR

; The sum is zero: Checksum is correct
        LDA #1
        JMP DONE

; The sum is nonzero: Checksum is incorrect
CKSUM_ERROR:
        LDA #0

; A contains 1 if checksum is correct, 0 if it is incorrect
DONE:
        RTS
```

校验和的子例程适用于长度为 1～255 字节的字节序列。

第 4 章习题答案

习题 1

该电路的示意图如下所示。

习题 2

DRAM 电路中包含 16 Gb=16×2^{30} 位

地址位数是：2 个存储阵列组选择位 + 2 个存储阵列选择位 + 17 个行地址位 = 21 位

因此，一个存储阵列的每一行为（16×2^{30}）/2^{21}＝8192 位

第 5 章习题答案

习题 1

在 Windows 中，你可以在 Windows 运行时通过更改启动选项来输入 BIOS/UEFI 设置。执行以下步骤来访问这些设置：

1. 在 Windows 搜索框中输入 `startup` 并选择 Change advanced startup options。
2. 选择 Advanced startup 下的 Restart now。
3. 当弹出 Choose an option 时，选择 Troubleshoot。
4. 在 Troubleshoot 界面上，选择 Advanced options。
5. 在 Advanced options 界面上，选择 UEFI Firmware Settings。
6. 在 UEFI Firmware Settings 界面上，单击 Restart。
7. 系统将重新启动并显示 UEFI 配置主界面。使用键盘上的左右键在屏幕上选择。

以下是针对特定计算机系统（在本例中使用了一台华硕 ZenBook UX303LA 笔记本）的本习题答案：

- 尽管菜单中显示的信息经常使用术语"BIOS"，但提到"EFI applications"及其使用年限时实际上是 UEFI。
- No overclocking options 可用。

检查完 UEFI 信息后，按以下步骤退出，不保存任何更改：

1. 移到 Save & Exit 界面。
2. 使用上下键选择 Discard Changes and Exit。
3. 按 Enter 键。
4. 选择 Yes 并在 Exit Without Saving 对话框中按 Enter 键。
5. 系统将重新启动。

习题 2

在 Windows 中，打开一个命令提示窗口（在 Windows 搜索框中输入 `command` 以定位应用程序），然后输入 `tasklist` 命令，如下所示：

```
C:\>tasklist
Image Name                     PID Session Name Session#     Mem Usage
==================== ===== ============ ======== =============
System Idle Process              0 Services            0          8 K
System                           4 Services            0      9,840 K
Registry                       120 Services            0     85,324 K
smss.exe                       544 Services            0        640 K
csrss.exe                      768 Services            0      4,348 K
wininit.exe                    852 Services            0      4,912 K
services.exe                   932 Services            0      8,768 K
lsass.exe                      324 Services            0     18,160 K
svchost.exe                   1044 Services            0      2,308 K
svchost.exe                   1068 Services            0     27,364 K
      .
      .
      .
```

```
svchost.exe          12184 Services          0       8,544 K
cmd.exe              16008 Console           3       3,996 K
conhost.exe          21712 Console           3      18,448 K
tasklist.exe         15488 Console           3      10,096 K
```

当前正在运行的进程是 tasklist.exe。这个进程的 PID 是 15488。

第 6 章习题答案

习题 1

首先，利用表格中的数据计算 RMS 公式的左半部分：

$$\frac{50}{100}+\frac{100}{500}+\frac{120}{1000}=0.82$$

然后计算 RMS 公式的右半部分：

$$3(2^{\frac{1}{3}}-1)=0.7798$$

因为 0.82 不 "小于或等于" 0.7798，所以这组任务在 RMS 中是不可调度的。

习题 2

Ex__2_dct_formula.py Python 文件包含以下 DCT 代码：

```python
#!/usr/bin/env python

"""Ex__2_dct_formula.py: Answer to Ch 6 Ex 2."""

import math

# Input vector
x = [0.5, 0.2, 0.7, -0.6, 0.4, -0.2, 1.0, -0.3]

# Compute the DCT coefficients
dct_coef = [[i for i in range(len(x))] for j in range(len(x))]
for n in range(len(x)):
    for k in range(len(x)):
        dct_coef[n][k] = math.cos((math.pi/len(x))*
        (n + 1/2)*k);

# Compute the DCT
x_dct = [i for i in range(len(x))]
for k in range(len(x)):
    x_dct[k] = 0;
    for n in range(len(x)):
        x_dct[k] += x[n]*dct_coef[n][k];

# Print the results
print('Index', end='')
for i in range(len(x)):
    print("%8d" % i, end='')

print('\nx      ', end='')
for i in range(len(x)):
    print("%8.4f" % x[i], end='')

print('\nDCT(x) ', end='')
for i in range(len(x)):
    print("%8.4f" % x_dct[i], end='')
```

若 Python 已经安装并且在相应的路径中，要运行这段代码，则执行以下命令：

```
python Ex__2_dct_formula.py
```

以下是运行产生的结果：

```
C:\>Ex__2_dct_formula.py
Index         0     1     2     3     4     5     6     7
x           0.50  0.20  0.70 -0.60  0.40 -0.20  1.00 -0.30
DCT(x)      1.70  0.42  0.64  0.49 -1.20  0.57 -0.49  2.33
```

习题 3

Ex__3_activation_func.py Python 文件包含以下代码：

```python
#!/usr/bin/env python

"""Ex__3_activation_func.py: Answer to Ch 6 Ex 3."""

# Output produced by this program:
# Neuron output = -0.099668

import math

# Neuron signal and weight vectors
neuron = [0.6, -0.3,  0.5]
weight = [0.4,  0.8, -0.2]

sum = 0
for i in range(len(neuron)):
    sum = sum + neuron[i] * weight[i]

output = math.tanh(sum)

# Print the results
print('Neuron output = %8.6f' % output)
```

若 Python 已经安装并且在相应的路径中，要运行这段代码，则执行以下命令：

```
python Ex__3_activation_func.py
```

以下是运行程序产生的结果：

```
C:\>Ex__3_activation_func.py
Neuron output = -0.099668
```

第 7 章习题答案

习题 1

因为代码和数据位于同一个地址空间，所以这是一个冯·诺依曼体系结构。

代码和一些数据项存储在 ROM 中，其他数据项存储在 RAM 中，这种情况不能用来确定体系结构的类别。

习题 2

虽然对内存区域进行保护是 MMU 的一个特征，但仅知道内存保护的存在不能判断是否使用了 MMU，该处理器不包含 MMU。

MMU 通常进行虚拟地址到物理地址的转换，此处描述的处理器中没有该功能。

习题 3

文件 Ex__3_row_column_major_order.py 中包含本习题的解决方案，其 Python 实现如下：

```python
#!/usr/bin/env python

"""Ex__3_row_column_major_order.py: Answer to chapter 7
exercise 3."""

# Typical output from a run of this script:
# Average row-major time    : 16.68 sec
# Average column-major time: 15.94 sec
# Average time difference   : 0.74 sec
# Winner is column-major indexing; It is faster by 4.42%

import time

dim = 10000
matrix = [[0] * dim] * dim


num_passes = 10
row_major_time = 0
col_major_time = 0

for k in range(num_passes):
    print('Pass %d of %d:' % (k+1, num_passes))

    t0 = time.time()
    for i in range(dim):
        for j in range(dim):
            matrix[i][j] = i + j

    t1 = time.time()

    total_time = t1 - t0
    col_major_time = col_major_time + total_time
```

```
    print('  Column-major time to fill array: %.2f sec' %
        total_time)

    t0 = time.time()
    for i in range(dim):
        for j in range(dim):
            matrix[j][i] = i + j

    t1 = time.time()

    total_time = t1 - t0
    row_major_time = row_major_time + total_time
    print('  Row-major time to fill array: %.2f sec' % total_
        time)
    print('')

row_major_average = row_major_time / num_passes
col_major_average = col_major_time / num_passes

if (row_major_average < col_major_average):
    winner = 'row'
    pct_better = 100 * (col_major_average - row_major_average)
        / col_major_average
else:
    winner = 'column'
    pct_better = 100 * (row_major_average - col_major_average)
        / row_major_average

print('Average row-major time    : %.2f sec' % row_major_
    average)
print('Average column-major time: %.2f sec' % col_major_
    average)
print('Average time difference   : %.2f sec' % ((row_major_
    time-col_major_time) / num_passes))
print(('Winner is ' + winner + '-major indexing; It is faster
    by %.2f%%') % pct_better)
```

在 Windows PC 上，该程序需要运行几分钟。

下面是运行该程序的典型输出：

```
Average row-major time    : 16.68 sec
Average column-major time: 15.94 sec
Average time difference   : 0.74 sec
Winner is column-major indexing; It is faster by 4.42%
```

第 8 章习题答案

习题 1

缓存中包含 32768 字节，每个缓存块 64 字节。因此有 32768/64 = 512 个缓存块。由于 512 = 2^9，因此块号长度为 9 位。

每个缓存块包含 64（2^6）字节，意味着地址的低 6 位表示缓存块中的字节偏移量。

4GB 的地址空间需要 32 位地址，从 32 位地址中减去块号长度的 9 位和字节偏移量的 6 位得出 32−(9+6) = 17 位的缓存标识。

缓存标识位于地址中的高 17 位，因此为第 15～31 位。

习题 2

缓存块数为 262144 / 64 = 4096，注：256 × 1024 = 262144。

每组包含 8 个缓存块。

组数 = 4096/8 = 512。

习题 3

最高时钟速率由最慢的流水级决定，4 级流水线中最慢的流水级延迟为 0.8ns，因此最高时钟频率 = $1/(0.8 \times 10^{-9})$ = 1.25GHz。

5 级流水线中最慢的流水级延迟为 0.6ns，因此最高时钟频率 = $1/(0.6 \times 10^{-9})$ = 1.667GHz。

使用额外流水级的流水线的时钟频率增加比例为 $100 \times (1.667 \times 10^9 - 1.25 \times 10^9)/(1.25 \times 10^9)$ = 33.3%。

第 9 章习题答案

习题 1

Ex__1_float_format．cpp 的 C++ 文件中包含本题的代码：

```cpp
// Ex__1_float_format.cpp

#include <iostream>
#include <cstdint>

void print_float(float f)
{
    const auto bytes = static_cast<uint8_t*>(
        static_cast<void*>(&f));

    printf(" Float  | %9g |      ", f);

    for (int i = sizeof(float) - 1; i >= 0; i--)
        printf("%02X", bytes[i]);

    printf("    | ");

    const auto sign = bytes[3] >> 7;
    const auto exponent = ((static_cast<uint16_t>(
        bytes[3] & 0x7F) << 8) | bytes[2]) >> 7;
    auto exp_unbiased = exponent - 127;

    uint32_t mantissa = 0;
    for (auto i = 0; i < 3; i++)
        mantissa = (mantissa << 8) | bytes[2 - i];

    mantissa &= 0x7FFFFF; // Clear upper bit

    double mantissa_dec;
    if (exponent == 0) // This is zero or a subnormal number
    {
        mantissa_dec = mantissa /
            static_cast<double>(0x800000);
        exp_unbiased++;
    }
    else
        mantissa_dec = 1.0 + mantissa /
            static_cast<double>(0x800000);

    printf("  %d  |  %4d  | %lf\n", sign,
        exp_unbiased, mantissa_dec);
}

int main(void)
{
```

```
    printf("  Type  |   Number   |        Bytes         "
       "| Sign | Exponent | Mantissa\n");
    printf(" -------|------------|--------------------"
       "|------|----------|---------\n");

    print_float(0);
    print_float(-0); // Minus sign is ignored
    print_float(1);
    print_float(-1);
    print_float(6.674e-11f);
    print_float(1.0e38f);
    //print_float(1.0e39f); // Compile-time error
    print_float(1.0e-38f);
    print_float(1.0e-39f);

    return 0;
}
```

输出如下所示：

Type	Number	Bytes	Sign	Exponent	Mantissa
Float	0	00000000	0	-126	0.000000
Float	0	00000000	0	-126	0.000000
Float	1	3F800000	0	0	1.000000
Float	-1	BF800000	1	0	1.000000
Float	6.674e-11	2E92C348	0	-34	1.146585
Float	1e+38	7E967699	0	126	1.175494
Float	1e-38	006CE3EE	0	-126	0.850706
Float	1e-39	000AE398	0	-126	0.085071

以下是对结果的一些说明：

- IEEE754 中的零可以带正号或负号。传递给表第二行的 print_float 函数的零前面带有负号，但是在转换为浮点数时，该负号将被忽略。
- 值 1.0e39f 未显示，因为使用它会导致编译时错误：浮点数常量超出范围。
- 零表示为尾数为零，有偏指数为零。
- 最后两行包含的数字不能用隐含的前导 1 位表示，因为指数会下溢。这些数字称为**次规格化数**，包含特殊的有偏指数 0。因为并非尾数的所有位都包含有意义的数字，所以次规格化数的精度会降低。
- 从数字上讲，次规格化的浮点数实际上使用有偏指数 1，其无偏指数为 −126。

习题 2

`Ex__2_double_format.cpp.cpp` 的 C++ 文件包含本习题的代码：

```cpp
// Ex__2_double_format.cpp

#include <iostream>
#include <cstdint>

void print_float(float f)
{
    const auto bytes = static_cast<uint8_t*>(
        static_cast<void*>(&f));

    printf(" Float  | %9g |     .  ", f);

    for (int i = sizeof(float) - 1; i >= 0; i--)
        printf("%02X", bytes[i]);

    printf("      | ");

    const auto sign = bytes[3] >> 7;
    const auto exponent = ((static_cast<uint16_t>(
        bytes[3] & 0x7F) << 8) | bytes[2]) >> 7;
    auto exp_unbiased = exponent - 127;

    uint32_t mantissa = 0;
    for (auto i = 0; i < 3; i++)
        mantissa = (mantissa << 8) | bytes[2 - i];

    mantissa &= 0x7FFFFF; // Clear upper bit

    double mantissa_dec;
    if (exponent == 0) // This is zero or a subnormal number
    {
        mantissa_dec = mantissa /
            static_cast<double>(0x800000);
        exp_unbiased++;
    }
    else
        mantissa_dec = 1.0 + mantissa /
            static_cast<double>(0x800000);

    printf("  %d  |  %4d  | %lf\n", sign,
        exp_unbiased, mantissa_dec);
}

void print_double(double d)
{
    const auto bytes = static_cast<uint8_t*>(
        static_cast<void*>(&d));

    printf(" Double | %9g | ", d);
```

```
        for (int i = sizeof(double) - 1; i >= 0; i--)
            printf("%02X", bytes[i]);

        printf(" | ");

        const auto sign = bytes[7] >> 7;
        const auto exponent = ((static_cast<uint16_t>(
            bytes[7] & 0x7F) << 8) | bytes[6]) >> 4;
        auto exp_unbiased = exponent - 1023;

        uint64_t mantissa = 0;
        for (auto i = 0; i < 7; i++)
            mantissa = (mantissa << 8) | bytes[6 - i];

        mantissa &= 0xFFFFFFFFFFFFF; // Save the low 52 bits

        double mantissa_dec;
        if (exponent == 0) // This is zero or a subnormal number
        {
            mantissa_dec = mantissa /
                static_cast<double>(0x10000000000000);
            exp_unbiased++;
        }
        else
            mantissa_dec = 1.0 + mantissa /
                static_cast<double>(0x10000000000000);

        printf(" %d | %5d | %lf\n", sign,
            exp_unbiased, mantissa_dec);
}

int main(void)
{
    printf(" Type | Number |      Bytes      "
        "| Sign | Exponent | Mantissa\n");
    printf(" -------|-----------|------------------"
        "|------|----------|---------\n");

    print_float(0);
    print_float(-0); // The minus sign is ignored
    print_float(1);
    print_float(-1);
    print_float(6.674e-11f);
    print_float(1.0e38f);
    //print_float(1.0e39f); // Compile-time error
    print_float(1.0e-38f);
    print_float(1.0e-39f);

    print_double(0);
    print_double(-0); // The minus sign is ignored
    print_double(1);
    print_double(-1);
    print_double(6.674e-11);
    print_double(1.0e38);
    print_double(1.0e39);
```

```
    print_double(1.0e-38);
    print_double(1.0e-39);

    print_double(1.0e308);
    //print_double(1.0e309); // Compile-time error
    print_double(1.0e-308);
    print_double(1.0e-309);

    return 0;
}
```

输出如下所示:

Type	Number	Bytes	Sign	Exponent	Mantissa
Float	0	00000000	0	-126	0.000000
Float	0	00000000	0	-126	0.000000
Float	1	3F800000	0	0	1.000000
Float	-1	BF800000	1	0	1.000000
Float	6.674e-11	2E92C348	0	-34	1.146585
Float	1e+38	7E967699	0	126	1.175494
Float	1e-38	006CE3EE	0	-126	0.850706
Float	1e-39	000AE398	0	-126	0.085071
Double	0	0000000000000000	0	-1022	0.000000
Double	0	0000000000000000	0	-1022	0.000000
Double	1	3FF0000000000000	0	0	1.000000
Double	-1	BFF0000000000000	1	0	1.000000
Double	6.674e-11	3DD25868F4DEAE16	0	-34	1.146584
Double	1e+38	47D2CED32A16A1B1	0	126	1.175494
Double	1e+39	48078287F49C4A1D	0	129	1.469368
Double	1e-38	380B38FB9DAA78E4	0	-127	1.701412
Double	1e-39	37D5C72FB1552D83	0	-130	1.361129
Double	1e+308	7FE1CCF385EBC8A0	0	1023	1.112537
Double	1e-308	000730D67819E8D2	0	-1022	0.449423
Double	1e-309	0000B8157268FDAF	0	-1022	0.044942

以下是对结果的一些说明：

- IEEE 754 中的零可以带正号或负号。在包含 Double 类型的表的第二行中，传递给 print_double 函数的零前面带有负号，但是在转换为浮点数时，该负号将被忽略。
- 值 1.0e309 未显示，因为使用它会导致编译时错误：**浮点数常量超出范围**。
- 零表示为尾数为零，有偏指数为零。
- 最后两行包含的数字无法用隐含的前导 1 位表示，因为指数会下溢。这些数字称为次规格化数，包含特殊的有偏指数 0。因为并非尾数的所有位都是有意义的数字，所以次规格化数的精度会降低。
- 从数字上讲，次规格化的双精度数实际上使用有偏指数 1，其无偏指数为 −1022。

习题 3

有关 i.MX RT1060 处理器系列的信息可以访问 https://www.nxp.com/docs/en/nxp/data-sheets/IMXRT1060CEC.pdf。

完整的参考手册仅在 https://www.nxp.com 创建账户后可用。

登录账户后，搜索 i.MX RT1060 Processor Reference Manual 以找到参考手册并下载。该文件的名称是 IMXRT1060RM.pdf。

习题 4

在 i.MX RT1060 处理器参考手册中搜索 supervisor 会有一些结果。但是所有这些用法都涉及与特定子系统（例如，FLEXCAN 模块）相关的访问限制。

i.MX RT1060 处理器中的监控模式无法在指令执行级别上运行，因此这些处理器不执行第 9 章中所述的监控模式指令。

习题 5

i.MX RT1060 处理器使用物理内存寻址，最多具有 16 个内存保护区域。这些处理器不支持分页虚拟内存。

习题 6

参考手册中的 1.3 节列出了以下功能：单精度 FPU（浮点单元）和双精度 FPU。ARM Cortex-M7 Processor Technical Reference Manual（http://infocenter.arm.com/help/topic/com.arm.doc.ddi0489b/DDI0489B_cortex_m7_trm.pdf）指出 FPU 提供了"浮点计算功能，符合 ANSI / IEEE Std 754-2008，即二进制浮点算术的 IEEE 754 标准"。

i.MX RT1060 处理器支持硬件中的浮点数运算。

习题 7

参考手册的 12.4 节介绍了处理器功耗管理子系统。一些主要功能如下：

- 处理器、内存和系统其余部分的单独电源。
- 集成的辅助电源，支持为各种子系统独立供电。
- 电压和时钟频率控制可实现动态电压和频率缩放。

- 温度传感器。
- 电压传感器。

习题 8

参考手册中的第 6 章介绍了系统安全组件。一些主要功能如下：

- 安全启动，强制执行加密代码映射的数字签名验证。
- 片上用于存储安全相关信息的一次性可编程 ROM。
- 支持 AES-128、SHA-1 和 SHA-256 加密算法的硬件加密协处理器。
- 真正的随机数生成器，用于创建安全的加密密钥。
- 具有启用密码的安全调试功能的 JTAG 调试控制器。
- 存储器接口，支持对加密的 ROM 指令数据进行实时解密。

第 10 章习题答案

习题 1

安装 Visual Studio Community，然后在 Visual Studio Community 内安装 Desktop development with C++ 工作负载。

创建汇编语言源文件。`Ex__1_hello_x86.asm` 文件包含该习题的解决方案：

```
.386
.model FLAT,C
.stack 400h

.code
includelib libcmt.lib
includelib legacy_stdio_definitions.lib

extern printf:near
extern exit:near

public main
main proc
    ; Print the message
    push    offset message
    call    printf

    ; Exit the program with status 0
    push    0
    call    exit
main endp

.data
message db "Hello, Computer Architect!",0

end
```

打开 VS 2019 的 x86 Native Tools Command Prompt，然后切换到包含源文件的目录。使用此命令构建可执行文件：

`ml /Fl /Zi /Zd Ex__1_hello_x86.asm`

这是程序产生的输出：

```
C:\>Ex__1_hello_x86.exe
Hello, Computer Architect!
```

以下是由构建过程创建的列表文件：

```
Microsoft (R) Macro Assembler Version 14.24.28314.0
01/15/20 18:40:04
Ex__1_hello_x86.asm                           Page 1 - 1


                              .386
                              .model FLAT,C
                              .stack 400h
```

```
00000000                      .code
                              includelib libcmt.lib
                              includelib legacy_stdio_definitions.lib

                              extern printf:near
                              extern exit:near

                              public main
00000000                      main proc
                                  ; Print the message
00000000  68 00000000 R           push    offset message
00000005  E8 00000000 E           call    printf

                                  ; Exit the program with status 0
0000000A  6A 00                   push    0
0000000C  E8 00000000 E           call    exit
00000011                      main endp

00000000                      .data
00000000 48 65 6C 6C 6F        message db "Hello, Computer
                                  Architect!",0
     2C 20 43 6F 6D
     70 75 74 65 72
     20 41 72 63 68
     69 74 65 63 74
     21 00

                              end
```

Microsoft (R) Macro Assembler Version 14.24.28314.0
01/15/20 18:40:04
Ex__1_hello_x86.asm   Symbols 2 -
1

Segments and Groups:

```
                N a m e            Size    Length   Align
Combine Class

FLAT . . . . . . . . . . . . . . GROUP
STACK  . . . . . . . . . . . . . 32 Bit   00000400 DWord
   Stack     'STACK'
_DATA  . . . . . . . . . . . . . 32 Bit   0000001B DWord
   Public  'DATA'
_TEXT  . . . . . . . . . . . . . 32 Bit   00000011 DWord
   Public  'CODE'
```

Procedures, parameters, and locals:

```
                N a m e            Type    Value    Attr

main . . . . . . . . . . . . . . P Near   00000000 _TEXT
```

```
Length= 00000011 Public C


Symbols:

              N a m e              Type    Value    Attr

@CodeSize . . . . . . . . . .  Number    00000000h
@DataSize . . . . . . . . . .  Number    00000000h
@Interface . . . . . . . . .  Number    00000001h
@Model . . . . . . . . . . .  Number    00000007h
@code . . . . . . . . . . .  Text      _TEXT
@data . . . . . . . . . . .  Text      FLAT
@fardata? . . . . . . . . .  Text      FLAT
@fardata . . . . . . . . . .  Text      FLAT
@stack . . . . . . . . . . .  Text      FLAT
exit . . . . . . . . . . .  L Near    00000000 FLAT
External C
message . . . . . . . . . .  Byte    00000000 _DATA
printf . . . . . . . . . . .  L Near    00000000 FLAT
External C


        0 Warnings
        0 Errors
```

习题 2

创建汇编语言源文件。Ex__2_expr _x86.asm 文件包含该习题的解决方案：

```
.386
.model FLAT,C
.stack 400h

.code
includelib libcmt.lib
includelib legacy_stdio_definitions.lib

extern printf:near
extern exit:near

public main
main proc
    ; Print the leading output string
    push    offset msg1
    call    printf

    ; Compute [(129 - 66) * (445 + 136)] / 3
    mov     eax, 129
    sub     eax, 66
    mov     ebx, 445
    add     ebx, 136
    mul     bx
    mov     bx, 3
    div     bx
```

```
    ; Print the most significant byte
    push    eax
    mov     bl, ah
    call    print_byte

    ; Print the least significant byte
    pop     ebx
    call    print_byte

    ; Print the trailing output string
    push    offset msg2
    call    printf

    push    0
    call    exit
main endp

; Pass the byte to be printed in ebx
print_byte proc
    ; x86 function prologue
    push    ebp
    mov     ebp, esp

    ; Use the C library printf function
    and     ebx, 0ffh
    push    ebx
    push    offset fmt_str
    call    printf

    ; x86 function epilogue
    mov     esp, ebp
    pop     ebp
    ret
print_byte endp

.data
fmt_str db "%02X", 0
msg1    db "[(129 - 66) * (445 + 136)] / 3 = ", 0
msg2    db "h", 9

end
```

打开 VS 2019 的 **x86 Native Tools Command Prompt**，然后切换到包含源文件的目录。使用以下命令构建可执行文件：

```
ml /Fl /Zi /Zd Ex__1_hello_x86.asm
```

这是程序产生的输出：

```
C:\>Ex__2_expr_x86.exe
[(129 - 66) * (445 + 136)] / 3 = 2FA9h
```

以下是构建过程创建的列表文件：

```
Microsoft (R) Macro Assembler Version 14.23.28107.0
01/26/20 20:45:09
Ex__2_expr_x86.asm                              Page 1 - 1


                        .386
                        .model FLAT,C
                        .stack 400h

00000000                .code
                        includelib libcmt.lib
                        includelib legacy_stdio_definitions.lib

                        extern printf:near
                        extern exit:near

                        public main
00000000                main proc
                        ; Print the leading output string
00000000 68 00000005 R          push    offset msg1
00000005 E8 00000000 E          call    printf


                        ; Compute [(129 - 66) * (445 + 136)]
/ 3
0000000A B8 00000081           mov     eax, 129
0000000F 83 E8 42              sub     eax, 66
00000012 BB 000001BD           mov     ebx, 445
00000017 81 C3 00000088        add     ebx, 136
0000001D 66| F7 E3             mul     bx
00000020 66| BB 0003           mov     bx, 3
00000024 66| F7 F3             div     bx

                        ; Print the most significant byte
00000027 50                    push    eax
00000028 8A DC           mov     bl, ah
0000002A E8 00000017           call    print_byte

                        ; Print the least significant byte
0000002F 5B                    pop     ebx
00000030 E8 00000011           call    print_byte

                        ; Print the trailing output string
00000035 68 00000027 R         push    offset msg2
0000003A E8 00000000 E         call    printf

0000003F 6A 00           push    0
00000041 E8 00000000 E         call    exit
00000046                main endp

                        ; Pass the byte to be printed in ebx
00000046                print_byte proc
                        ; x86 function prologue
00000046 55                    push    ebp
00000047 8B EC           mov     ebp, esp
```

```
                              ; Use the C library printf function
00000049  81 E3 000000FF         and     ebx, 0ffh
0000004F  53                     push    ebx
00000050  68 00000000 R          push    offset fmt_str
00000055  E8 00000000 E          call    printf


                              ; x86 function epilogue
0000005A  8B E5              mov     esp, ebp
0000005C  5D                 pop     ebp
0000005D  C3                 ret
0000005E               print_byte endp


00000000                   .data
00000000 25 30 32 58 00     fmt_str db "%02X", 0
00000005 5B 28 31 32 39     msg1    db "[(129 - 66) * (445 +
136)] / 3 = ", 0
         20 2D 20 36 36
         29 20 2A 20 28
         34 34 35 20 2B
         20 31 33 36 29
         5D 20 2F 20 33
         20 3D 20 00
00000027 68 09                  msg2    db "h", 9


                      end
```

```
Microsoft (R) Macro Assembler Version 14.23.28107.0
01/26/20 20:45:09
Ex__2_expr_x86.asm                              Symbols 2 -
1




Segments and Groups:


              N a m e            Size    Length   Align
Combine Class

FLAT . . . . . . . . . . . . .  GROUP
STACK . . . . . . . . . . . . . 32 Bit   00000400 DWord
  Stack     'STACK'
_DATA . . . . . . . . . . . . . 32 Bit   00000029 DWord
  Public  'DATA'
_TEXT . . . . . . . . . . . . . 32 Bit   0000005E DWord
  Public  'CODE'



Procedures, parameters, and locals:


              N a m e             Type    Value    Attr


main . . . . . . . . . . . . .  P Near    00000000  TEXT
```

```
Length= 00000046 Public C
print_byte . . . . . . . . . .    P Near        00000046 _TEXT
Length= 00000018 Public C


Symbols:


              N a m e              Type      Value    Attr

@CodeSize . . . . . . . . . .      Number    00000000h
@DataSize . . . . . . . . .        Number    00000000h
@Interface . . . . . . . . .       Number    00000001h
@Model . . . . . . . . . .         Number    00000007h
@code . . . . . . . . . . .        Text      _TEXT
@data . . . . . . . . . . .        Text      FLAT
@fardata? . . . . . . . . .        Text      FLAT
@fardata . . . . . . . . .         Text      FLAT
@stack . . . . . . . . . .         Text      FLAT
exit . . . . . . . . . . .         L Near    00000000 FLAT
External C
fmt_str . . . . . . . . . .        Byte   00000000 _DATA
msg1 . . . . . . . . . . .         Byte   00000005 _DATA
msg2 . . . . . . . . . . .         Byte   00000027 _DATA
printf . . . . . . . . . .         L Near    00000000 FLAT
External C


        0 Warnings
        0 Errors
```

习题 3

创建汇编语言源文件。`Ex__3_hello_x64.asm` 文件包含该习题的解决方案:

```
.code
includelib libcmt.lib
includelib legacy_stdio_definitions.lib

extern printf:near
extern exit:near

public main
main proc
    ; Reserve stack space
    sub     rsp, 40

    ; Print the message
    lea     rcx, message
    call    printf

    ; Exit the program with status 0
    xor     rcx, rcx
    call    exit
main endp
```

```
.data
message db "Hello, Computer Architect!",0


end
```

打开 VS 2019 的 x64 Native Tools Command Prompt，然后切换到包含源文件的目录。
使用以下命令构建可执行文件：

ml64 /Fl /Zi /Zd Ex__3_hello_x64.asm

这是程序产生的输出：

C:\>Ex__3_hello_x64.exe
Hello, Computer Architect!

这是构建过程产生的列表文件：

```
Microsoft (R) Macro Assembler (x64) Version 14.24.28314.0
01/15/20 18:44:39
Ex__3_hello_x64.asm            Page 1 - 1


 00000000    .code
    includelib libcmt.lib
    includelib legacy_stdio_definitions.lib

    extern printf:near
    extern exit:near

    public main
00000000    main proc
        ; Reserve stack space
00000000  48/ 83 EC 28      sub      rsp, 40

        ; Print the message
00000004  48/ 8D 0D         lea      rcx, message
   00000000 R
0000000B  E8 00000000 E     call     printf

        ; Exit the program with status 0
00000010  48/ 33 C9         xor      rcx, rcx
00000013  E8 00000000 E     call     exit
00000018    main endp

 00000000    .data
 00000000 48 65 6C 6C 6F message db "Hello, Computer
                            Architect!",0
    2C 20 43 6F 6D
    70 75 74 65 72
    20 41 72 63 68
    69 74 65 63 74
    21 00

    end
```

```
Microsoft (R) Macro Assembler (x64) Version 14.24.28314.0
01/15/20 18:44:39
Ex__3_hello_x64.asm          Symbols 2 - 1




Procedures, parameters, and locals:

              N a m e              Type    Value   Attr

main . . . . . . . . . . . . . P   00000000 _TEXT Length=
00000018 Public


Symbols:

              N a m e              Type    Value   Attr

exit . . . . . . . . . . . . . L   00000000 _TEXT External
message . . . . . . . . . . . Byte  00000000 _DATA
printf . . . . . . . . . . . . L   00000000 _TEXT External

    0 Warnings
    0 Errors
```

习题 4

创建汇编语言源文件。Ex__4_expr_x64.asm 文件包含该习题的解决方案：

```
.code
includelib libcmt.lib
includelib legacy_stdio_definitions.lib

extern printf:near
extern exit:near

public main
main proc
    ; Reserve stack space
    sub     rsp, 40

    ; Print the leading output string
    lea     rcx, msg1
    call    printf

    ; Compute [(129 - 66) * (445 + 136)] / 3
    mov     eax, 129
    sub     eax, 66
    mov     ebx, 445
    add     ebx, 136
    mul     bx
    mov     bx, 3
    div     bx
```

```
    ; Print the most significant byte
    push    rax
    mov     bl, ah
    and     ebx, 0ffh
    call    print_byte

    ; Print the least significant byte
    pop     rbx
    and     ebx, 0ffh
    call    print_byte

    ; Print the trailing output string
    lea     rcx, msg2
    call    printf

    ; Exit the program with status 0
    xor     rcx, rcx
    call    exit
main endp

; Pass the byte to be printed in ebx
print_byte proc
    ; x64 function prologue
    sub     rsp, 40

    ; Use the C library printf function
    mov     rdx, rbx
    lea     rcx, fmt_str
    call    printf

    ; x64 function epilogue
    add     rsp, 40

    ret
print_byte endp

.data
fmt_str db "%02X", 0
msg1    db "[(129 - 66) * (445 + 136)] / 3 = ", 0
msg2    db "h", 9

end
```

打开 VS 2019 的 x64 Native Tools Command Prompt，并切换到包含源文件的目录。使用此命令构建可执行文件：

ml64 /Fl /Zi /Zd Ex__3_hello_x64.asm

这是程序产生的输出：

```
C:\>Ex__4_expr_x64.exe
[(129 - 66) * (445 + 136)] / 3 = 2FA9h
```

这是构建过程产生的列表文件：

```
Microsoft (R) Macro Assembler (x64) Version 14.23.28107.0
01/26/20 20:58:00
Ex__4_expr_x64.asm          Page 1 - 1


00000000    .code
    includelib libcmt.lib
    includelib legacy_stdio_definitions.lib

    extern printf:near
    extern exit:near

    public main
00000000    main proc
        ; Reserve stack space
00000000    48/ 83 EC 28      sub     rsp, 40


        ; Print the leading output string
00000004    48/ 8D 0D         lea     rcx, msg1
    00000005 R
0000000B    E8 00000000 E     call    printf


        ; Compute [(129 - 66) * (445 + 136)] / 3
00000010    B8 00000081       mov     eax, 129
00000015    83 E8 42          sub     eax, 66
00000018    BB 000001BD       mov     ebx, 445
0000001D    81 C3 00000088    add     ebx, 136
00000023    66| F7 E3         mul     bx
00000026    66| BB 0003       mov     bx, 3
0000002A    66| F7 F3         div     bx


        ; Print the most significant byte
0000002D    50           push    rax
0000002E    8A DC        mov     bl, ah
00000030    81 E3 000000FF    and     ebx, 0ffh
00000036    E8 00000020       call    print_byte


        ; Print the least significant byte
0000003B    5B           pop     rbx
0000003C    81 E3 000000FF    and     ebx, 0ffh
00000042    E8 00000014       call    print_byte


        ; Print the trailing output string
00000047    48/ 8D 0D         lea     rcx, msg2
    00000027 R
0000004E    E8 00000000 E     call    printf


        ; Exit the program with status 0
00000053    48/ 33 C9         xor     rcx, rcx
00000056    E8 00000000 E     call    exit
0000005B    main endp

    ; Pass the byte to be printed in ebx
```

```
0000005B    print_byte proc
        ; x64 function prologue
0000005B   48/ 83 EC 28       sub       rsp, 40

        ; Use the C library printf function
0000005F   48/ 8B D3      mov       rdx, rbx
00000062   48/ 8D 0D      lea       rcx, fmt_str
   00000000 R
00000069   E8 00000000 E     call      printf

        ; x64 function epilogue
0000006E   48/ 83 C4 28       add       rsp, 40

00000072   C3         ret
00000073    print_byte endp

00000000    .data
00000000 25 30 32 58 00 fmt_str db "%02X", 0
 00000005 5B 28 31 32 39 msg1      db "[(129 - 66) * (445 + 136)]
/ 3 = ", 0
    20 2D 20 36 36
    29 20 2A 20 28
    34 34 35 20 2B
    20 31 33 36 29
    5D 20 2F 20 33
    20 3D 20 00
 00000027 68 09   msg2    db "h", 9

    end


Microsoft (R) Macro Assembler (x64) Version 14.23.28107.0
01/26/20 20:58:00
Ex__4_expr_x64.asm        Symbols 2 - 1




Procedures, parameters, and locals:


            N a m e                Type    Value    Attr


main . . . . . . . . . . . . . P   00000000 _TEXT Length=
0000005B Public
print_byte . . . . . . . . . . P   0000005B _TEXT Length=
00000018 Public


Symbols:


            N a m e                Type    Value    Attr


exit . . . . . . . . . . . . . L   00000000 _TEXT External
```

```
fmt_str  . . . . . . . . . . . . Byte  00000000 _DATA
msg1 . . . . . . . . . . . . . . Byte  00000005 _DATA
msg2 . . . . . . . . . . . . . . Byte  00000027 _DATA
printf . . . . . . . . . . . . . L    00000000 _TEXT External


    0 Warnings
    0 Errors
```

习题 5

创建汇编语言源文件。`Ex__5_hello _asm.s` 文件包含该习题的解决方案：

```
.text
.global _start

_start:
    // Print the message to file 1 (stdout) with syscall 4
    mov    r0, #1
    ldr    r1, =msg
    mov    r2, #msg_len
    mov    r7, #4
    svc    0

    // Exit the program with syscall 1, returning status 0
    mov    r0, #0
    mov    r7, #1
    svc    0


.data
msg:
    .ascii      "Hello, Computer Architect!"
msg_len = . - msg
```

使用以下命令构建可执行文件：

```
arm-linux-androideabi-as -al=Ex__5_hello_arm.lst -o Ex__5_
hello_arm.o Ex__5_hello_arm.s
arm-linux-androideabi-ld -o Ex__5_hello_arm Ex__5_hello_arm.o
```

这是将程序在 Android 设备中运行所产生的输出：

```
C:\>adb devices
* daemon not running; starting now at tcp:5037
* daemon started successfully
List of devices attached
9826f541374f4b4a68        device

C:\>adb push Ex__5_hello_arm /data/local/tmp/Ex__5_hello_arm
Ex__5_hello_arm: 1 file pushed. 0.0 MB/s (868 bytes in 0.059s)

C:\>adb shell chmod +x /data/local/tmp/Ex__5_hello_arm
C:\>adb shell /data/local/tmp/Ex__5_hello_arm
Hello, Computer Architect!
```

这是构建过程产生的列表文件：

```
ARM GAS   Ex__5_hello_arm.s              page 1


    1                        .text
    2                        .global _start
    3
    4                        _start:
    5                            // Print the message to file 1
                                 //(stdout) with syscall 4
    6 0000 0100A0E3           mov       r0, #1
    7 0004 14109FE5           ldr       r1, =msg
    8 0008 1A20A0E3           mov       r2, #msg_len
    9 000c 0470A0E3           mov       r7, #4
   10 0010 000000EF           svc       0
   11
   12                            // Exit the program with syscall 1,
                                 //returning status 0
   13 0014 0000A0E3           mov       r0, #0
   14 0018 0170A0E3           mov       r7, #1
   15 001c 000000EF           svc       0
   16
   17                        .data
   18                        msg:
   19 0000 48656C6C           .ascii        "Hello, Computer
                              Architect!"
   19      6F2C2043
   19      6F6D7075
   19      74657220
   19      41726368
   20                        msg_len = . - msg
```

习题 6

创建汇编语言源文件。Ex__6_expr_asm.s 文件包含该习题的解决方案：

```
.text
.global _start

_start:
    // Print the leading output string
    ldr     r1, =msg1
    mov     r2, #msg1_len
    bl      print_string

    // Compute [(129 - 66) * (445 + 136)] / 3
    mov     r0, #129
    sub     r0, r0, #66
    ldr     r1, =#445
    add     r1, r1, #136
    mul     r0, r1, r0
    mov     r1, #3
```

```
    udiv    r0, r0, r1

    // Print the upper byte of the result
    push    {r0}
    lsr     r0, r0, #8
    bl      print_byte

    // Print the lower byte of the result
    pop     {r0}
    bl      print_byte

    // Print the trailng output string
    ldr     r1, =msg2
    mov     r2, #msg2_len
    bl      print_string

    // Exit the program with syscall 1, returning status 0
    mov     r0, #0
    mov     r7, #1
    svc     0

// Print a string; r1=string address, r2=string length
print_string:
    mov     r0, #1
    mov     r7, #4
    svc     0
    mov     pc, lr

// Convert the low 4 bits of r0 to an ascii character in r0
nibble2ascii:
    and     r0, #0xF
    cmp     r0, #10
    addpl   r0, r0, #('A' - 10)
    addmi   r0, r0, #'0'
    mov     pc, lr

// Print a byte in hex
print_byte:
    push    {lr}
    push    {r0}
    lsr     r0, r0, #4
    bl      nibble2ascii
    ldr     r1, =bytes
    strb    r0, [r1], #1

    pop     {r0}
    bl      nibble2ascii
    strb    r0, [r1]

    ldr     r1, =bytes
    mov     r2, #2
    bl      print_string
```

```
        pop     {lr}
        mov     pc, lr


.data
msg1:
    .ascii  "[(129 - 66) * (445 + 136)] / 3 = "
msg1_len = . - msg1

bytes:
    .ascii  "??"

msg2:
    .ascii  "h"
msg2_len = . - msg2
```

使用以下命令构建可执行文件:

```
arm-linux-androideabi-as -al=Ex__6_expr_arm.lst -o Ex__6_expr_
arm.o Ex__6_expr_arm.s
arm-linux-androideabi-ld -o Ex__6_expr_arm Ex__6_expr_arm.o
```

这是将程序在 Android 设备中运行所产生的输出:

```
C:\>adb devices
* daemon not running; starting now at tcp:5037
* daemon started successfully
List of devices attached
9826f541374f4b4a68      device



C:\>adb push Ex__6_expr_arm /data/local/tmp/Ex__6_expr_arm
Ex__6_expr_arm: 1 file pushed. 0.2 MB/s (1188 bytes in 0.007s)

C:\>adb shell chmod +x /data/local/tmp/Ex__6_expr_arm
C:\>adb shell /data/local/tmp/Ex__6_expr_arm
[(129 - 66) * (445 + 136)] / 3 = 2FA9h
```

这是构建过程产生的列表文件:

```
ARM GAS   Ex__6_expr_arm.s     page 1



    1                   .text
    2                   .global _start
    3
    4                   _start:
    5                   // Print the leading output string
    6 0000 A8109FE5     ldr     r1, =msg1
    7 0004 2120A0E3     mov     r2, #msg1_len
    8 0008 110000EB     bl      print_string
    9
   10                   // Compute [(129 - 66) * (445 + 136)] /
                        // 3
   11 000c 8100A0E3     mov     r0, #129
```

```
12 0010 420040E2      sub      r0, r0, #66
13 0014 98109FE5      ldr      r1, =#445
14 0018 881081E2      add      r1, r1, #136
15 001c 910000E0      mul      r0, r1, r0
16 0020 0310A0E3      mov      r1, #3
17 0024 10F130E7      udiv     r0, r0, r1
18
19                    // Print the upper byte of the result
20 0028 04002DE5      push     {r0}
21 002c 2004A0E1      lsr      r0, r0, #8
22 0030 100000EB      bl       print_byte
23
24                    // Print the lower byte of the result
25 0034 04009DE4      pop      {r0}
26 0038 0E0000EB      bl       print_byte
27
28                    // Print the trailng output string
29 003c 74109FE5      ldr      r1, =msg2
30 0040 0120A0E3      mov      r2, #msg2_len
31 0044 020000EB      bl       print_string
32
33                    // Exit the program with syscall 1,
                       //returning status 0
34 0048 0000A0E3      mov      r0, #0
35 004c 0170A0E3      mov      r7, #1
36 0050 000000EF      svc      0
37
38                    // Print a string; r1=string address,
                       //r2=string length
39                    print_string:
40 0054 0100A0E3      mov      r0, #1
41 0058 0470A0E3      mov      r7, #4
42 005c 000000EF      svc      0
43 0060 0EF0A0E1      mov      pc, lr
44
45                    // Convert the low 4 bits of r0 to an ascii
                       //character in r0
46                    nibble2ascii:
47 0064 0F0000E2      and      r0, #0xF
48 0068 0A0050E3      cmp      r0, #10
49 006c 37008052      addpl    r0, r0, #('A' - 10)
50 0070 30008042      addmi    r0, r0, #'0'
51 0074 0EF0A0E1      mov      pc, lr
52
53                    // Print a byte in hex
54                    print_byte:
55 0078 04E02DE5      push     {lr}
56 007c 04002DE5      push     {r0}
57 0080 2002A0E1      lsr      r0, r0, #4
```

ARM GAS Ex__6_expr_arm.s   page 2

```
58 0084 F6FFFFEB      bl       nibble2ascii
59 0088 2C109FE5      ldr      r1, =bytes
```

```
60 008c 0100C1E4        strb    r0, [r1], #1
61
62 0090 04009DE4        pop     {r0}
63 0094 F2FFFFEB        bl      nibble2ascii
64 0098 0000C1E5        strb    r0, [r1]
65
66 009c 18109FE5        ldr     r1, =bytes
67 00a0 0220A0E3        mov     r2, #2
68 00a4 EAFFFFEB        bl      print_string
69
70 00a8 04E09DE4        pop     {lr}
71 00ac 0EF0A0E1        mov     pc, lr
72
73              .data
74              msg1:
75 0000 5B283132        .ascii  "[(129 - 66) * (445 + 136)] / 3
                = "
75      39202D20
75      36362920
75      2A202834
75      3435202B
76              msg1_len = . - msg1
77
78              bytes:
79 0021 3F3F            .ascii  "??"
80
81              msg2:
82 0023 68              .ascii  "h"
83              msg2_len = . - msg2
```

习题 7

创建汇编语言源文件。Ex__7_expr _asm.s 文件包含该习题的解决方案：

```
.text
.global _start

_start:
    // Print the leading output string
    ldr     r1, =msg1
    mov     r2, #msg1_len
    bl      print_string

    // Compute [(129 - 66) * (445 + 136)] / 3
    mov     r0, #129
    sub     r0, r0, #66
    ldr     r1, =#445
    add     r1, r1, #136
    mul     r0, r1, r0
    mov     r1, #3
    udiv    r0, r0, r1

    // Print the upper byte of the result
    push    {r0}
    lsr     r0, r0, #8
```

```
    bl      print_byte

    // Print the lower byte of the result
    pop     {r0}
    bl      print_byte

    // Print the trailng output string
    ldr     r1, =msg2
    mov     r2, #msg2_len
    bl      print_string

    // Exit the program with syscall 1, returning status 0
    mov     r0, #0
    mov     r7, #1
    svc     0

// Print a string; r1=string address, r2=string length
print_string:
    mov     r0, #1
    mov     r7, #4
    svc     0
    mov     pc, lr

// Convert the low 4 bits of r0 to an ascii character in r0
nibble2ascii:
    and     r0, #0xF
    cmp     r0, #10
    addpl   r0, r0, #('A' - 10)
    addmi   r0, r0, #'0'
    mov     pc, lr

// Print a byte in hex
print_byte:
    push    {lr}
    push    {r0}
    lsr     r0, r0, #4
    bl      nibble2ascii
    ldr     r1, =bytes
    strb    r0, [r1], #1

    pop     {r0}
    bl      nibble2ascii
    strb    r0, [r1]

    ldr     r1, =bytes
    mov     r2, #2
    bl      print_string

    pop     {lr}
    mov     pc, lr

.data
```

```
msg1:
    .ascii  "[(129 - 66) * (445 + 136)] / 3 = "
msg1_len = . - msg1

bytes:
    .ascii  "??"

msg2:
    .ascii  "h"
msg2_len = . - msg2
```

用以下命令构建可执行文件：

```
arm-linux-androideabi-as -al=Ex__6_expr_arm.lst -o Ex__6_expr_
arm.o Ex__6_expr_arm.s
arm-linux-androideabi-ld -o Ex__6_expr_arm Ex__6_expr_arm.o
```

这是将程序在 Android 设备中运行所产生的输出：

```
C:\>adb devices
* daemon not running; starting now at tcp:5037
* daemon started successfully
List of devices attached
9826f541374f4b4a68      device

C:\>adb push Ex__6_expr_arm /data/local/tmp/Ex__6_expr_arm
Ex__6_expr_arm: 1 file pushed. 0.2 MB/s (1188 bytes in 0.007s)

C:\>adb shell chmod +x /data/local/tmp/Ex__6_expr_arm
C:\>adb shell /data/local/tmp/Ex__6_expr_arm
[(129 - 66) * (445 + 136)] / 3 = 2FA9h
```

这是构建过程产生的列表文件：

```
ARM GAS   Ex__6_expr_arm.s                page 1


   1                     .text
   2                     .global _start
   3
   4                     _start:
   5                         // Print the leading output string
   6 0000 A8109FE5        ldr    r1, =msg1
   7 0004 2120A0E3        mov    r2, #msg1_len
   8 0008 110000EB        bl     print_string
   9
  10                         // Compute [(129 - 66) * (445 +
                             //136)] / 3
  11 000c 8100A0E3        mov    r0, #129
  12 0010 420040E2        sub    r0, r0, #66
  13 0014 98109FE5        ldr    r1, =#445
  14 0018 881081E2        add    r1, r1, #136
  15 001c 910000E0        mul    r0, r1, r0
  16 0020 0310A0E3        mov    r1, #3
```

```
17 0024 10F130E7        udiv    r0, r0, r1
18
19                      // Print the upper byte of the
                        //result
20 0028 04002DE5        push    {r0}
21 002c 2004A0E1        lsr     r0, r0, #8
22 0030 100000EB        bl      print_byte
23
24                      // Print the lower byte of the
                        //result
25 0034 04009DE4        pop     {r0}
26 0038 0E0000EB        bl      print_byte
27
28                      // Print the trailng output string
29 003c 74109FE5        ldr     r1, =msg2
30 0040 0120A0E3        mov     r2, #msg2_len
31 0044 020000EB        bl      print_string
32
33                      // Exit the program with syscall 1,
                        //returning status 0
34 0048 0000A0E3        mov     r0, #0
35 004c 0170A0E3        mov     r7, #1
36 0050 000000EF        svc     0
37
38                      // Print a string; r1=string address,
                        //r2=string length
39                      print_string:
40 0054 0100A0E3        mov     r0, #1
41 0058 0470A0E3        mov     r7, #4
42 005c 000000EF        svc     0
43 0060 0EF0A0E1        mov     pc, lr
44
45                      // Convert the low 4 bits of r0 to an
                        //ascii character in r0
46                      nibble2ascii:
47 0064 0F0000E2        and     r0, #0xF
48 0068 0A0050E3        cmp     r0, #10
49 006c 37008052        addpl   r0, r0, #('A' - 10)
50 0070 30008042        addmi   r0, r0, #'0'
51 0074 0EF0A0E1        mov     pc, lr
52
53                      // Print a byte in hex
54                      print_byte:
55 0078 04E02DE5        push    {lr}
56 007c 04002DE5        push    {r0}
57 0080 2002A0E1        lsr     r0, r0, #4
```

```
ARM GAS   Ex__6_expr_arm.s              page 2
```

```
58 0084 F6FFFFEB        bl      nibble2ascii
59 0088 2C109FE5        ldr     r1, =bytes
```

```
60 008c 0100C1E4          strb     r0, [r1], #1
61
62 0090 04009DE4          pop      {r0}
63 0094 F2FFFFEB          bl       nibble2ascii
64 0098 0000C1E5          strb     r0, [r1]
65
66 009c 18109FE5          ldr      r1, =bytes
67 00a0 0220A0E3          mov      r2, #2
68 00a4 EAFFFFEB          bl       print_string
69
70 00a8 04E09DE4          pop      {lr}
71 00ac 0EF0A0E1          mov      pc, lr
72
73                        .data
74                        msg1:
75 0000 5B283132          .ascii   "[(129 - 66) * (445 + 136)]
                                    / 3 = "
75      39202D20
75      36362920
75      2A202834
75      3435202B
76                        msg1_len = . - msg1
77
78                        bytes:
79 0021 3F3F              .ascii   "??"
80
81                        msg2:
82 0023 68                .ascii   "h"
83                        msg2_len = . - msg2
```

习题 8

创建汇编语言源文件。`Ex__8_expr _asm64.s` 文件包含该习题的解决方案:

```
.text
.global _start

_start:
    // Print the leading output string
    ldr     x1, =msg1
    mov     x2, #msg1_len
    bl      print_string

    // Compute [(129 - 66) * (445 + 136)] / 3
    mov     x0, #129
    sub     x0, x0, #66
    mov     x1, #445
    add     x1, x1, #136
    mul     x0, x1, x0
    mov     x1, #3
    udiv    x0, x0, x1

    // Print the upper byte of the result
```

```
        mov     x19, x0
        lsr     x0, x0, #8
        bl      print_byte

        // Print the lower byte of the result
        mov     x0, x19
        bl      print_byte

        // Print the trailng output string
        ldr     x1, =msg2
        mov     x2, #msg2_len
        bl      print_string

        // Exit the program with syscall 93, returning status 0
        mov     x0, #0
        mov     x8, #93
        svc     0

// Print a string; x1=string address, x2=string length
print_string:
        mov     x0, #1
        mov     x8, #64
        svc     0
        ret     x30

// Convert the low 4 bits of x0 to an ascii character in x0
nibble2ascii:
        and     x0, x0, #0xF
        cmp     x0, #10
        bmi     lt10

        add     x0, x0, #('A' - 10)
        b       done

lt10:
        add     x0, x0, #'0'

done:
        ret     x30

// Print a byte in hex
print_byte:
        mov     x21, x30
        mov     x20, x0
        lsr     x0, x0, #4
        bl      nibble2ascii
        ldr     x1, =bytes
        strb    w0, [x1], #1

        mov     x0, x20
        bl      nibble2ascii
        strb    w0, [x1]
```

```
        ldr     x1, =bytes
        mov     x2, #2
        bl      print_string

        mov     x30, x21
        ret     x30


.data
msg1:
    .ascii   "[(129 - 66) * (445 + 136)] / 3 = "
msg1_len = . - msg1

bytes:
    .ascii   "??"

msg2:
    .ascii   "h"
msg2_len = . - msg2
```

使用以下命令构建可执行文件：

```
aarch64-linux-android-as -al=Ex__8_expr_arm64.lst -o Ex__8_
expr_arm64.o Ex__8_expr_arm64.s
aarch64-linux-android-ld -o Ex__8_expr_arm64 Ex__8_expr_arm64.o
```

这是将程序在 Android 设备中运行所产生的输出：

```
C:\>adb devices
* daemon not running; starting now at tcp:5037
* daemon started successfully
List of devices attached
9826f541374f4b4a68        device


C:\>adb push Ex__8_expr_arm64 /data/local/tmp/Ex__8_expr_arm64
Ex__8_expr_arm64: 1 file pushed. 0.1 MB/s (1592 bytes in
0.015s)


C:\>adb shell chmod +x /data/local/tmp/Ex__8_expr_arm64
C:\>adb shell /data/local/tmp/Ex__8_expr_arm64
[(129 - 66) * (445 + 136)] / 3 = 2FA9h
```

这是构建过程生成的列表文件：

```
AARCH64 GAS   Ex__8_expr_arm64.s                    page 1



    1                     .text
    2                     .global _start
    3
    4                 _start:
    5                     // Print the leading output string
    6 0000 C1050058       ldr     x1, =msg1
    7 0004 220480D2       mov     x2, #msg1_len
    8 0008 13000094       bl      print_string
    9
```

```
10                              // Compute [(129 - 66) * (445 +
                                //136)] / 3
11 000c 201080D2        mov     x0, #129
12 0010 000801D1        sub     x0, x0, #66
13 0014 A13780D2        mov     x1, #445
14 0018 21200291        add     x1, x1, #136
15 001c 207C009B        mul     x0, x1, x0
16 0020 610080D2        mov     x1, #3
17 0024 0008C19A        udiv    x0, x0, x1
18
19                              // Print the upper byte of the
                                //result
20 0028 F30300AA        mov     x19, x0
21 002c 00FC48D3        lsr     x0, x0, #8
22 0030 14000094        bl      print_byte
23
24                              // Print the lower byte of the
                                //result
25 0034 E00313AA        mov     x0, x19
26 0038 12000094        bl      print_byte
27
28                              // Print the trailng output string
29 003c 21040058        ldr     x1, =msg2
30 0040 220080D2        mov     x2, #msg2_len
31 0044 04000094        bl      print_string
32
33                              // Exit the program with syscall 93,
                                //returning status 0
34 0048 000080D2        mov     x0, #0
35 004c A80B80D2        mov     x8, #93
36 0050 010000D4        svc     0
37
38                      // Print a string; x1=string address,
                        //x2=string length
39                      print_string:
40 0054 200080D2        mov     x0, #1
41 0058 080880D2        mov     x8, #64
42 005c 010000D4        svc     0
43 0060 C0035FD6        ret     x30
44
45                      // Convert the low 4 bits of x0 to an
                        //ascii character in x0
46                      nibble2ascii:
47 0064 000C4092        and     x0, x0, #0xF
48 0068 1F2800F1        cmp     x0, #10
49 006c 64000054        bmi     lt10
50
51 0070 00DC0091        add     x0, x0, #('A' - 10)
52 0074 02000014        b       done
53
54                      lt10:
55 0078 00C00091        add     x0, x0, #'0'
56
57                      done:
```

AARCH64 GAS   Ex__8_expr_arm64.s   page 2

```
58 007c C0035FD6          ret     x30
59
60                        // Print a byte in hex
61                        print_byte:
62 0080 F5031EAA          mov     x21, x30
63 0084 F40300AA          mov     x20, x0
64 0088 00FC44D3          lsr     x0, x0, #4
65 008c F6FFFF97          bl      nibble2ascii
66 0090 C1010058          ldr     x1, =bytes
67 0094 20140038          strb    w0, [x1], #1
68
69 0098 E00314AA          mov     x0, x20
70 009c F2FFFF97          bl      nibble2ascii
71 00a0 20000039          strb    w0, [x1]
72
73 00a4 21010058          ldr     x1, =bytes
74 00a8 420080D2          mov     x2, #2
75 00ac EAFFFF97          bl      print_string
76
77 00b0 FE0315AA          mov     x30, x21
78 00b4 C0035FD6          ret     x30
79
80                        .data
81                        msg1:
82 0000 5B283132          .ascii  "[(129 - 66) * (445 + 136)]
                                  / 3 = "
82      39202D20
82      36362920
82      2A202834
82      3435202B
83                        msg1_len = . - msg1
84
85                        bytes:
86 0021 3F3F              .ascii  "??"
87
88                        msg2:
89 0023 68                .ascii  "h"
90                        msg2_len = . - msg2
```

第 11 章习题答案

习题 1

按照说明安装并启动 Freedom Studio。注意，工作空间的路径中不能有空格。

1. 在 Welcome to SiFive FreedomStudio! Let's Get Started... 对话框中选择 I want to create a new Freedom E SDK Project。

2. 在 Create a Freedom E SDK Project 对话框中选择 qemu-sifi ve-u54 作为目标对象。

3. 选择 hello 例程。

4. 单击 Finish 按钮。

5. 创建完成后，出现 Edit Configuration 对话框。

6. 单击 Debug 按钮，在模拟调试环境下运行程序。

7. 单步运行程序，在控制台窗口中验证文本是否为 Hello, World!。

习题 2

在习题 1 中的程序保持开启时，在 Project 窗口的 src 文件夹中找到 hello.c 文件，然后执行如下操作：

1. 右击此文件，将其重命名为 hello.s。

2. 在编辑器中打开 hello.s 并删除其全部内容。

3. 插入 11.7 节中的汇编程序。汇编代码如下，在 Ex__2_ riscv_assembly.s 文件中也有该代码：

```
.section .text
.global main

main:
    # Reserve stack space and save the return address
    addi    sp, sp, -16
    sd      ra, 0(sp)

    # Print the message using the C library puts function
1:  auipc   a0, %pcrel_hi(msg)
    addi    a0, a0, %pcrel_lo(1b)
    jal     ra, puts

    # Restore the return address and sp, and return to
caller
    ld      ra, 0(sp)
    addi    sp, sp, 16
    jalr    zero, ra, 0

.section .rodata
msg:
    .asciz "Hello, Computer Architect!\n"
```

4. 执行一次清理，并重新构建程序。

5. 在 Run 菜单下选择 Debug。

6.调试器启动后，打开窗口以显示 hello.s 源文件、Disassembly（反汇编）窗口和 Registers（寄存器）窗口。

7.展开 Registers 树以显示 RISC-V 处理器寄存器。

8.单步运行程序，在控制台窗口中验证文本是否为 Hello, Computer Architect!。

习题 3

新建一个 Freedom Studio 项目，步骤和习题 1 相同。在 Project 窗口的 src 文件夹中找到 hello.c 文件。

1.右击此文件，将其重命名为 hello.s。

2.在 hello.s 内写入你的汇编语言源代码。在 Ex_3_ riscv_expr.s 文件中也有该习题的程序代码：

```
.section .text
.global main

main:
    # Reserve stack space and save the return address
    addi    sp, sp, -16
    sd      ra, 0(sp)

    # Print the leading output string
    la      a0, msg1
    jal     ra, puts

    # Compute [(129 - 66) * (445 + 136)] / 3
    addi    a0, zero, 129
    addi    a0, a0, -66
    addi    a1, zero, 445
    add     a1, a1, 136
    mul     a0, a1, a0
    addi    a1, zero, 3
    divu    a0, a0, a1

    # Print the upper byte of the result
    sw      a0, 8(sp)
    srl     a0, a0, 8
    jal     ra, print_byte

    # Print the lower byte of the result
    lw      a0, 8(sp)
    jal     ra, print_byte

    # Print the trailng output string
    la      a0, msg2
    jal     ra, puts

    # Restore the return address and sp, and return to
caller
    ld      ra, 0(sp)
```

```
        addi    sp, sp, 16
        ret

# Convert the low 4 bits of a0 to an ascii character in
a0
nibble2ascii:
        # Reserve stack space and save the return address
        addi    sp, sp, -16
        sd      ra, 0(sp)

        and     a0, a0, 0xF
        sltu    t0, a0, 10
        bne     t0, zero, lt10

        add     a0, a0, ('A' - 10)
        j       done

lt10:
        add     a0, a0, '0'

done:
        ld      ra, 0(sp)
        addi    sp, sp, 16
        ret

# Print a byte in hex
print_byte:
        # Reserve stack space and save the return address
        addi    sp, sp, -16
        sd      ra, 0(sp)

        addi    t1, a0, 0
        srl     a0, t1, 4
        jal     ra, nibble2ascii
        la      t3, bytes
        sb      a0, 0(t3)

        addi    a0, t1, 0
        jal     nibble2ascii
        sb      a0, 1(t3)

        la      a0, bytes
        jal     ra, puts

        ld      ra, 0(sp)
        addi    sp, sp, 16
        ret

.section .data
msg1:
        .asciz  "[(129 - 66) * (445 + 136)] / 3 = "

bytes:
```

```
    .asciz    "??"

msg2:
    .asciz    "h"
```

3. 执行一次清理，并重新构建程序。

4. 在 Run 菜单下选择 Debug。

5. 调试器启动后，打开窗口以显示 hello.s 源文件、Disassembly 窗口和 Registers 窗口。

6. 展开 Registers 树以显示 RISC-V 处理器寄存器。

7. 单步运行程序，在控制台窗口中验证文本是否为 [(129-66)*(445+136)]/3= 2FA9H。

习题 4

此答案中的指令基于 https://github.com/sifive/freedom 上所提供的信息，并且更新至最新版本库。其中一些步骤需要很长时间，整个过程可能需要几个小时。

第 1~11 步构建一个 RISC-V 固件映像，并保存在 E300ArtyDevKitFPGAChip.mcs 文件中。如果你想跳过这些步骤，可以直接从 https://github.com/PacktPublishing/Modern-Computer-Architecture-and-Organization/blob/master/Chapter11/Answers%20to%20Exercises/ src/E300ArtyDevKitFPGAChip.mcs 上下载此文件，并直接执行第 12 步。

1. 如果你已经安装 Linux 系统，则可以直接跳到第 2 步。否则，从 https://www.virtualbox.org/wiki/Downloads 下载并安装 VirtualBox。从 OSBoxes 下载操作系统映像，网址为 https://www.osboxes.org/virtualbox-images。选择最新的 64 位 Ubuntu VDI 映像。遵循 https://www.osboxes.org/guide/ 中的指示来设置**虚拟机（VM）**映像并登录 Linux。

2. 在 Linux VM 上安装并许可 Vivado。可以参考第 2 章的习题 3 中关于在 Windows 中如何安装 Vivado 的说明。由于现在是在 Linux 上进行安装，因此会有一些细微的区别。

3. 执行以下命令以更新 Linux 操作系统，并安装 SiFive RISC-V 开发工具包：

```
sudo apt update
sudo apt upgrade
sudo apt install git
cd ~
git clone https://github.com/sifive/freedom.git
cd freedom
git submodule update --init --recursive
```

4. 安装其他所需工具：

```
sudo apt-get install autoconf automake autotools-dev curl
libmpc-dev libmpfr-dev libgmp-dev libusb-1.0-0-dev gawk
build-essential bison flex texinfo gperf libtool
patchutils bc zlib1g-dev device-tree-compiler pkg-config
libexpat-dev python wget
sudo apt-get install default-jre
```

5. 构建并安装 Scala 构建工具 sbt：

```
echo "deb https://dl.bintray.com/sbt/debian /" | sudo tee
-a /etc/apt/sources.list.d/sbt.list
sudo apt-key adv --keyserver hkp://keyserver.ubuntu.
com:80 --recv 642AC823
sudo apt-get update
sudo apt-get install sbt
```

6. 构建并安装 Verilog HDL 模拟器 verilator：

```
sudo apt-get install git make autoconf g++ flex bison
git clone http://git.veripool.org/git/verilator
cd verilator
unset VERILATOR_ROOT
autoconf
./configure
make -j `nproc`
sudo make install
```

7. 安装 Scala，这是一种受 Java 影响的面向对象语言：

```
sudo apt install scala
```

8. 从 https://www.sifive.com/boards/ 下载 RISC-V 工具链。选择 GNU Embedded Toolchain for Ubuntu。文件解压后如下：

```
cd ~
tar xvf Downloads/riscv64-unknown-elf-gcc-8.3.0-
2019.08.0-x86_64-linux-ubuntu14.tar.gz
```

9. 为 Vivado 设置环境变量。将这些命令放入 ~/.bashrc 文件内，从而在你每次登录时重新设置。若路径不同，则使用你自己的目录路径：

```
export RISCV=/home/osboxes/riscv64-unknown-elf-gcc-8.3.0-
2019.08.0-x86_64-linux-ubuntu14
export PATH=${PATH}:/tools/Xilinx/Vivado/2019.2/bin
```

10. 从 https://github.com/Digilent/vivado-boards/archive/master.zip 下载数字板文件。在 Linux 文件管理器中打开压缩文件，并解压至 /vivado-boards-master/new/board_files/ 目录。复制此目录下的全部内容并粘贴到 /tools/Xilinx/Vivado/2019.2/data/boards/board_files。

11. 使用 Chisel 语言来设计 RISC-V。如下所示，第一个 make 指令将 RISC-V chisel 代码翻译为 Verilog HDL。第二个 make 指令使用 Vivado 将 Verilog 翻译为 FPGA 二进制映像。使用以下指令来构建 Arty A7-35T RISC-V 映像：

```
cd ~/freedom
make -f Makefile.e300artydevkit verilog
sudo ln -s /usr/lib/x86_64-linux-gnu/libtinfo.so.6 /usr/
lib/x86_64-linux-gnu/libtinfo.so.5
make -f Makefile.e300artydevkit mcs
```

完成该步之后，输出文件位于 ~/freedom/builds/e300artydevkit/obj/E300ArtyDevKitFPGAChip.mcs。

12. 将 E300ArtyDevKitFPGAChip.mcs 文件复制到 Windows 主机中。遵循 https://

www.sifive.com/documentation/freedom-soc/freedom-e300-arty-fpga-
dev-kit-getting-started-guide/ 中的指令，以将 Olimex 调试器连接至 Arty A7
板，并将 E300ArtyDevKitFPGAChip.mcs 文件存入板上。

13. 关闭 Vivado，关闭 Ubuntu 虚拟机。在 Windows 或 Linux 主机上开启 Freedom
Studio。保持 Arty A7 USB 数据线与主机相连，同时，保持 Olimex 调试器与主机相连。

14. 在 Freedom Studio SiFive Tools 菜单中选择 Create a new Freedom E SDK Software
Project。选择 freedom-e310-arty 作为目标。选择 hello 作为例程。单击 Finish 以创建项目
并开始构建。

15. 构建完成后，会出现一个标题为 Edit configuration and launch 的对话框。单击
Debug 按钮，将可执行映像下载至 Arty A7。观察 Olimex 数据线一侧的红色 LED 灯，它在
下载过程中应该处于闪烁状态。

16. 打开 Windows Device Manager（在 Windows 搜索框中键入 device，选择列表中
的 Device Manager）。在 Ports (COM & LPT) 之下，定义 Arty 的 COM 端口号，并将其命
名为 USB Serial Port。

17. 在 FreedomStudio 内，关闭所有开启的 COM 控制台窗口。

18. 在 FreedomStudio 内，单击像屏幕一样的图标，从而创建一个新的 COM 控制台
窗口。在 Choose Terminal 字段中选择 Serial Terminal。将串行端口设置为在 Device
Manager 中定义的端口。将波特率设置为 57600。单击 OK 以开启控制台窗口。

19. 在包含 C 语言源代码的 FreedomStudio 窗口中单击鼠标光标。按 F6 以单步执行
C 程序。控制台窗口中应该出现文本 Hello, World！。这就是在 Arty A7 FPGA 上运行的
RISC-V 处理器程序的输出。

第 12 章习题答案

习题 1

执行以下步骤:

1. 从 `https://www.virtualbox.org/wiki/Downloads` 下载 VirtualBox 6.1（或更高版本）安装程序。确保选择适合主机操作系统的版本。

2. 运行 VirtualBox 安装程序并接受默认提示。

3. 下载 64 位 Ubuntu Linux 的 VirtualBox 映像（参见 `https://www.osboxes.org/ubuntu/`）。如果图像是压缩格式，请解压缩。如果文件名以 .7z 结尾，请使用 7-zip（`https://www.7-zip.org/`）。解压缩后，VirtualBox 磁盘映像文件名将具有扩展名 .vdi。

4. 启动 VirtualBox Manager，然后单击 **New** 图标。为新计算机命名，例如 Ubuntu。选择 Linux 作为类型，然后选择 Ubuntu（64-bit）作为版本，单击 **Next**。

5. 在 **Memory size** 对话框中接受默认内存大小（或根据需要增加）。

6. 在 **Hard disk** 对话框中选择 **Use an existing virtual hard disk file**。单击 **Browse** 按钮，然后单击 **Hard disk selector** 对话框中的 **Add** 按钮。导航到你下载的 .vdi 文件并选择 **Open**。单击 **Create** 完成虚拟机的创建。

7. 单击 VirtualBox 中的 **Setting** 图标。在 **General** 部分的 **Advanced** 选项卡中选择 **Bidirectional** 作为 **Shared Clipboard**。

8. 单击 **Network**。在 **Adapter 1** 选项卡中选择 **Attached to：**旁边的 **Bridged Adapter**。

9. 在 Windows 磁盘上的 Documents 文件夹中创建名为 share 的文件夹。在 Ubuntu 虚拟机的 VirtualBox 管理器 Setting 对话框中单击 **Shared Folders**。单击标可添加共享文件夹（它看起来像一个带有加号的文件夹）。选择刚在主机上创建的 share 文件夹，然后单击 **OK**。

10. 单击 **Setting** 对话框中的 **OK** 将其关闭。

11. 单击 **Start** 图标启动虚拟机。当 Ubuntu 系统完成引导时，用密码 osbox.org 登录网站。

12. 登录完成后，按 Ctrl+Alt+T 打开一个终端窗口。

13. 在 VM 终端中，使用以下命令创建一个名为 share 的目录:

```
mkdir share
```

14. 在共享的终端文件夹中输入以下命令:

```
sudo mount -t vboxsf -o rw,uid=1000,gid=1000 share ~/
share
```

习题 2

1. 在 Ubuntu 虚拟机未运行的情况下，在虚拟机的 VirtualBox 管理器中选择 **Setting** 图标。在 **System** 部分的 **Processor** 选项下选中 **Enable Nested VT-x/AMD-V**。你必须运行 VirtualBox 6.1 或更高版本才能完全支持此功能。单击 **OK** 保存更改。

2. 启动 Ubuntu 虚拟机。登录虚拟机，打开终端窗口，使用以下命令在 Ubuntu 虚拟机中安装 VirtualBox:

```
wget -q https://www.virtualbox.org/download/oracle_
vbox_2016.asc -O- | sudo apt-key add -
```

```
sudo add-apt-repository "deb [arch=amd64] http://
download.virtualbox.org/virtualbox/debian $(lsb_release
-cs) contrib"
sudo apt update && sudo apt install virtualbox-6.1
```

3. 使用以下命令在 Ubuntu 虚拟机中安装 7-zip：

```
sudo apt-get install p7zip-full
```

4. 从 https://www.osboxes.org/freedos/ 下载适用于 FreeDOS 的 VirtualBox 虚拟磁盘映像。执行以下步骤（假设下载的文件位于 ~/Downloads 目录中，而 FreeDOS 映像文件名为 1-2.7.z）：

```
cd
mkdir 'VirtualBox VMs'
cd 'VirtualBox VMs'
mv ~/Downloads/1-2.7.z .
7z x 1-2.7z
```

5. 使用以下命令启动 VirtualBox：

```
virtualbox &
```

6. 在 Ubuntu 虚拟机中运行的 VirtualBox 实例中创建一个新的虚拟机。选择以下选项：

```
Name: FreeDOS
Type: Other
Version: DOS
32MB RAM
Use an existing virtual hard disk file
```

7. 在 ~/VirtualBox VMs 中选择 VDI 文件并完成虚拟机配置。

8. 单击 VirtualBox 管理器中的 Start 图标启动 FreeDOS 虚拟机。

9. 在虚拟机完成引导后，在 FreeDOS 提示符下执行以下命令：

```
echo Hello World!
mem
dir
```

mem 命令的输出见下图。

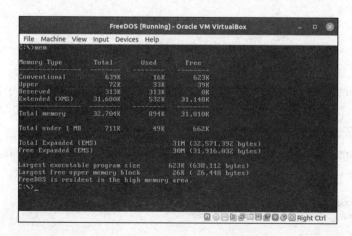

10. 使用完 FreeDOS 后，在 FreeDOS 提示符中使用以下命令关闭虚拟机：

```
shutdown
```

习题 3

1. 在主机系统 VirtualBox 中打开习题 1 中设置的 Ubuntu 虚拟机的 Setting 对话框，然后选择 Network 设置。将 Attached to: 网络类型设置为 Internal，然后单击 OK。

2. 右键单击 VirtualBox 管理器中的 Ubuntu 虚拟机，然后从上下文菜单中选择 Clone...。在 Clone VM 菜单中单击 Next。保持 Full clone 处于选中状态，然后单击 Clone。等待克隆过程完成。

3. 在主机系统上打开命令提示符，然后导航到 VirtualBox 的安装目录。在 Wndows 上，此命令会导航到以下默认安装位置：

```
cd "\Program Files\Oracle\VirtualBox"
```

4. 使用以下命令为 intnet VirtualBox 网络启动 DHCP 服务器：

```
VBoxManage dhcpserver add --netname intnet --ip
192.168.10.1 --netmask 255.255.255.0 --lowerip
192.168.10.100 --upperip 192.168.10.199 --enable
```

5. 启动两个虚拟机。根据上一步中建议的 DHCP 服务器设置，为虚拟机分配 IP 地址 192.168.10.100 和 192.168.10.101。

6. 登录到一个正在运行的虚拟机。单击屏幕右上角的向下三角形。从对话框中选择 Wired Connected，然后单击 Wired Settings。

7. 单击 Settings 对话框的 Wired 部分中的齿轮图标。这将显示计算机的 IP 地址。它应该是步骤 5 中列出的两个 IP 地址之一。

8. 在虚拟机中打开一个终端窗口（按 Ctrl+Alt+T）。

9. ping 另一台机器。例如，如果此计算机的 IP 地址为 192.168.10.100，请输入以下命令：

```
ping 192.168.10.101
```

10. 你应该看到一个类似于下面的响应。按 Ctrl+C 停止更新：

```
osboxes@osboxes:~$ ping 192.168.10.101
PING 192.168.10.101 (192.168.10.101) 56(84) bytes of
data.
64 bytes from 192.168.10.101: icmp_seq=1 ttl=64
time=0.372 ms
64 bytes from 192.168.10.101: icmp_seq=2 ttl=64
time=0.268 ms
64 bytes from 192.168.10.101: icmp_seq=3 ttl=64
time=0.437 ms
64 bytes from 192.168.10.101: icmp_seq=4 ttl=64
time=0.299 ms
^C
--- 192.168.10.101 ping statistics ---
4 packets transmitted, 4 received, 0% packet loss, time
3054ms
rtt min/avg/max/mdev = 0.268/0.344/0.437/0.065 ms
osboxes@osboxes:~$
```

11. 登录到第二个 Ubuntu 虚拟机，重复步骤 6~9 以显示其 IP 地址并 ping 第一个 Ubuntu 虚拟机。

第 13 章习题答案

习题 1

基于性能要求，处理器一次可以进入低功耗状态几分钟，这样的处理器配备普通电池应该能够一次性工作几天。通过只在需要测量时为气象传感器供电，在需要传送数据时仅为蜂窝收发器供电，从而将功耗降至最低。

下图显示了该系统的一种可能配置。

习题 2

执行以下步骤：

1. 在网上搜索低功耗微处理器，你会找到一些处理器，包括 STM、Analog Device、Texas Instrument、Microchip Technology 等。

2. 再搜索嵌入式蜂窝调制解调器找到适用于此应用程序的调制解调器。一些设备系统上模块（SoM）的形式存在，将 RF 调制解调器与可编程处理器核心集成在一个单一的模块中。

3. MultiTech Dragonfl y Nano SoM (`https://www.multitech.com/brands/multiconnect-dragonfly-nano`) 似乎适合这种应用程序。这款设备售价为 103.95 美元，并集成了 ARM Cortex-M4 处理器，用于托管用户应用程序。Dragonfly Nano 提供 I/O 接口，包括串行 UART、USB、I2C、SPI、9 个模拟输入和多达 29 个数字 I/O 引脚。Cortex-M4 包含 1 MB 的闪存内存和 128 KB 的 RAM。

4. Dragonfly Nano 的文档表明，当每天传输少量数据时，该设备可以在两个 AA 大小的电池上运行数年。

5. 选择 Dragonfly Nano 用于此情景的原因如下：

- **成本**：虽然微处理器板的价格很高（超过 100 美元），但蜂窝调制解调器的集成直接实现了一个关键的系统设计目标。
- **低功耗**：根据天气传感器的功率要求，小型太阳能电池板和小型可充电电池能轻松满足系统电源要求。
- **环境兼容性**：SoM 的温度范围规范为 −40～+85°C，可支持在世界任何地方进行操作。相对湿度公差范围（20%～90%，无冷凝）要求安装在防风雨外壳中。
- **处理能力**：SoM 包含一个以 80 MHz 工作的 `STM32L471QG` 32 位 ARM 处理器。这个处理器提供了很多功能，包括一个 FPU 和动态电压缩放。在传输数据之前，可以对传感器测量进行广泛的预处理（滤波、传感器故障检测等）。设备内的闪存和 RAM 足以满足应用程序的要求。

- **认证解决方案**：Dragonfly Nano 通过了 FCC 和无线运营商的认证，可用于蜂窝网络。
- **开发支持**：免费开发工具和在线资源参见 `https://os.mbed.com/platforms/MTS-Dragonfly-Nano/`。

下图中的虚线框表示 Dragonfly Nano SoM 系统的部分实现。

第 14 章习题答案

习题 1

1. 从 https://www.anaconda.com/distribution/ 下载 Anaconda 安装程序。选择 Python 3.7，根据你的计算机选择 32 位或 64 位的版本。

2. 执行 Anaconda 安装程序，并使用默认的配置选项，待程序安装完成后关闭。

3. 在 Windows 搜索框中键入 anaconda 并在搜索列表中出现 Anaconda 时单击启动 Anaconda。你的屏幕中将出现一个控制台窗口。

4. 跟随 Anaconda 提示，使用以下命令创建并激活一个名为 qiskitenv 虚拟环境。安装所有推荐的包：

```
conda create -n qiskitenv python=3
conda activate qiskitenv
```

5. 使用以下命令安装 Qiskit 以及可视化依赖项。

```
pip install qiskit
pip install qiskit-terra[visualization]
```

6. 这样就完成了安装。

习题 2

1. 访问 https://quantum-computing.ibm.com/。如果你还没有账户，单击 Create an IBMid account 的链接。

2. 登录后，单击右上方的账户图标（看起来像一个小人）。

3. 在屏幕上找到 Copy token 按钮。单击它，将你的 API 令牌复制到剪贴板。

4. 回到习题 1 中创建的 qiskitenv 环境的 Anaconda 提示。

5. 在 Anaconda 提示下输入以下命令来设置你的 API 令牌。你需要用在步骤 3 中复制到剪贴板的令牌来替换 MY_TOKEN：

```
python
import qiskit
from qiskit import IBMQ
IBMQ.save_account('MY_TOKEN')
```

习题 3

1. 启动 Anaconda 提示控制台。在 Windows 搜索框中键入 anaconda，当 Anaconda 出现在搜索列表中时，单击它。之后将出现一个控制台窗口。

2. 用以下命令进入 qiskitenv 环境：

```
conda activate qiskitenv
```

3. 在 Anaconda 提示符下输入以下命令：

```
python
import numpy as np
from qiskit import *
```

4. 创建一个包含 3 个量子比特 GHZ 状态的量子电路，并为每个量子比特添加测量值：

```
circ = QuantumCircuit(3)
# Add an H gate to qubit 0, creating superposition
circ.h(0)
# Add a CX (CNOT) gate. Qubit 0 is control and qubit 1 is
target
circ.cx(0,1)
# Add a CX (CNOT) gate. Qubit 0 is control and qubit 2 is
target
circ.cx(0,2)

# Add a measurement to each of the qubits
meas = QuantumCircuit(3, 3)
meas.barrier(range(3))
meas.measure(range(3),range(3))

# Combine the two circuits
qc = circ + meas
```

5. 在屏幕上显示电路：

```
qc.draw()
```

该命令的输出见下图。

```
>>> qc.draw()
```

6. 使用 qasm_simulator 模拟器在计算机上运行该电路。shots 参数提供了电路被执行的次数以便收集统计结果：

```
backend_sim = Aer.get_backend('qasm_simulator')
job_sim = execute(qc, backend_sim, shots=1024)
```

7. 检索并显示模拟运行中产生的每个比特模式的次数：

```
result_sim = job_sim.result()
counts_sim = result_sim.get_counts(qc)
counts_sim
```

结果如下：

```
>>> counts_sim
{'000': 527, '111': 497}
>>>
```

习题 4

1. 重复习题 3 的步骤 1~5，创建量子电路。

2. 导入你的 IBMQ 账户信息，并列出可用的量子计算提供商：

```
from qiskit import IBMQ
IBMQ.load_account()
provider = IBMQ.get_provider(group='open')
provider.backends()
```

3. 如果你访问 IBM 量子体验主页 https://quantumcomputing.ibm.com/，将看到可用量子计算机的作业队列长度。选择一个具有足够的量子计算机和较短作业队列的系统。假设你选择的是 ibmq_essex 计算机。

4. 将作业添加到队列中，并使用以下命令监控其状态。shots 参数提供了电路被执行的次数以便收集统计结果：

```
backend = provider.get_backend('ibmq_essex')
from qiskit.tools.monitor import job_monitor
job_exp = execute(qc, backend=backend, shots=1024)
job_monitor(job_exp)
```

运行完成后，你会看到以下输出行：

```
Job Status: job has successfully run
```

5. 作业完成后，使用以下命令检索结果：

```
result_exp = job_exp.result()
```

6. 检索并显示量子计算机运行中产生的每个比特模式的次数统计：

```
counts_exp = result_exp.get_counts(qc)
counts_exp
```

大约一半时间这个电路的输出位串应该是 000，另外一半时间应该是 111。然而，这些系统都是**有噪声的中规模量子**（NISQ）计算机。

7. 结果如下：

```
>>> counts_exp
{'000': 459, '010': 28, '011': 35, '110': 17, '111': 428,
'101': 23, '100': 22, '001': 12}
>>>
```

详细信息可访问以下网址：

```
https://github.com/PacktPublishing/Modern-Computer-
Architecture-and-Organization/blob/master/Chapter14/
Answers%20to%20Exercises/Ex__4_run_quantum_computer.md
```